高等院校“十三五”应用型人才重点建设规划教材

JISUANJI JICHU

计算机基础

主　编　原　康　李　慧
副主编　张　选　练勋浩

合肥工業大學出版社

图书在版编目(CIP)数据

计算机基础/原康,李慧主编. —合肥:合肥工业大学出版社,2018.8
ISBN 978-7-5650-4098-6

Ⅰ.①计… Ⅱ.①原…②李… Ⅲ.①电子计算机—高等学校—教材 Ⅳ.①TP3

中国版本图书馆 CIP 数据核字(2018)第 193031 号

计算机基础

主　编　原　康　李　慧　　　　责任编辑　王　磊

出　版	合肥工业大学出版社	版　次	2018 年 8 月第 1 版
地　址	合肥市屯溪路 193 号	印　次	2018 年 8 月第 1 次印刷
邮　编	230009	开　本	787 毫米×1092 毫米　1/16
电　话	艺术编辑部:0551-62903120	印　张	15.25
	市场营销部:0551-62903198	字　数	396 千字
网　址	www.hfutpress.com.cn	印　刷	安徽昶颉包装印务有限责任公司
E-mail	hfutpress@163.com	发　行	全国新华书店

ISBN 978-7-5650-4098-6　　　　定价：42.00 元

前　言

随着计算机技术和计算机网络技术的飞速发展和普及，计算机技术和计算机网络技术正在对人类的生活、工作等各个方面产生巨大的影响。高等职业院校以培养技术应用型人才为根本任务，以适应社会的需求为目标，以培养应用能力为主线，构建学生的知识、能力和素质体系。故此，"计算机基础"课程已成为高等职业教育的必修课程。而且，"计算机基础"课程涉及面广，影响大。该课程旨在培养学生使用计算机进行基本的操作和处理数据的能力，培养学生利用计算机解决本专业问题的能力，培养学生创新意识和信息素养，为学生后续课程的学习打下坚实的基础。对学生毕业后能够迅速适应社会需要并具有可持续发展的再学习能力，具有重要的意义。

本教材的内容从实际应用角度出发，将计算机基础的知识点和技能要求融入各个实际案例的分析和实施过程中，使学生在学习过程中不但能掌握独立的知识点，而且也具备综合的分析问题和解决问题的能力。

本书由南昌影视传播职业学院原康老师、九江职业技术学院李慧老师担任主编，南昌影视传播职业学院张选老师、南昌职业学院练勋浩老师担任副主编。编写分工如下：原康，第 2 章、第 3 章；李慧，第 1 章、第 6 章；张选，第 4 章；练勋浩，第 5 章、第 7 章。由原康老师统稿。

由于计算机技术发展较快，本书涉及的内容又多，加之作者水平有限，书中难免有错误、疏漏和不足之处，敬请广大读者和各位专家、同仁批评指正。

编　者

2018.8

前言

[illegible]

[illegible]

[illegible]

[illegible]

[illegible]

目　录

第 1 章　计算机基础知识 …… 1

1.1　认识计算机 …… 1

1.2　数据在计算机中的表示 …… 12

1.3　计算机系统与常用设备 …… 18

1.4　学会使用键盘 …… 26

1.5　计算机信息安全 …… 30

第 2 章　Windows 7 操作系统 …… 34

2.1　操作系统概述 …… 34

2.2　Windows 7 的启动与退出 …… 38

2.3　Windows 7 的桌面 …… 40

2.4　Windows 7 的窗口与对话框 …… 44

2.5　Windows 7 的文件与文件夹管理 …… 48

2.6　Windows 7 的个性化设置 …… 53

2.7　Windows 7 软件的管理 …… 57

2.8　Windows 7 用户管理 …… 60

2.9　Windows 7 的附件 …… 71

第 3 章　中文字处理软件 Word 2010 …… 85

3.1　中文 Word 2010 概述 …… 85

3.2　中文 Word 2010 的基本操作 …… 89

3.3　中文 Word 2010 的编辑技术 …… 98

3.4　中文 Word 2010 的排版技术 …… 110

3.5　中文 Word 2010 的表格制作 …… 119

3.6　Word 2010 文档高级编排 …… 126

第 4 章　Excel 2010 基础操作 …… 131

4.1　认识 Excel 2010 …… 131
4.2　工作簿基础操作 …… 132
4.3　单元格基础操作 …… 135
4.4　输入表格数据 …… 137
4.5　设置表格格式 …… 140
4.6　Excel 2010 高级应用 …… 145

第 5 章　PowerPoint 2010 基础操作 …… 172

5.1　认识 PowerPoint 2010 …… 172
5.2　创建演示文稿 …… 174
5.3　幻灯片基本操作 …… 176
5.4　编辑文本 …… 176
5.5　插入其他元素 …… 181
5.6　PowerPoint 2010 高级应用 …… 183

第 6 章　计算机网络和 Internet 基础与应用 …… 189

6.1　Internet 基础 …… 189
6.2　Internet Explorer 9 浏览器的使用 …… 199
6.3　电子邮件 Internet 基础 …… 206

第 7 章　常用软件和硬件管理 …… 215

7.1　安装和卸载软件 …… 215
7.2　ACDSee18.0 简体中文版教程 …… 217
7.3　360 安全卫士 …… 229
7.4　管理硬件设备 …… 230
7.5　常用办公设备 …… 232

参考文献 …… 238

第1章 计算机基础知识

计算机，这个大家并不陌生的名词，已经是我们日常工作、生活、学习不可或缺的工具之一。它正在深刻地影响着我们身边的每一个人。计算机的出现以及它在各行各业的广泛应用，正在悄无声息地改变着传统的工作、生活和学习方式。人们也正在享受着计算机世界带给我们的方便、快捷、多样化的精彩生活。计算机既可用于大型的精密计算，如宇宙飞船的轨道计算；又可用于日常的办公需要，如常用的文档处理、信息管理系统的建立；还可以用于人们的娱乐活动，如聆听美妙动听的音乐，欣赏惊险刺激的影视动画，玩各种具有挑战性或益智类游戏……20世纪80年代，把没有文化的人叫作“文盲”，20世纪90年代把不懂外语的人叫作“外盲”，21世纪，如果你不会计算机、不会操作计算机，你将会被称为什么呢?

在奇妙无穷的计算机世界，有着精彩，有着刺激，更有着知识和技能等待你的探索。在计算机的应用领域，只有你想不到的，没有计算机办不到的。

1.1 认识计算机

1.1.1 计算机的概念

计算机(computer)俗称电脑，是一种用于高速计算的电子计算机器，可以进行数值计算，又可以进行逻辑计算，还具有存储记忆功能。是能够按照程序运行，自动、高速处理海量数据的现代化智能电子设备。由硬件系统和软件系统所组成，没有安装任何软件的计算机称为裸机。可分为超级计算机、工业控制计算机、网络计算机、个人计算机、嵌入式计算机五类，较先进的计算机有生物计算机、光子计算机、量子计算机等。

电子计算机的产生和发展是20世纪最伟大的科学技术成果之一，它的出现导致了一个新的时代——信息时代的开始。

与计算机所相关的技术研究叫计算机科学，而“计算机技术”指的是将计算机科学的成果应用于工程实践所派生的诸多技术性和经验性成果的总合。“计算机技术”与“计算机科学”是两个相关而又不同的概念，它们的不同在于前者偏重于实践而后者偏重于理论。

计算机发明者是约翰·冯·诺依曼。计算机是20世纪最先进的科学技术发明之一，对人类的生产活动和社会活动产生了极其重要的影响，并以强大的生命力飞速发展。它的应用领域从最初的军事科研应用扩展到社会的各个领域，已形成了规模巨大的计算机产业，带动了全球范围的技术进步，由此引发了深刻的社会变革，计算机已遍及企事业单位，进入寻常百姓家，成为信息社会中必不可少的工具。它是人类进入信息时代的重要标志之一。随着物联网的提出和发展，计算机与其他技术又一次掀起信息技术的革命，根据中国物联网校企联盟的定义，物联网是当下几乎所有与计算机、互联网技术的结合，实现物体与物体之间环境以及状态信息实时共享以及智能化地收集、传递、处理。

计算机的应用在我国越来越普遍，改革开放以后，我国计算机用户的数量不断攀升，应用水平不断提高，计算机特别是互联网、通信、多媒体等领域的应用取得了不错的成绩。1996 年至 2009 年，计算机用户数量从原来的 630 万台增长至 6710 万台，联网计算机台数由原来的 2.9 万台上升至 5940 万台。互联网用户已经达到 3.16 亿，无线互联网有 6.7 亿移动用户，其中手机上网用户达 1.17 亿，为全球第一位。

中国互联网络信息中心（CNNIC）发布的报告显示，截至 2012 年 6 月底，我国网民数量达到 5.38 亿，是 15 年前的 867 倍。IPv6 地址数大幅增长，进入全球排名三甲。我国正快速步入网络时代。我国拥有 IPv6 地址数量比上年底增长 33%，仅次于巴西和美国位列全球第三。网民数量达到 5.38 亿，互联网普及率为 39.9%。

1.1.2 计算机的发展

世界上第一台电子数字式计算机于 1946 年 2 月 15 日在美国宾夕法尼亚大学研制成功，它的名称叫 ENIAC（埃尼阿克），是电子数值积分式计算机（The Electronic Numberical Intergratorand Computer）的缩写。它使用了 17468 个真空电子管，耗电 174 千瓦，占地 170 平方米，重达 30 吨，每秒钟可进行 5000 次加法运算。虽然它还比不上今天最普通的一台微型计算机，但在当时它已是运算速度的绝对冠军，并且其运算的精确度和准确度也是史无前例的。以圆周率（π）的计算为例，中国的古代科学家祖冲之利用算筹，耗费 15 年心血，才把圆周率计算到小数点后 7 位数。一千多年后，英国人香克斯以毕生精力计算圆周率，才计算到小数点后 707 位。而使用 ENIAC 进行计算，仅用了 40 秒就达到了这个记录，还发现香克斯的计算中，第 528 位是错误的。（图 1-1）

图 1-1

阅读下面的一段资料了解计算机诞生的背景。

世界上第一台电子计算机是由美国阿伯丁弹道实验室的几个年轻的科学家们研制出来的。1943 年，第二次世界大战进入了最为激烈的时候，美国宾夕法尼亚大学莫尔学院电工系和阿伯丁弹道实验室的科学家们承担着军方的一项重要任务———计算火炮和高射炮射击时的弹道。

1943 年 4 月，在阿伯丁实验室召开会议，讨论研制第一台电子计算机，主持会议的是阿伯丁弹道实验室的主要负责西蒙上校，参加会议的有物理学家莫希莱，军方代表格尔斯坦和数学家、阿伯丁弹道实验室的科学顾问维伯伦博士等有关人员。会议决定制造这台机器的总工程师由年轻的埃克特担任。

这时候莫希莱 30 岁、格尔斯坦和埃克特只有 23 岁。这是一个年轻、精干并且极富进取精神的科学小组，在他们面前没有闯不过去的难关。在他们齐心协力的合作之下，1943—1946 年用了将近三年的时间，世界上第一台大型电子数字计算机终于研制成功了。它就是著名的———ENIAC(Electronic Numberical Integraterand Computer，电子数值积分器和计算器)，如图 1-2 所示。

图 1-2　世界上第一台大型电子计算机

研制埃尼阿克(ENIAC)共耗费了近 50 万美元，这是一个真正的庞然大物：一共用了 18000 支电子真空管，放置它需要 170 多平方米，有三层楼那么高，重 30 多吨，耗电 150 千瓦。虽然它只有 20 个寄存器，但是一秒钟能进行 500 次加法运算，稳定运行时间为 7 分钟。这台计算机在实际使用上还存在一些问题，要计算一个问题时，需要将 20 个累加器、乘法器、除法器以及输入输出器连接起来，这要花一两天时间做准备，真正计算时只需要几分钟就完成了。但在计算下一个新问题时又要改变一次线路的连接。后来著名数学家冯·诺依曼在《关于电子计算机逻辑设计的初步讨论》的报告中提出了个全新的存储程序和中心控制的方案。这个方案确定了后来的计算机由五个基本部分组成(运算器、控制器、存储器、输入设备和输出设备)，更重要的是指令也和数据一样存放在存储器中，可以像数据一样加以处理，并且确定，指令和数据用二进制表示。现代计算机都是按冯· 诺依曼思想设计制造的。近六十年来，虽然计算机系统从性能指标、运算速度、工作方式、应用领域等方面都发生了很大的变化，但基本结构没有变，都被称为冯·诺依曼机。

虽然自第一台电子计算机诞生至今仅有六十几年的历史，但电子计算机的发展势头越来越迅猛，电子计算机硬件的发展对电子计算机的更新换代产生了巨大的影响，因此计算机发展阶段的划分均以计算机硬件的更新换代为依据。计算机硬件是以微电子技术为基础的。因此，习惯上人们以电子器件更新作为计算机更新换代的标志。

1. 第一代：电子管计算机

第一代（1946—1958年）是电子管计算机。它的基本电子元件是电子管，内存储器采用水银延迟线，外存储器主要采用磁鼓、纸带、卡片、磁带等。由于当时电子技术的限制，运算速度只有每秒几千次至几万次基本运算，内存容量仅数千字。程序设计处于最低级的阶段，主要使用二进制表示机器语言编程，后阶段采用汇编语言进行程序设计。第一代计算机使用机器语言编写操作指令，每种机器有各自不同的机器语言，既复杂又烦琐，需要水平很高的、受过专门训练的人才能应用。因此，第一代计算机体积大、耗电多、速度慢、造价高，且使用不便，主要局限于一些军事和科研部门的科学计算。（图1-3、图1-4）

图1-3 安装在弹道研究实验室的EDVAC

图1-4 EDSAC占地5米X4米

2. 第二代：电子管计算机

第二代（1959—1964年）是电子管计算机。它的基本电子元件是晶体管，人们将这一时代称为晶体管计算机时代。此时的计算机体积和耗电量都大大减少，运算速度明显提高，性能更稳定，存储容量有了很大的增长。由于硬件技术的改进，相应的软件技术也有极大地提高。随着FORTRAN、COBOL、ALGOL等高级语言的出现，以单词、语句和数学公式代替了二进制机器代码，只要熟悉通用的高级语言，就可以编制程序，完成各种工作任务。此时已有了对计算机硬件和软件进行测试和管理的管理程序（也就是初级阶段的操作系统）。这样就扩展了电子计算机的应用领域，从科学计算扩展到了行政管理、财务管理等信息处理领域，不少大型企业这一时期开始配置了电子计算机，用于生产计划编制、生产调度和库存管理等。如图1-5所示。

图1-5 电子计算机

典型的二代机有UNIVACⅡ，贝尔的TRADIC，IBM的7090、7094、7040、704等。

3. 第三代:集成电路计算机

第三代(1965—1970 年)是集成电路计算机。随着半导体技术的发展,1958 年夏,美国德克萨斯公司制成了第 1 个半导体集成电路。集成电路是在几平方毫米的基片上集中了几十个乃至上百个电子元器件组成的逻辑电路。第 3 代集成电路计算机的基本电子元件是小规模集成电路(SmalScale Integration,SSI)和中规模集成电路(Medium ScaleIntegration,MSI),随着磁芯存储器的进一步发展,开始采用性能更好的半导体存储器,运算速度提高到每秒几十万次到几百万次基本运算。计算机软件技术进一步发展,操作系统正式形成,并出现多种高级程序设计语言,如人机对话的 BASIC 语言等。由于采用了集成电路,因此第 3 代计算机各方面的性能都有了极大提高:体积缩小、价格降低、功能增强,可靠性大大提高。它广泛应用于科学计算、数据处理、工业控制等方面,进入众多的学科领域。

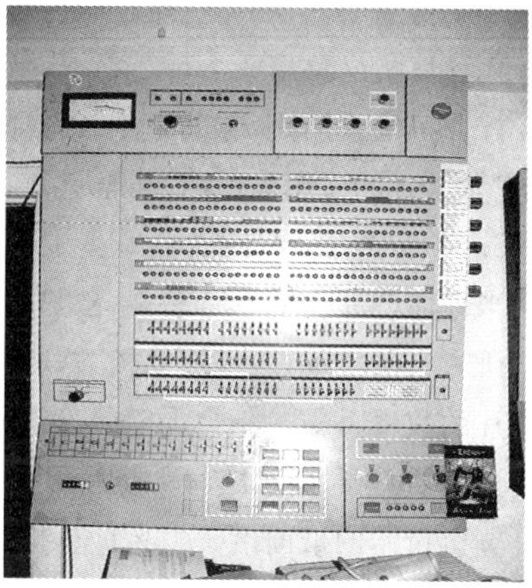

图 1-6　IBM System/360 Model 65 的操作台

典型的三代机有 IBM360 系列、Honeywel6000 系列、富士通 F230 系列等。(图 1-6)

4. 第四代:大规模、超大规模集成电路计算机

第四代(1971 年起)是大规模、超大规模集成电路计算机。第四从 70 年代起,随着集成电路集成度的不断提高,采用大规模、超大规模集成电路作逻辑元件,使得计算机的体积和价格不断下降,而功能和可靠性不断增强。这时期已出现了数据库管理系统,软件行业已发展成为一种新型产业。

1972 年,第一部真正的个人计算机诞生了,所使用的微处理器内包含了 2000 多个"晶体管",可以一秒内执行 6 万多个指令,体积也缩小很多。

20 世纪 70 年代中期,计算机制造商开始将计算机带给普通消费者,这时的小型机带有软件包,供非专业人员使用的程序和最受欢迎的字处理和电子表格程序,给用户带来极大的方便,为计算机的普及与发展奠定了基础。

1981 年,IBM 推出个人计算机(PC)用于家庭、办公室和学校。20 世纪 80 年代个人计算机的竞争使得价格不断下跌,微机的拥有量不断增加,计算机继续缩小体积,从桌上到膝上到掌上。与 IBM PC 竞争的 AppleMacintosh 系列于 1984 年推出,Macintosh 提供了友好的图形界面,用户可以用鼠标方便地操作,标志着普及计算机的时代已经开始。

图 1-7　个人电脑

20 世纪 90 年代,由于计算机技术与通信技术相结合,计算机网络空前发展,真正的信息时代到来。(图 1-7)

5. **第五代:人工智能电脑**

第五代计算机是把信息采集、存储、处理、通信同人工智能结合在一起的智能计算机系统。它能进行数值计算或处理一般的信息,主要能面向知识处理,具有形式化推理、联想、学习和解释的能力,能够帮助人们进行判断、决策、开拓未知领域和获得新的知识,人—机之间可以直接通过自然语言(声音、文字)或图形图像交换信息。第五代计算机又称新一代计算机。

计算机的发明是20世纪40年代的事情,经过几十年的发展,它已经成为一门复杂的工程技术学科,它的应用从国防、科学计算,到家庭办公、教育娱乐,无所不在。

6. **第六代:生物计算机**

半导体硅晶片的电路密集,散热问题难以彻底解决,影响了计算机性能的进一步发挥与突破。研究人员发现,脱氧核糖核酸(DNA)的双螺旋结构能容纳巨量信息,其存储量相当于半导体芯片的数百万倍。一个蛋白质分子就是存储体,而且阻抗低、能耗小、发热量极低。基于此,利用蛋白质分子制造出基因芯片,研制生物计算机(也称分子计算机、基因计算机),已成为当今计算机技术的最前沿。生物计算机比硅晶片计算机在速度、性能上有质的飞跃,被视为极具发展潜力的"第六代计算机"。

被称为第六代计算机的生物计算机,其主要原材料是借助生物工程技术(特别是蛋白质工程)生产的蛋白质分子,以它作为生物集成电路——生物芯片。在生物芯片中,信息以波的形式传递。当波沿着蛋白质分子链传播时,会引起蛋白质分子链子单键、双键结构顺序的改变。因此,当一列波传播到分子链的某一部位时,它们就像硅集成电路中的载流子(电流的载体叫作载流子)那样传递信息。由于蛋白质分子比硅芯片上的电子元件要小得多,彼此相距很近很近,因此,生物元件可小到几十亿分之一米,元件的密集度可达每平方厘米10万亿~100万亿个,甚至1000万亿个门电路。与普通计算机不同的是,由于生物芯片的原材料是蛋白质分子,所以,生物计算机芯片既有自我修复的功能,又可直接与生物活体结合。同时,生物芯片具有发热少、功能低、电路间无信号干扰等优点。

第六代电脑核心是十进制,它和二进制十分明显的区分就是能识别自然语言的0,1,2,3,4,5,6,7,8,9,的十进制;计算方式可兼容二进制的方式,中国的珠算等多种算法。二进制电脑用的是狭义控制论;而十进制则用的是"广义控制原理"。芯片陈列与二进制刚好正负极端,不超过一万个晶体管的计算范围就超过二进制几百万个的晶体管,无需寄存器,它使用"分差乘法"的技术可实现小数无数位限制,也就没有浮点计算的概念了。

总之,第六代电脑与现在的二进制已是质的差别。真心期待第六代电脑出现在我的桌上。

1.1.3 计算机的发展趋势

现代计算机的发展表现在两个方面:一是向着巨型化、微型化、多媒体化、网络化和智能化5种趋向发展;二是朝着非冯·诺依曼结构模式发展。

1. **计算机发展的几大趋向**

(1)巨型化

巨型化并不是指计算机的体积大,而是指计算机的运算速度更高、存储容量更大、功能更强。据美国《波士顿环球报》报道，IBM 将造世界运算速度最快的计算机，它每秒能进行 1 千万亿次数学运算。巨型机的应用范围如今已日渐广泛，在航空航天、军事工业、气象、电子及人工智能等几十个学科领域发挥着巨大的作用，特别是在复杂的大型科学计算领域，其他的机种难以与之抗衡。

(2)微型化

微型化就是指进一步提高集成度，利用高性能的超大规模集成电路研制质量更加可靠、性能更加优良、价格更加低廉、整机更加小巧的微型计算机。微型计算机现在已进入仪器仪表、家用电器等小型仪器设备中，同时作为工业控制过程的心脏，使仪器设备实现“智能化”。

(3)多媒体化

多媒体是指以数字技术为核心的图像、声音与计算机、通信等融为一体的信息环境。目前多媒体计算机技术的应用领域正在不断拓宽，除了在知识学习、电子图书、商业及家庭应用外，在远程医疗、视频会议中都得到了极大的推广。正如比尔·盖茨所说，随着技术的进步，计算机将能够嵌入到人体中，通过声音、触觉、甚至味觉来与人类进行交流，从而帮助盲人看到世界及帮助聋人听到声音。

(4)网络化

网络化就是用通信线路把各自独立的计算机连接起来，形成各计算机用户之间可以相互通信并使用公共资源的网络系统。计算机网络构成了新的网上空间(Cyberspace)，“海内存知己，天涯若比邻”已成为网友的亲身感受。人们不仅通过网络进行通信和共享信息资源，而且产生了网络营销、网络管理、网络教育、网络化办公、网络协同工作等一系列创新性应用和新思想观念。

(5)智能化

计算机的智能化就是指使计算机具有人的智能，能够像人一样思维，让计算机能够进行图像识别、定理证明、研究学习、探索、联想、启发和理解人的语言等，它是新一代计算机要实现的目标。智能化使计算机突破了“计算”这一初级的含义，从本质上扩充了计算机的能力，可以越来越多地替代人类的脑力劳动。例如，不少家电产品已经逐步从机械操作型向电脑智能型转化，还出现了专门打扫卫生的机器人。

2. 发展非冯·诺依曼结构模式

随着计算机技术的发展，计算机应用领域的开拓更新，冯· 诺依曼型的工作方式已不能满足需要，所以提出了制造非冯·诺依曼式计算机的想法。

在 20 世纪 80 年代初，人们提出发明与人脑神经网络相类似的新型超大规模集成电路的设想，即生物芯片制造方法的构思，着手研究由蛋白质分子或传导化合物元件组成的生物计算机。与此同时，人们也开始研制光计算机和量子计算机。光计算机是用光子代替电子来传递信息。1984 年 5 月，欧洲研制出世界上第一台光计算机。1996 年，美国《科学》周刊科技新闻中报道，量子计算机引起了计算机理论领域的革命。虽然目前光计算机和量子计算机都还远没有达到实用阶段，到目前为止，人们也还只是搭建出以人脑神经系统处理信息的原理为基础设计的非冯· 诺依曼计算机模型，但有理由相信，就像查尔斯· 巴贝奇 100 多年前的分析机模型和图灵 60 年前的“图灵机”都先后变成现实一样，今天还在研制中的非冯·诺依曼式计算机，将来也必将成为现实。

1.1.4 计算机的特点

人们将计算机的特点归纳为以下五点：

1. 运算速度快

计算机内部电路组成，可以高速准确地完成各种算术运算。当今计算机系统的运算速度已达到每秒万亿次，微机也可达每秒亿次以上，使大量复杂的科学计算问题得以解决。例如：卫星轨道的计算、大型水坝的计算、24 小时天气计算等以前需要几年甚至几十年，而在现代社会里，用计算机只需几分钟就可完成。

2. 计算精度高

科学技术的发展特别是尖端科学技术的发展，需要高度精确的计算。计算机控制的导弹之所以能准确地击中预定的目标，是与计算机的精确计算分不开的。一般计算机可以有十几位甚至几十位(二进制)有效数字，计算精度可由千分之几到百万分之几，是任何计算工具所望尘莫及的。

计算机不仅能进行精确计算，还具有逻辑运算功能，能对信息进行比较和判断。计算机能把参加运算的数据、程序以及中间结果和最后结果保存起来，并能根据判断的结果自动执行下一条指令以供用户随时调用。

3. 有记忆和逻辑判断能力

计算机的运算器除了能够完成基本的算术运算外，还具有进行比较、判断等逻辑运算的功能。这种能力是计算机处理逻辑推理问题的前提。

4. 存储容量大

计算机的存储器可以存储大量数据，这使计算机具有了“记忆”功能。目前计算机的存储容量越来越大，已高达千兆数量级的容量。计算机具有“记忆”功能，是与传统计算工具的一个重要区别。

5. 有自动处理能力

由于计算机具有存储记忆能力和逻辑判断能力，所以人们可以将预先编好的程序组纳入计算机内存，在程序控制下，计算机可以连续、自动地工作，不需要人的干预。

1.1.5 计算机的分类

计算机家族发展到今天，已琳琅满目，种类繁多。从不同的角度可以对计算机做出不同的分类。常用的分类方法有以下三种：

1. 按功能和用途分类

计算机按功能和用途分类，可分为通用计算机和专用计算机。通用计算机功能多，用途广，结构复杂，可以完成科学计算、数据处理、自动控制和辅助设计等各项工作。专用计算机一般用来完成某项专门的工作，结构简单，价格也相对较低。

2. 按其软、硬件配套规模及处理能力的大小分类

计算机按其软、硬件配套规模及处理能力的大小分类可分为巨型机、大型机、小型机和微型机。它们因功能不同用途各异。巨型计算机是运算速度最快、性能最高、技术最复杂的一类

计算机，主要用于解决大型计算机难以解决的复杂问题，是解决科技领域中某些巨大的挑战性问题的关键工具。巨型计算机的运算速度一般达到亿次以上。

巨型机的研制是现代高科技，特别是国防尖端技术发展的需要。在核技术、航天技术、导弹和反导弹系统、气象预报和石油煤炭勘探等方面，都要求计算机必须具备极高的运算速度和巨大的存储容量，只有巨型机才能担当此任。巨型机不是用钱就可以随便买到的，因为它不仅能用于高科技领域，也能用于军事领域，因此，它的技术就成为高度机密。巨型机的研制水平往往是一个国家现代科技水平的标志。

我国巨型机的研发也取得了很大的成绩，推出了“曙光”“银河”“联想”等巨型机系统。比如曙光 4000A，每秒可以计算 11 万亿次。

大型机是使用所在时代的先进技术构成的一类高性能、大容量通用计算机，它代表该时期计算机技术的综合水平。大型机硬件配置高，价格昂贵，多任务处理能力强。一般作为大型“客户机/服务器”系统的服务器，或者用作“终端/主机”系统中的主机。

与大型机比小型机性能和价格都适中，因此小型机应用范围很广。小型机的主要应用领域为数据采集和数据处理、工业过程控制、企业管理等，也可作为大型机和巨型机的辅助机，广泛用于企业、学校和研究机构的服务器。

微型计算机又称个人计算机（Personal Computer，PC），简称为微机。微型计算机是以微处理器为中心而组成的计算机系统，始于 1971 年。微型计算机一般是将进行运算控制的中央处理器和主存储器都集中在一个或几个芯片上，再配上输入、输出控制设备组成。微型计算机以其体积小、重量轻、价格低廉、可靠性高、结构灵活、适应性强和应用面广等一系列优点，占领了世界计算机市场并得到广泛地运用，成为现代社会不可缺少的重要工具。

3. 按工作原理分类

计算机按工作原理分类，可分为数字计算机、模拟计算机和混合计算机。数字计算机是以二进制形式的数字量在计算机内部进行运算的计算机。数字计算机运算速度快、精确度高、存储容量大，因此用途广泛。我们通常所说的电子计算机，如果没有特别说明都是指数字计算机。

模拟计算机是以连续变化的电压或电流表示随时间而变化的过程。这种运算过程得出的结果不是用数字，而是通过物理特征表示出来。模拟计算机特别适用于模拟某些特定的过程，如飞行模拟和化学反应，在自动控制中得到普遍的应用。

混合计算机是将数字技术和模拟技术灵活结合的计算机。它是通过把数字计算机和模拟计算机间用接口设备连接起来而形成的统一体。在进行数字量和模拟量相互转换的场合，常用到混合计算机。

1.1.6 计算机的应用领域

计算机应用已深入到了人类社会生活的各个领域，其应用可以归纳为以下几个方面：科学计算、数据处理、过程控制、计算机辅助工程、人工智能。

1. 科学计算

第一台电子计算机就是为了军事科学上的弹道计算而研制的。诸如天气预报、工程计算、卫星发射等领域都涉及复杂的数值计算以及对速度、精度的高要求。利用计算机的大存储容量、高速度、高精度等特点，可以实现：

(1)人工难以完成的复杂的科学计算；

(2)快速获取运算结果；

(3)按问题的要求获取结果的精确度。

2. 信息管理

目前计算机信息管理的应用领域远远大于科学计算领域。如人口统计、档案管理、图书资料、金融财务、仓库物资管理等都已经被计算机所取代。计算机信息管理最广泛地应用是办公自动化和企业管理。其管理的含义不仅是对静态数据的保管和统计，更重要的是通过对大量数据的动态分析得出科学化的结论，为进一步决策提供依据。

3. 过程控制

通过专用的、预置了程序的计算机将检测到的信息经过处理后，向被控制或调节对象发出最佳的控制信号，由系统中的执行机构自动完成控制。对于人无法接近的艰苦环境，比如危险、有毒的环境，可以用机器人去完成。对信息的传递要求特别迅速、准确的过程的实时控制等，都属于计算机过程控制的应用。

4. 计算机辅助工程

包括计算机辅助设计(Computer Aided Design，CAD)、计算机辅助制造(Computer Aided Manufacturing，CAM)和计算机辅助教学(Computer Aided Instruction，CAI)等。

由于计算机的广泛应用，目前许多国家已经把辅助设计、辅助制造、辅助测试组成一个系统，使得设计、制造、测试一条龙，形成高度自动化的生产线。计算机辅助教学能改变传统的教学方法和教学模式，教师在计算机的协助下完成教学任务，学生可以通过人机对话的方式操作计算机，根据自己的学习需求进行学习，达到辅助学习的目的。

5. 人工智能

人工智能是以知识工程为基础，利用计算机巨大的存储能力和逻辑推理能力，研究解释和模拟人类智能行为及其规律的一门学科，是计算机科学的一个分支。它的主要内容包括：机器学习、自然语言理解、计算机视觉、智能机器人等等。

6. 电子商务

所谓电子商务(Electronic Commerce)是利用计算机技术、网络技术和远程通信技术，实现整个商务(买卖)过程中的电子化、数字化、网络化。人们不再是面对面的、看着实实在在的货物、靠纸质的单据进行买卖交易。而是通过网上琳琅满目的商品信息、完善的物流配送系统和方便安全的资金结算系统进行交易。目前国内主要的电子商务平台有阿里巴巴旗下的淘宝、天猫，苏宁云商旗下的苏宁易购，一号店，当当网，易讯网，拍拍网，卓越亚马逊等。

我国已成为电子信息产品的制造大国，并逐步确立在全球产业分工体系中的重要地位，我国计算机产业未来将呈现六大发展趋势。

(1)大容量磁盘、环保型显示器走向普及；

(2)笔记本显示器走向两极分化；

(3)内存技术换代，软驱退出市场；

(4)无线应用成为主流；

(5)IA 服务器市场份额将进一步提高；

(6)服务器低端市场细分化加剧。

1.1.7 云计算

1. 云计算概念

云计算(英语:Cloud Computing),是一种基于互联网的计算方式,通过这种方式,共享的软硬件资源和信息,按需求提供给计算机和其他设备,主要是基于互联网的相关服务的增加、使用和交付模式,通常涉及通过互联网来提供动态易扩展且经常是虚拟化的资源。云是网络、互联网的一种比喻说法。过去在图中往往用云来表示电信网,后来也用来表示互联网和底层基础设施的抽象。狭义云计算指 IT 基础设施的交付和使用模式,指通过网络以按需、易扩展的方式获得所需资源;广义云计算指服务的交付和使用模式,指通过网络以按需、易扩展的方式获得所需服务。这种服务可以是 IT 和软件、互联网相关,也可以是其他服务。它意味着计算也可作为一种商品通过互联网进行流通。

2. 云计算发展

1983 年,太阳电脑(Sun Microsystems)提出"网络式电脑"("The Network is the Computer"),2006 年 3 月,亚马孙(Amazon)推出弹性计算云(Elastic Compute Cloud;EC2)服务。

2006 年 8 月 9 日,Google 首席执行官埃里克·施密特(Eric Schmidt)在搜索引擎大会上(SES San Jose 2006)首次提出"云计算"(Cloud Computing)的概念。Google"云端计算"源于 Google 工程师克里斯托弗·比希利亚所做的"Google101"项目。

2007 年 10 月,Google 与 IBM 开始在美国大学校园,包括卡内基梅隆大学、麻省理工学院、斯坦福大学、加州大学柏克莱分校及马里兰大学等,推广云计算的计划,这项计划希望能降低分布式计算技术在学术研究方面的成本,并为这些大学提供相关的软硬件设备及技术支持(包括数百台个人电脑及 Blade Center 与 System x 服务器,这些计算平台将提供 1600 个处理器,支持包括 Linux、Xen、Hadoop 等开放源代码平台)。而学生则可以通过网络开发各项以大规模计算为基础的研究计划。

2008 年 1 月 30 日,Google 宣布在台湾启动"云计算学术计划",将与台大、交大等学校合作,将这种先进的大规模、快速将云计算技术推广到校园。

2008 年 2 月 1 日,IBM(NYSE:IBM)宣布将在中国无锡太湖新城科教产业园为中国的软件公司建立全球第一个云计算中心(Cloud Computing Center)。

2008 年 7 月 29 日,雅虎、惠普和英特尔宣布一项涵盖美国、德国和新加坡的联合研究计划,推出云计算研究测试床,推进云计算。该计划要与合作伙伴创建 6 个数据中心作为研究试验平台,每个数据中心配置 1400 个至 4000 个处理器。这些合作伙伴包括新加坡资讯通信发展管理局、德国卡尔斯鲁厄大学 Steinbuch 计算中心、美国伊利诺伊大学香宾分校、英特尔研究院、惠普实验室和雅虎。

2008 年 8 月 3 日,美国专利商标局网站信息显示,戴尔正在申请"云计算"(Cloud Computing)商标,此举旨在加强对这一未来可能重塑技术架构的术语的控制权。

2010 年 3 月 5 日，Novel 与云安全联盟（CSA）共同宣布一项供应商中立计划，名为“可信任云计算计划（Trusted Cloud Initiative）”。

2010 年 7 月，美国国家航空航天局和包括 Rackspace、AMD、Intel、戴尔等支持厂商共同宣布“OpenStack”开放源代码计划，微软在 2010 年 10 月表示支持 OpenStack 与 Windows Server2008 R2 的集成；而 Ubuntu 已把 OpenStack 加至 11.04 版本中。

2011 年 2 月，思科系统正式加入 OpenStack，重点研制 OpenStack 的网络服务。

1.2 数据在计算机中的表示

1.2.1 计算机数据的表示

数据是计算机处理的对象。这里的“数据”含义非常广泛，包括数值、文字、图形、图像、视频等各种数据形式。

传说人类的祖先在没有文字之前使用十个手指数数，因而形成了人类今天的十进制记数法。实际上日常生产和生活中使用的记数法远不止是十进制。比如 12 个月为一年，使用的是十二进制，7 天为一星期，使用的是七进制，24 小时为一天，可看作二十四进制……

使用任何一种数值都必须了解两个重要概念：基数和位权。

基数：进位计数制中所使用的不同基本符号的个数称为该进位计数制的基数，计算机内部一律采用二进制表示数据。

位权：一个固定值，是指在某种进位计数制中，每个数位上的数码所代表的数值的大小，等于在这个数位上的数码乘上一个固定的数值，这个固定的数值就是这种进位计数制中该位置的位权。

计算机内部一律采用二进制表示数据。为什么要用二进制？

二进制并不符合人们的习惯，但是计算机内部仍采用二进制表示信息，其主要原因有以下四点：

1. 电路简单

计算机是由逻辑电路组成，逻辑电路通常只有两个状态。例如，开关的接通与断开，晶体管的饱和与截止，电压电平的高与低等。这两种状态正好用来表示二进制数的两个数码 0 和 1。

2. 工作可靠

两个状态代表的两个数码在数字传输和处理中不容易出错，因而电路更加可靠。

3. 简化运算

二进制运算法则简单。例如，求积运算法则只有 3 个。而十进制的运算法则（九九乘法表）对人来说虽习以为常，但是让机器去实现就是另一回事了。

4. 逻辑性强

计算机的工作是建立在逻辑运算基础上的，逻辑代数是逻辑运算的理论依据。有两个数码，正好代表逻辑代数中的“真”与“假”。而为了表达和处理的方便又引入了八进制和十六进制。

1.2.2 进位计数制

1. 十进制计数法

为了更好地掌握各种进位制，我们先从分析大家熟悉的十进制记数法入手。十进制记数法的特点：

①用 0,1,2,3,4,5,6,7,8,9 共十个数码记数。

②逢十进一，借一当十。

【例 1-1】321.510 $=3\times10^{2}+2\times10^{1}+1\times10^{0}+5\times10^{-1}$

301010 $=3\times10^{3}+1\times10^{1}$

“10”就是十进制记数法的基数。为了区分不同的进位制数，在右下角标出基数，我们也可以用 D(Decimal)表示十进制数，如十进制 3210 记作 3210D。

2. 计算机中的数——二进制

我们可以结合十进制记数法的特点去学习二进制，从中不难总结出二进制记数法的特点：

①二进制记数法用 0 和 1 两个数码记数。

②做加法时“逢二进一”，做减法时“借一当二”。

如：110101.12 $=1\times2^{5}+1\times2^{4}+1\times2^{2}+1\times2^{0}+1\times2^{-1}=$ 53.510

100000002 $=1\times2^{7}=$ 12810

二进制数的运算包括算术运算和逻辑运算。

(1)二进制数的算术运算

二进制数的算术运算包括：加、减、乘、除运算，它们的运算规则如下：

加法运算	减法运算	乘法运算	除法运算
0+0=0	0−0=0	0×0=0	0÷0 无意义
0+1=1	1−0=1	1×0=0	0÷1=0
1+0=1	1−1=0	0×1=0	1÷1=1
1+1=0	0−1=1	1×1=1	1÷0 无意义
(向上位进 1)	(向上位借 1)		

【例 1-2】求(1011101)2+(1101001)2 的值。

解
```
   1011101
+  1101001
----------
  11000110
```

所以：(1011101)2+(1101001)2=(11000110)2

【例 1-3】求(110101)2−(1011)2 的值。

解
```
  110101
+   1011
--------
  101010
```

所以：(110101)2－(1011)2＝(101010)2

(2)二进制的逻辑运算

①逻辑“与”运算（也叫逻辑乘）

设 A、B 为两个逻辑量，A 和 B 的“与”运算记作 AB，当且仅当 A 和 B 同真（或同为 1）时，AB 的值为真（为 1）。

②逻辑“或”运算（也叫逻辑加）

设 A、B 为两个逻辑，A 和 B 的“或”运算记作 A＋B，当且仅当 A 和 B 同假（或同 0）时，A＋B 的值为假（或为 0）。

③逻辑“非”运算（也叫逻辑否）

“非”是一元运算（也叫单目运算）设 A 为任一逻辑量 A 的“非”运算，记作$\overline{A}$，当 A 为 0 时$\overline{A}$为 1，A 为 1 时$\overline{A}$为 0。

3. 八进制记数法和十六进制记数法

总结了十进制和二进制的特点后，不难得出八进制和十六进制计数法的规律。

八进制的 8 个记数码分别是 0，1，2，3，4，5，6，7，做加法时“逢八进一”，做减法时“借一当八”。

十六进制的 16 个记数码分别是 0，1，2，…，9，A，B，C，D，E，F，其中 A 代表 10，B 代表 11，……，F 代表 15，做加法时“逢十六进一”，做减法时“借一当十六”。

如：$2378=2\times8^2+3\times8^1+7\times8^0=15910$

$2CD16=2\times16^2+12\times16^1+13\times16^0=512+192+13=71710$

八进制数用 Q 表示，十六进制数用 H 表示。

如：八进制数 237 记作 237Q，十六进制数 2CD 记作 2CDH。

1.2.3 数制之间的转换

二进制、八进制、十进制与十六进制的特征对照表见下表 1-1 所列。

表 1—1 二进制、八进制、十进制与十六进制的特征对照表

十进制	二进制	八进制	十六进制	十进制	二进制	八进制	十六进制
0	0	0	0	9	1001	11	9
1	1	1	1	10	1010	12	A
2	10	2	2	11	1011	13	B
3	11	3	3	12	1100	14	C
4	100	4	4	13	1101	15	D
5	101	5	5	14	1110	16	E
6	110	6	6	15	1111	17	F
7	111	7	7	16	10000	20	10
8	1000	10	8	17	10001	21	11

1. 非十进制与十进制之间的转换

非十进制转换成十进制只需按权展开后相加即可。

【例 1－4】将二进制数 10101 转换成十进制数。

$(10101)B = 1\times2^4 + 0\times2^3 + 1\times2^2 + 0\times2^1 + 1\times2^0 = 37$

【例 1－5】将八进制数 257.1 转换成十进制数。

解　$257.1Q = 2\times8^2 + 5\times8^1 + 7\times8^0 + 1\times8^{-1} = 175.125D$

【例 1－6】求(14A)16 所对应的十进制数。

解　$(14A)H = 1\times16^2 + 4\times16^1 + 10\times16^0 = 330D$

2. 十进制转换成二进制

十进制转换成二进制时，整数部分的转换与小数部分的转换是不同的。

①整数部分：除 2 取余法。

将十进制数反复除以 2，直到商是 0 为止，并将每次相除之后所得的余数按次序记下来，第一次相除所得余数是 K_0，最后一次相除所得的余数是 K_{n-1}，则 $K_{n-1}K_{n-2}\cdots K_1K_0$ 即为转换所得的二进制数。

【例 1－7】将十进制数(123)10 转换成二进制数。

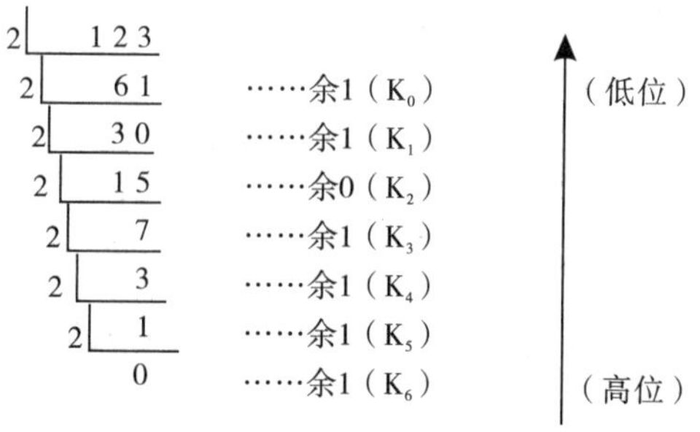

(123)10＝(1111011)2

②小数部分：乘 2 取整法。

将十进制数的纯小数（不包括乘后所得的整数部分）反复乘以 2，直到乘积的小数部分为 0 或小数点后的位数达到精度要求为止。第一次乘以 2 所得的结果是 K_{-1}，最后一次乘以 2 所得的结果是 K_{-m}，则所得二进制数为 $0,K_{-1}K_{-2}\cdots K_{-m}$。

【例 1－8】将十进制数(0.2541)10 转换成二进制。

(0.2541)10＝(0.0100)2

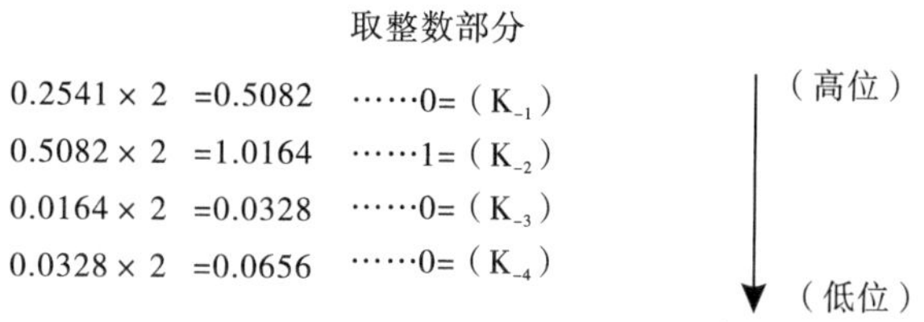

对于既有整数又有小数的十进制数，可以将其整数部分和小数部分分别转换为二进制，然后再组合起来，就是所求的二进制数了。

3. 十进制转换成八进制、十六进制

十进制转换成八进制、十六进制与十进制转换成二进制方法是相同的。

【例 1－9】将十进制数 378 转换成八进制数，方法如下：

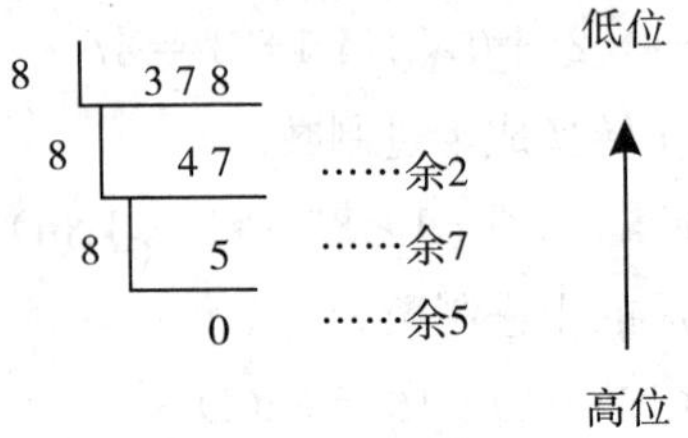

所以:(378)10=(572)8

【例 1－10】将(982)10 转换成十六进制数。

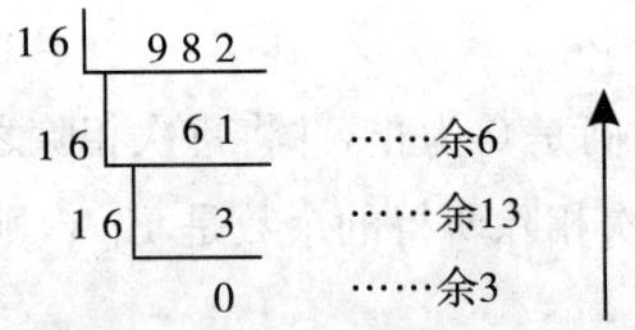

所以:(982)10=(3D6)16

4. 二进制与八进制和十六进制的互换

(1)二进制与八进制数的相互转换

观察所有的三位二进制数(共 8 个)和一位八进数(共 8 个)。

三位二进制数	000	001	010	011	100	101	110	111
一位八进制数	0	1	2	3	4	5	6	7

发现:三位二进制数和一位八进制数之间存在着一一对应的关系，于是它们之间的转换就特别容易。

【例 1－11】写出(11010111)2 对应的八进制数。

因为:(1011101)2=(011 010 111)2

011B←→3Q

010B←→2Q

111B←→7Q

所以:1011101B=327Q

【例 1－12】写出(10111011)2 的八进制形式。

因为:(10111011)2=(010 111 011)2

010B←→2Q

111B←→7Q

011B←→3Q

所以:11101110B=273Q

【例 1－13】将八进制数 315 写成二进制数。

因为:3D←→011B

1D←→001B

5D←→101B

所以:315Q=11001101B

(2)二进制与十六进制数的相互转换

所有的四位二进制数(共 16 个)与一位十六进制数(共 16 个)之间存在着一一对应的关系。

二进制数	十六进制	二进制数	十六进制数
0000	0	1000	8
0001	1	1001	9
0010	2	1010	A
0011	3	1011	B
0100	4	1100	C
0101	5	1101	D
0110	6	1110	E
0111	7	1111	F

利用这个对应关系可方便实现二进制和十六进制之间的转换。

【例 1-14】将二进制数 1101101 转换成十六进制。

因为:(1101101)2=(0110 1101)2

0110B←→6H

1101B←→DH

所以:1101101B=(6D)H

【例 1-15】求 10000000B=(　　)H。

因为:(10000000)2=(1000 0000)2

1000B←→8H

0000B←→0H

所以:10000000B=80H

【例 1-16】求 F48H 所对应的二进制数。因为:

FH←→1111B

4H←→0100B

8H←→1000B

所以:F48H=111101001000B

【例 1-17】求 17H 所对应的二进制数。因为:

1H←→0001B

7H←→0111B

所以:17H=10111B

1.2.4 数据的存储单位

二进制只有两个数码 0 和 1,任何形式数据都要靠 0 和 1 来表示。为了能有效地表示和存储不同形式的数据，人们使用了下列不同的数据单位：

1. 位(bit)

位，音译为“比特”，是计算机存储数据、表示数据的最小单位。一个 bit 只能表示一个开关量，例如 1 代表“开关闭合”，0 代表“开关断开”。

2. 字节(byte)

字节来自英文 Byte，简记为 B，音译为“拜特”。规定 1 个字节等于 8 个位，即 1Byte= 8bit。字节是个重要的数据单位，表现在：

计算机存储器是以字节为单位组织的，每个字节都有一个地址码(就像门牌号码一样)，通过地址码可以找到这个字节，进而能存取其中的数据。

字节是计算机处理数据的基本单位，即以字节为单位解释信息。计算机存储器容量大小是以字节数来度量的，经常使用的单位有 B、KB、MB、GB。

1KB=1024B　1MB=1024K　1GB=1024M

1.3　计算机系统与常用设备

一个完整的计算机系统是由硬件系统和软件系统两部分组成的。硬件是指组成计算机的各种电子器件、机械部件等物理设备，通俗地说就是那些看得见，摸得着的实际设备。软件系统是指计算机系统中的程序以及开发、使用和维护程序所形成的文档的总称。硬件是计算机工作的物质基础，软件是计算机的“灵魂”，没有软件只有硬件的计算机称为“裸机”，它什么事也干不了。硬件与软件是相辅相成的，硬件系统的发展给软件系统提供了良好的开发环境，而软件系统发展又给硬件系统提出了新的要求，促进了硬件的更新换代。(图 1-8)

1.3.1　计算机硬件系统

微型计算机硬件系统由五大部分组成，它们分别是运算器、存储器、控制器、输入和输出装置，本节将从应用的角度，以台式计算机为例，介绍微型计算机硬件系统。

1. 中央处理器

中央处理器简称 CPU 或微处理器，包括运算器和控制器两个部件。CPU 是计算机的核心，好比人的大脑，负责处理、运算计算机内部所有的数据。而与 CPU 协同工作的芯片组则更像是心脏，控制着数据的交换。计算机选用什么样的 CPU 决定了计算机的性能，甚至决定了能够运行什么样的操作系统和应用软件。

(1)运算器

运算器又称算术逻辑单元，它的主要功能是完成各种算术运算和逻辑运算。它是对信息加工和处理的部件，主要由算术逻辑部件、寄存器组成。

(2)控制器

控制器是整个计算机的神经中枢和指挥中心，用来协调和指挥整个计算机系统的操作。它本身不具有运算功能，而是通过读取、翻译、分析各种指令，对各部件进行控制。它主要由指令寄存器、译码器、程序计数器、时序电路等组成。

- 计算机系统
  - 硬件系统
    - 主机
      - 中央处理器
        - 运算器
        - 控制器
      - 内存储设备
        - 只读存储器
        - 随机存储器
    - 外设
      - 输入输出设备
      - 外存储设备
  - 软件系统
    - 系统软件
      - 操作系统
        - DOS
        - Windows
        - UNIX
      - 语言翻译
        - 编译程序
        - 解释程序
        - 汇编程序
      - 系统服务
        - 监控、检测程序
        - 调试及其他服务程序
        - 网络通信服务程序
    - 应用软件
      - 专用软件
        - 数据库管理
        - 电子表格
        - 文字处理
        - 图形处理
        - 算法语言程序
      - 面向问题的专用程序

图 1－8　计算机系统的组成示意图

目前，生产 CPU 的主要有英特尔（Intel）公司和超威半导体（AMD）公司。图 1－9 所示 CPU 分别为这两家公司所生产。

（a）Inter公司生产的CPU　　（b）AMD公司生产的CPU

图 1－9　CPU

2. 存储器

存储器是计算机用来存放程序和数据的记忆装置，是计算机信息交流的中心。它的基本功能是能够按照指定位置存入或取出信息。存储器通常分为内存储器和外存储器。内存储器也称为主存储器，简称内存。外存储器也称为辅助存储器，简称外存。

(1)内存储器

内存储器（图 1－10）用于存放当前正在使用（执行中）的数据和程序，CPU 能直接与其进行数据的传输，其容量越大程序执行速度越快。分为随机存取存储器和只读存储器。

图 1-10　内存

随机存取存储器(RAM):用来存放随机写入和读出的程序和数据。关机或重新启动后RAM 中的信息将全部消失。

只读存储器(ROM):存放出厂时固化在里面的一些系统程序。关机后里面的信息不会丢失。

现在市场常见的内存储器的容量(指的是 RAM 中的容量)一般为:512MB、1GB、2GB、4GB 等。

(2)外存储器

外存储器是指除计算机内存以外的存储器,此类存储器一般在断电后仍然能保存数据。常见的外存储器有磁盘(包括硬盘和软盘)、光盘、U 盘、存储卡等。

图 1-11　磁盘

①硬盘:硬盘(图 1-11)是电脑主要的存储媒介之一,由若干个铝制或者玻璃制的碟片组成。这些碟片外表覆盖磁性材料。绝大多数硬盘都是固定硬盘,被永久性地密封固定在硬盘驱动器中。

目前,全球知名的硬盘厂商有希捷(Seagate)、迈拓(Maxtor)、西部数据(western Digital)、日立(Hitachi)、东芝(Toshiba)、三星(Samsung)等。

②光盘:光盘存储器(图 1-12)是 20 世纪 80 年代中期开始广泛使用的外存储器。光盘具有容量大、易保存、携带方便等优点。光盘盘片是在有机塑料基底上加各种镀膜制作而成的,数据通过激光刻在盘片上。读取光盘的内容需要光盘驱动器,简称光驱(图 1-13)。

图 1-12　光盘

图 1-13　光驱

光驱按读写方式可分为只读光驱(CD ROM、DVD ROM)和可读写光驱(CD ROM、DVD ROM)。可读写光驱又称为刻录机,它既可以读取光盘上的数据,又可以将数据写入光盘。只读光驱只能读取光盘上的数据。

(3)移动存储设备

①U 盘是一种具有 USB 接口的 Flash 存储器,简称闪存。它具有容量大、重量轻、体积小、稳定性好等优点,成为目前应用最广泛的移动存储设备之一。

存储卡也是闪存,广泛应用在手机和数码相机上。它与 U 盘相比,存储原理相同,而接口不同,若要在计算机上使用,则需要读卡器。U 盘和存储卡如图 1-14 所示。

②移动硬盘如图 1－15 所示，是以硬盘为存储介质，能在计算机之间交换大容量数据、便携的存储产品。移动硬盘多采用 USB 等传输速度较快的接口，能以较高的速度与系统进行数据传输。

图 1－14　U 盘和存储卡

图 1－15　移动硬盘

3. 输入和输出设备

输入和输出设备简称为 I/O 设备，又称外部设备，是计算机系统的重要组成部分。各种类型的信息通过输入设备输入到计算机，计算机处理的结果由输出设备输出。

(1)输入设备

输入设备用于把原始数据和处理这些数据的程序通过输入接口输入到计算机的存储器中。

常用输入设备有键盘、鼠标、扫描仪、光笔、写字板、数字化仪、条形码阅读器、数码相机等(图 1－16)。

键盘　　鼠标　　扫描仪

图 1－16　常见输入设备

从读取数据的角度看，当从磁盘、光盘、电子盘或磁带读取文件时，它们是输入设备。

(2)输出设备(图 1－17)

输出设备输出计算机的处理结果。

常用输出设备有显示器、打印机、绘图仪、音响、喇叭等。

从保存数据的角度看，当向磁盘、光盘、电子盘或磁带保存文件时，它们是输出设备。

显示器　　耳机　　打印机

图 1－17　常见输出设备

4. **主板**

主板也叫母板，是微型计算机中最大的一块集成电路板，也是其他部件和各种外部设备的连接载体。CPU、内存、显卡、硬盘等在主板上都有各自的接口。现在的很多主板还集成了声卡、显卡、网卡等部件，以降低整机成本。主板的外观如图 1 - 18 所示。

图 1 - 18　主板

由于只有主板和各种各样的周边设备协同工作，才能运行各种操作系统及应用程序，所以主板的兼容性是非常重要的。主板支持的周边设备（内存、硬盘、显卡、声卡、网卡等）越多，主板与周边设备组成的整机的兼容性就会越高，这样的主板当然就越好。目前，按照主板的品质、市场口碑等综合因素，华硕、微星、技嘉等主板品牌被列为主板的一线品牌。

5. **总线**

总线（Bus）是一种内部结构，是各部件之间传输数据的公用通道。主机的各个部件通过总线相连接，外部设备通过相应的接口电路再与总线相连接，从而形成了计算机硬件系统。按照计算机传输的信息种类，分为三种不同功能的总线：数据总线 DB（Data Bus）、地址总线 AB（Address Bus）和控制总线 CB（Control Bus）。

1. 3. 2　计算机软件系统

计算机软件极为丰富，要对软件进行恰当的分类是相当困难的。通常的分类方法是将软件分为两大类：系统软件和应用软件。

软件是具有重复使用和多用户使用价值的程序，泛指能在计算机上运行的各种程序，甚至包括各种有关的数据。没有配置任何软件的计算机称为裸机，在裸机上只能运行机器语言源程序。

1. **系统软件**

系统软件是管理、监督和维护计算机资源的软件。系统软件的作用是缩短用户准备程序的时间，扩大计算机处理程序的能力，提高其使用效力，充分发挥计算机的各种设备的作用等。系统软件主要有以下几种。

（1）操作系统

操作系统 OS（Operating System）是高级管理程序，是系统软件的核心。如存储管理程序、设备管理程序、信息管理程序、处理器管理程序等。没有操作系统，其他软件不能在计算机上运行。

操作系统对计算机系统的所有资源(包括中央处理器、存储器、各种外部设备及各种软件)进行统一管理和统一调度,使其协调一致,有条不紊地工作。其功能就是管理计算机系统的全部硬件资源、软件资源和数据资源,使计算机系统所有资源最大限度地发挥作用,为用户提供方便、有效的服务。

操作系统是一个管理控制程序,包括以下五个方面的管理功能:进程调度、作业管理、存储管理、设备管理和文件管理。实际的操作系统是多种多样的,根据不同的设计思想,操作系统的结构和内容有很大差异。

操作系统通常分为:批处理系统、分时处理系统、实时处理系统、网络操作系统、分布式操作系统和单用户操作系统等。常见的操作系统有 DOS、OS/2、UNIX、Linux、Windows 等。

(2)语言处理系统

程序设计语言是人与计算机之间进行交流的工具,是用来编写计算机程序的工具,一般分为三类:机器语言、汇编语言和高级语言。用高级语言编写的程序一般为源程序,计算机不能识别和执行。语言处理程序的任务就是将源程序"翻译"成计算机可执行的目标程序。

(3)服务程序

服务程序是指用户在使用和维护计算机时使用的程序。它包括机器的诊断程序、监控管理程序、数据库管理系统等服务程序。

2. 应用软件

应用软件是指计算机用户为某一专门的应用目的而使用的计算机软件,如 Office、3DMAX、AutoCAD、FIX、PhotoShop 等软件均有不同应用目的。

1.3.3 指令和程序设计语言

1. 指令和指令系统

计算机的指令是一组二进制代码,一条指令一般包括操作码和地址码两部分,操作码表明进行何种操作,地址码则指明操作对象(数据)在内存中的地址。计算机能识别并能执行的全部指令的集合称为计算机的指令系统。

2. 程序设计语言

人们利用计算机来解决一个或某一类问题时,需要计算机按一定的步骤完成各种操作,这就要对计算机发布一系列的指令,这些指令的集合就称为程序。

语言是人与人交流的重要工具,人与计算机交流的语言称为程序设计语言。程序设计语言主要经历了三个发展阶段:机器语言、汇编语言和高级语言。其中,机器语言及汇编语言属于低级语言。

(1)机器语言

机器语言是面向机器的语言,是计算机唯一可以直接识别的语言,它用一组二进制代码(又叫机器指令)来表示各种各样的操作。用机器指令编写的程序叫作机器语言程序,其优点是不需要翻译就能够直接被计算机接受和识别。由于计算机能够直接执行机器语言程序,所以其运行速度最快。

用机器语言进行程序设计需要了解计算机的结构和工作原理。由于不同型号微处理器的指令系统各不相同,所以,机器语言的通用性极差。一个 CPU 的指令系统一般包含数百条机器指令，学习和记忆这些机器指令相当困难。用机器指令编制出来的程序可读性差，程序难以修改、交流和维护。

(2)汇编语言

机器语言程序不易编制与阅读，为了便于理解和记忆，人们设计了能反映指令功能的英文缩写助记符来表示计算机语言，这种符号化的机器语言就是汇编语言。汇编语言采用助记符，比机器语言直观、容易记忆和理解。汇编语言也是面向机器的程序设计语言，每条汇编语言的指令对应了一条机器语言的代码，不同型号的计算机系统一般有不同的汇编语言。

用汇编语言编写的符号程序，计算机不能直接执行，必须由汇编程序将其翻译成计算机能直接识别的机器语言程序(称为目标程序)，计算机才能执行。

(3)高级语言

由于汇编语言仍然依赖于硬件，且助记符量大、难记，于是人们又发明了更加易用的所谓高级语言。在这种语言下，其语法和结构更类似普通英文，与人类自然语言十分接近，且由于远离对硬件的直接操作，使得一般人经过学习之后都可以编程。

用高级语言编写的程序即源程序是不能直接被计算机识别和执行的，必须翻译成计算机能识别和执行的二进制机器指令，才能被计算机执行。由源程序翻译成的机器语言程序称为"目标程序"。

高级语言源程序转换成目标程序有两种方式：解释方式和编译方式。解释方式是把源程序逐句翻译，翻译一句执行一句，边解释边执行。解释程序不产生将被执行的目标程序，而是借助于解释程序直接执行源程序本身。编译方式是首先把源程序翻译成等价的目标程序，然后再执行此目标程序。如图 1-19 所示。

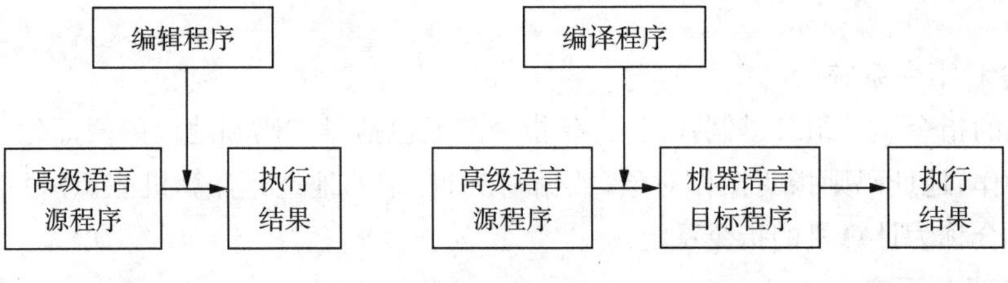

(a) 解释过程示意图　　(b) 编译过程示意图

图 1-19　解释、编译过程示意图

目前，比较流行的高级语言有 C、VisualBasic、Delphi、VisualC++等。有时也把一些数据库开发工具归入高级语言，如 VisualFoxPro、PowerBuilder 等。

3. 计算机执行程序的过程

计算机工作的过程实质上是执行程序的过程。在计算机工作时，CPU 逐条执行程序中的语句就可以完成一个程序的执行，从而完成一项特定的任务。

计算机在执行程序时，先将每个语句分解成一条或多条机器指令，然后根据指令顺序，一条指令一条指令地执行，直到遇到结束运行的指令为止。而计算机执行指令的过程又分为取指令、分析指令和执行指令三步，即从内存中取出要执行的指令并送到 CPU 中分析指令要完成的动作，然后执行操作，直到遇到结束运行程序的指令为止。程序执行过程如图 1-20 所示。

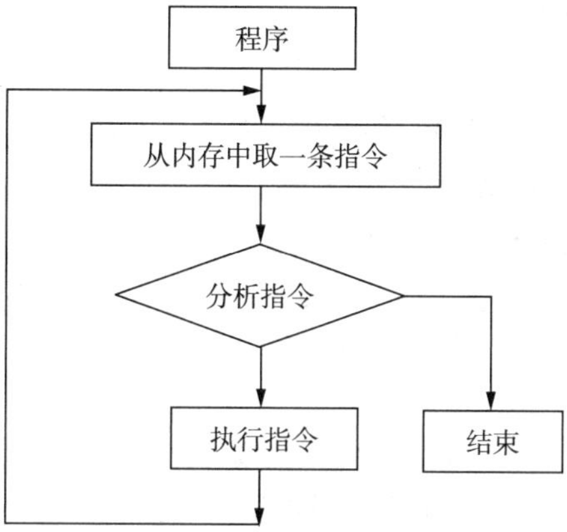

图 1-20　程序的执行过程

1.3.4　计算机系统的工作原理

1. 存储程序原理

程序是由一条条机器指令按一定顺序组合而成的。因此，计算机工作时必须按顺序执行每条指令，才能完成任务。计算机要完成自动连续运算，必须在开始工作后能自动地按程序中规定的顺序取出要执行的指令，然后执行它规定的操作。要想实现自动化，就必须有一种装置事先把指令存储起来，计算机在运算时从中逐一取出指令，然后根据指令进行运算，这就是“存储程序”原理。“存储程序”原理是计算机自动连续工作的基础，它是 1946 年由冯·诺依曼所领导的研究小组正式提出并论证的，其基本思想如下：

(1)采用二进制形式表示数据和指令。

(2)将程序(包括数据和指令序列)先存入主存储器中，使计算机在工作时能够自动高速地从内存中取出指令加以执行。程序中的指令通常是按一定顺序一条条存放的，计算机工作时，只要知道程序中第一条指令放在什么地方，就能依次取出每条指令，然后按指令的规定执行相应的操作。

(3)由运算器、控制器、存储器、输入装置和输出装置五大基本部件组成计算机系统，并规定了这五部分的基本功能，如图 1-21 所示。

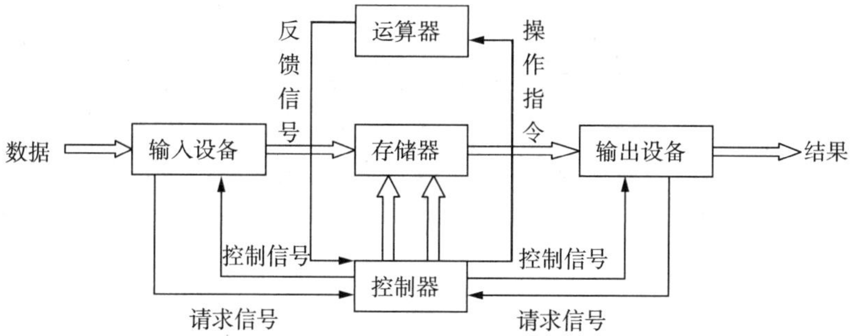

图 1-21　计算机工作原理示意图

上述概念奠定了现代计算机的基本结构，并开创了程序设计的时代。直到目前，计算机仍沿用这一体制，称为冯·诺依曼计算机体系，上述结构思想就称为冯·诺依曼思想，它的最主要之处就是“存储程序”的概念。

2. 计算机的工作过程

图 1-21 显示了冯·诺依曼计算机体系的最基本的组成框图。其工作过程如下：

(1)送入程序，程序确定机器做哪些事情，按什么步骤去做，以及所要处理的原始数据有哪些。操作人员将程序和原始数据通过输入设备送入内存储器。

(2)运行程序，计算机从内存中取出指令送到控制器中去识别，分析该指令要求做什么事。

(3)控制器根据指令的含义发出相应的命令，例如将某存储单元中存放的操作数据取出送往运算器进行运算，再把运算结果送回指定的内存单元中。

(4)当运算任务完成后，就可以根据指令将结果通过输出设备输出。操作人员还可以通过输入设备启动或停止机器的运行，或对程序的执行进行某种干预。

3. 指令与程序的执行过程

计算机执行指令一般分为两个阶段。第一阶段，将要执行的指令从内存储器中取出并送到 CPU 内；第二阶段，CPU 对送入的指令进行分析和译码，判断该条指令要完成的操作，然后向各部件发出完成该项操作的控制信号。这样就完成了一条指令的执行。

1.4 学会使用键盘

键盘是电脑的重要输入设备，各种数据信息都可以通过键盘输入到电脑中。想要熟练操作键盘，就要掌握键盘上各个键位的作用和击键指法，以达到快速输入的目的。

1.4.1 键盘键位结构

常见的键盘有 101、104、107 键等若干种，为了便于记忆，可以按照各键位的功能将键盘分为主键盘区、功能键区、编辑控制键区、小键盘区和状态指示灯区 5 个键位区，如图 1-22 所示。

图 1-22 键盘的结构

1. 主键盘区

主键盘区是键盘最重要的区域，也是键盘中键数最多的区域，包括字母键、数字(符号)键和功能控制键，如图 1-23 所示。

图 1-23　主键盘区

(1)字母键:A～Z 共 26 个字母键。在字母键的键面上标有大写英文字母 A～Z,每个键可打大小写两种字母。

(2)数字(符号)键:共有 21 个键,包括数字、运算符号、标点符号和其他符号,每个键面上都有上下两种符号,也称双字符键,可以显示符号和数字。上面的一行成为上档符号,下面的一行称为下档符号。

(3)功能控制键:功能键共有 14 个,Alt、Shift、Ctrl、Windows 键各有两个对称分布在左右两边,功能完全一样,只是为了操作方便,如图 1-24 所示。

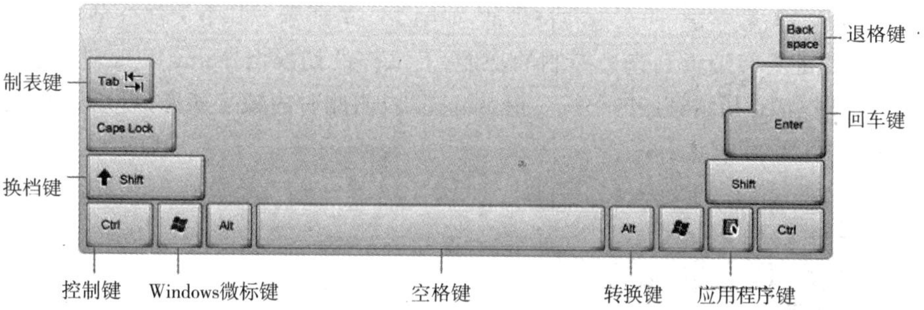

图 1-24　功能控制键

2. 功能键区

功能键区共有 16 个键,位于键盘的最上方,排列成一行,如图 1-25 所示。在不同的应用程序中,它们的作用也各不相同。

图 1-25　功能键区

Esc 键:即强行退出键,是英文 Escape 的缩写。用于取消已执行的命令或输入的字符,在一些应用软件中常起退出的作用。

F1～F12 键:称为功能键,在不同的程序软件中,各个键的功能有所不同。例如,在程序窗口中按 F1 键可以获取该程序的帮助。

Print Screen SysRq 键:按该键可以将当前屏幕内容以图片形式复制到剪贴板,然后在一些应用程序中按 Ctrl+V 键即可将该图片粘贴到文件中。

Scroll Lock 键:即屏幕锁定键。按该键可使屏幕停止滚动,再次按下该键屏幕将继续滚动。

Pause Break 键：按该键可使屏幕显示暂停，按 Enter 键后屏幕继续显示。

3. 编辑控制键区

编辑控制键区位于主键盘区和小键盘区之间，共 10 个键(图 1-26)，主要用于编辑过程中的光标控制。各键位的作用介绍如下。

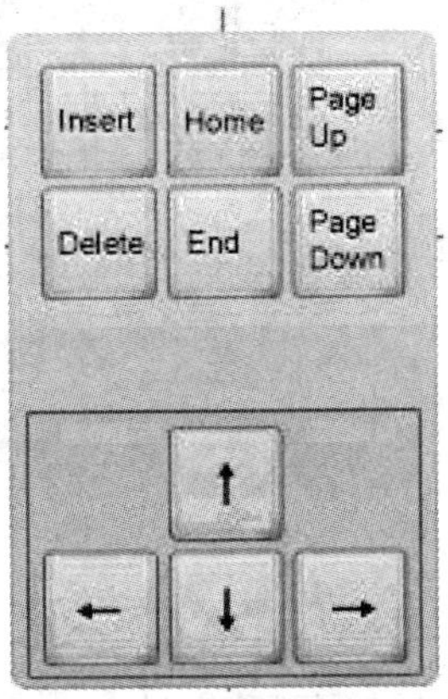

图 1-26　编辑控制键区

Insert 键：即插入键。按该键可在插入与改写状态之间转换。

Home 键：按该键可使光标移至当前行的行首。按 Ctrl＋Home 键可将光标移至首行行首，但它只移动光标，不带动文字。

End 键：按该键可使光标移至当前行的行尾。按 Ctrl＋End 键可将光标移至最后一行行尾，只是移动光标，不带动文字。

PageUp 键：即向前翻页键。按该键可以翻到上一页。

PageDown 键：即向后翻页键。按该键可以翻到下一页。

Delete 键：即删除键。按该键可删除光标位置右侧的一个字符，并且后面的所有字符向左移一个字符位置。

↑、↓、←和→键：用于将光标向 4 个不同方向移动一个字符，移动过程只移动光标，不带动文字。

4. 小键盘区

小键盘区位于键盘的右侧，又叫数字键区，主要用于快速输入数字及进行光标移动控制，包括 Num Lock 键、数字键、回车键和符号键，如图 1-27 所示。其中大部分是双字符键，上档键是数字，下档键具有编辑和光标控制的功能，上下档的切换由 Num Lock 键来实现。当按 Num Lock 键时，状态指示灯区的第一个指示灯亮，表明此时为数字状态；再按该键，指示灯熄灭，表明此时为光标控制状态。

图 1-27　小键盘区

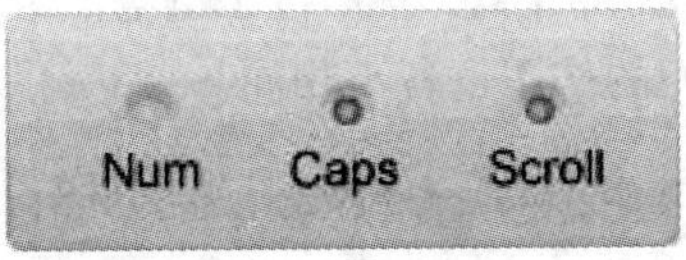

图 1-28　状态指示灯区

5. 状态指示灯区

状态指示灯区有 3 个指示灯(图 1-28)，主要用来提示键盘的工作状态。其中，NumLock 灯亮时表示可以使用小键盘区输入数字；CapsLock 灯亮表示按字母键时输入的是大写字母；ScrolLock 灯亮表示屏幕被锁定。

1.4.2　键盘录入的基本方法

前面介绍了键盘上各个键位的作用，下面介绍击键的姿势与方法，包括打字姿势、基准键位、手指的键位分工和击键的规则等。

1. 打字姿势

掌握正确的键盘打字姿势是准确、快速输入文字的前提，若姿势不正确，不但会影响输入速度，还容易产生疲劳感，造成视力下降。一旦形成错误的姿势，就难以纠正，因此，初学者必须注意打字的正确姿势。正确的打字姿势包括以下几个方面：

(1)面向电脑坐在椅子上，全身放松，身体坐正，双手自然放在键盘上，腰部挺直，上身微前倾。

(2)双脚的脚尖和脚跟自然放在地面上，无悬空，大腿自然平直，小腿与大腿之间的角度近似 90°。

(3)座椅的高度与电脑键盘、显示器的放置高度适中。一般以双手自然垂放在键盘上时肘关节略高于手腕为宜。显示器的高度则以操作者坐下后，其目光水平线约处于显示屏幕上的 2/3 处为准。

(4)眼睛距显示器的距离为 30～70cm。

2. 基准键位

基准键位是指 A、S、D、F、J、K、L 和;共 8 个键。在操作键盘时，应先将两手除拇指外的 8 个手指放在键盘的 8 个基准键位上，手指的放置位置，如图 1－30 所示。其中，F 和 J 键称为定位键，键上有一小横杠，便于用户迅速找到这两个键，将左右食指分别放在 F 和 J 键上，其余 3 指依次放下即可找到相应的基准键位。如图 1－29 所示。

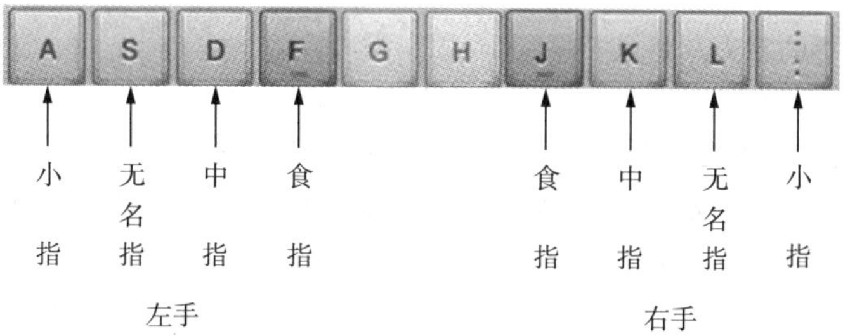

图 1－29　基准键位的手指分工

图 1－30　手指的键位分工

3. 手指的键位分工

手指的键位分工是指把键盘上的键位合理地分配给 10 个手指，使得每个手指在键盘上都有明确的分工。根据手指的灵活程度和各键位的分布，可将键盘进行如图 1 - 29 所示的指法分区。除拇指外，其余 8 个手指各有一定的活动范围，每个手指负责各自区域字符的输入。如图 1 - 30 所示。

4. 击键的规则

掌握手指的键位分工后，想要准确、快速地输入文本，还应掌握以下几点击键规则。

(1)击键时要严格按照手指的键位分工进行击键，对于功能键和各控制键可用离它最近的手指进行击键。

(2)击键时以手指指尖垂直向键位使用冲力，并立即反弹。用力不可太大，敲击一下即可。

(3)击键时不要长时间按住一个键不放，击键要迅速。

(4)左手击键时，右手手指应放在基准键位上保持不动；右手击键时，左手手指应放在基准键位上保持不动。击键后，10 个手指都要迅速返回到相应的基准键位上。

1.5 计算机信息安全

1. 5. 1 计算机病毒及防治

1. 计算机病毒的定义及特点

计算机病毒在《中华人民共和国计算机信息系统安全保护条例》中的定义是："计算机病毒是指编制或者在计算机程序中插入的破坏计算机功能或者数据，影响计算机使用并且能够自我修复的一组计算机指令或者程序代码。"计算机病毒虽然也是一种计算机程序，但它与一般的程序相比，具有以下几个主要特点。

(1)破坏性：这是绝大多数病毒最主要的特点，病毒的制作者一般将病毒作为破坏他人计算机或计算机中存放的重要数据的一种工具或手段，在网络时代则通过病毒阻塞网络，导致网络服务中断甚至整个网络系统瘫痪。

(2)传染性：计算机病毒一般都具有自我复制功能，并能将自身不断复制到其他文件内，达到不断扩散的目的。尤其在网络时代，更是通过 Internet 中网页的浏览和电子邮件的收发而怀疑传播。

(3)隐蔽性：计算机病毒一般都不易被人察觉，它们将自身附加在其他可执行的程序体内，或者隐藏在磁盘中的较隐蔽处。有些病毒还会将自己改名为系统文件名，不能过主门的查杀软件一般很难发现它们。

(4)可触发性：大多数病毒在发作之前一般都潜伏在机器内并不断繁殖自身，当病毒的触发条件得到满足时，病毒就开始其破坏行为。不同的病毒其触发的机制也都不同，例如"黑色星期五"病毒就是每逢 13 日星期五这一天发作。

2. 计算机病毒的分类

在 Internet 普及以前，病毒攻击的主要对象是单机环境下的计算机系统，一般通过软盘或光盘来传播，病毒程序大都寄生在文件内，这种传统的单机病毒现在仍然存在并威胁着计算机系统的安全。随着网络的出现和 Internet 的迅速普及，计算机病毒也呈现出新的特点，在网络环境下病毒主要通过计算机网络来传播，病毒程序一般利用了操作系统中存在的漏洞，通过电子邮件附件和恶意网页浏览等方式来传播，一般可分为以下几种：

(1)引导型病毒：引导型病毒就是用病毒的全部或部分逻辑取代正常的引导记录，而将正常的引导记录隐藏在磁盘的其他地方。这样只要系统启动，病毒就获得了控制权。例如“大麻”病毒和“小球”病毒。

(2)文件型病毒：文件型病毒一般感染可执行文件(.exe,.com 等)，病毒寄生在可执行程序体内，只要程序被执行，病毒就会被激活。

(3)宏病毒：宏病毒是一种寄生于文档或模板宏中的病毒，一旦打开带有宏病毒的文档，病毒就会被激活，驻留在 Normal 模板上，所有自动保存的文档都会感染上这种宏病毒。例如“Taiwanno.1”宏病毒，发作时会出一道连计算机都难以计算的数学乘法题目，并要求输入正确答案。一旦答错，则立即自动开启 20 文件，并继续出下一道题目，一直到耗尽系统资源为止。

(4)蠕虫病毒：蠕虫病毒以计算机为载体，以网络为攻击对象，利用网络的通信功能将自身不断地从一个结点发送到另一个结点，并且能够自动地启动病毒适应能力，这样不仅消耗了大量的本机资源，而且大量占用了网络的带宽，导致网络堵塞而使网络服务拒绝，最终造成整个网络系统的瘫痪。

(5)木马病毒：木马病毒是指在正常访问的程序，邮件附件或网页中包含了可以控制用户计算机的程序，这些隐藏的程序非法入侵并监控用户的计算机，窃取用户的密码等机密信息。它一般通过电子邮件、即时通信工具(如 MSN 和 QQ 等)和来意网页等方式感染用户的计算机，多数都是利用了操作系统中存在的漏洞。例如“QQ 木马”，该病毒隐藏在用户的系统中，发作时寻找 QQ 窗口，给在线的 QQ 好友发送诸如“快去看看，里面有…… 好东西”之类的假消息，诱惑用户点击一个网站。如果有人信以为真点击了该网址的话，就会被病毒感染，然后成为毒源，继续传播。

3. 计算机病毒的防治

随着 Internet 的广泛应用，病毒在网络中的传播速度越来越快，其破坏性也越来越强，所以必须了解必要的病毒防治方法和技术手段，尽可能做到防患于未然。

(1)计算机病毒的预防：防治计算机病毒的关键是做好预防工作。首先在思想上给予足够的重视，采取“预防为主，防治结合”的方针，主要有以下几条预防措施：

①安装实时监控的杀毒软件或防毒卡，定期更新病毒库。

②有条件的企事业单位可以考虑增加防毒墙、防火墙、安全准入系统或 UTM 多功能网关等安全设备。

③不要随意打开来历不明的电子邮件及附件。

④不要随意安装来历不明的插件程序或盗版软件。

(2)计算机病毒的清除：一旦发现计算机出现异常现象，例如某些软件不能正常作用，机器速度特别慢、文件被莫名其妙删除等，就可以利用一些反病毒公司提供的“免费在线查毒”功能尽快确认计算机系统是否感染了病毒，如果有病毒应将其彻底清除。

①使用杀毒软件：使用杀毒软件来检测和清除病毒，用户只需按照提示来操作即可完成，简单方便。常用的杀毒软件有金山毒霸(http://db.kingsoft.com)、瑞星杀毒软件(http://

www. rising. com. cn)、诺顿防毒软件(http://www. symantec. com)、江民杀毒软件(http://www. jiangmin. com. cn)、360(http://www. 360. cn)。这些杀毒软件一般都具有实时监控功能,能够监控所有打开的磁盘文件、从网络上下载的文件以及收发的邮件等,一旦检测到计算机病毒,就能立即给出警报。对于压缩文件无须解压缩即可杀病毒,对于已经驻留在内存中的病毒也可以清除。但由于病毒的防治技术总是滞后于病毒的制作,所以并不是所有病毒都能得以马上清除。如果杀毒软件暂时还不能清除该病毒,就会将该病毒隔离起来,以后升级病毒库时将提醒用户是否继续清除该病毒。

②使用专杀工具:现在一些反病毒公司的网站上提供了许多病毒专杀工具,用户可以免费下载这些查杀工具对某个特定病毒进行清除。

③手动清除病毒:这种清除病毒的方法要求操作者对计算机的进程文件和库文件等有一定的了解,具有较高的计算机专业知识,利用一些工具软件找到感染病毒的对象,手动清除病毒代码。普通用户不适合采用些方法。

1. 5. 2 信息安全技术

计算机信息安全是一门涉及计算机科学、通信技术、密码技术、信息安全技术、应用数学、信息论等多种学科的综合性学科。计算机信息安全是指信息系统的软件、硬件及其系统中的数据受到保护,不受偶然因素、恶意的原因而遭到破坏、更改、泄露,系统连续可靠正常地运行,网络服务不中断。

网络安全本质上就是网络上的信息安全。凡是涉及网络信息的保密性、完整性、可用性、真实性和可控性的相关技术和理论都是网络安全的研究领域。目前,为了保证网络信息的安全,一般采用以下三种安全技术:

1. 密码技术

密码学是以研究数据保密为目的,对存储或者传输的信息采取秘密的交换以防止第三者对信息的窃取。被交换的信息称为明文,它可以是一段有意义的文字或者数据;变换过后的形式被称为密文,密文应该是一串杂乱排列的数据,从字面上没有任何含义。从明文到密文的交换过程被称为加密;将密文还原为明文的变换过程称为解密或脱密。

2. 认证技术

认证技术主要解决网络通信过程中通信双方的身份认可,认证方式一般有账号名/口令认证、使用摘要算法的认证、基于 PKI(公钥基础设施)的认证等。

认证、授权和访问控制都与网络上的实体有关,这个实体可以是一个人或一个设备。实体在网络内具有不同的能力,并且根据它们的身份被允许访问不同的资源。尽管从纯概念的意义上来说,身份仅仅与认证有关、但是许多情况下,同时还要讨论实体的授权和访问控制。授权是指把访问权限授予某个用户、用户组或指定系统的过程。授权在用户标识出自己的身份之后,确认允许用户做哪些事情。访问控制是指限制系统资源中的信息只能流到网络中的被授权的个人或系统。

在大多数情况下,授权和访问控制都是伴随在成功的认证之后的。目前有关认证的技术有:消息认证、身份认证和数字签名。

3. 防火墙技术

防火墙技术是一种允许接入外部网络,但同时又能够识别和抵抗非授权访问的网络安全技术。防火墙可分为外部防火墙和内部防火墙。防火墙是用以阻止网络中的非法用户访问网络信息的屏障,也可以称之为控制进/出两个方向通信的门槛。在网络边界上通过建立起来的相应网络通信监控系统来隔离内部和外部网络,以阻挡外部网络的侵入。

【巩固练习】

1. 认识计算机硬件并了解目前计算机价格行情。请到当地的电脑城配置一台适合大学生用的台式电脑或笔记本电脑,并写明详细配置及价格清单。要求货比三家以上。

2. 正确输入指法练习。请在本地电脑上安装好金山打字通,按正确的指法要求练习中、英文、特殊符号等输入,要求输入汉字每分钟不得低于50字。

第2章 Windows 7 操作系统

目前，在任何计算机系统中都配有操作系统(Operating System，简称 OS)，操作系统是紧挨着裸机的第一层软件，其他软件都是建立在操作系统基础上。不同体系的计算机硬件要求操作系统不同，相同体系的计算机硬件也可用不同的操作系统来指挥和管理。

DOS(Disk Operating System)是早期 PC 机使用的主流操作系统，随着技术的发展，出现了图形用户界面(GUI)的操作系统，如 Windows，MAC OS。

2.1 操作系统概述

2.1.1 什么是操作系统

操作系统是一种系统软件，是直接控制和管理计算机系统资源，以方便用户充分而有效地利用这些资源的程序集合。从定义中可以看出，操作系统的基本目的有两个：第一，操作系统要方便用户使用计算机，为用户提供一个清晰、简洁、易于使用的友好界面。第二，操作系统应尽可能地使计算机系统资源可以多个用户共享，使资源得到充分而合理的利用。

2.1.2 操作系统的功能

从资源管理的观点来看，操作系统的管理功能可划分为 5 部分内容。

1. 作业管理

用户请求计算机系统完成的一个独立任务叫作业(Job)。一个作业可能包括几个程序的相继执行，也可能需要同时执行为同一任务而协同工作的若干程序。比如一个程序计算并产生输出数据，而另一个程序则负责打印输出。作业管理包括作业的输入和输出，作业的编辑和编译，作业的调度与控制(根据用户的需要控制作业运行步骤)。

2. 文件管理

用户存储在计算机系统中的一批有关联的信息的集合叫文件(File)。文件是计算机系统中除 CPU、内存储器、外部设备以外的一种软件资源。文件管理负责存取文件和对整个文件库的管理。对文件管理要求，保证文件存储安全可靠，文件存取简单方便，并具有对受损文件的恢复功能。

3. 微处理器(CPU)管理

微处理器管理又称进程管理。一台计算机系统中通常只有一个 CPU，在同一时刻它只能对一个作业的程序进行处理(广义上说，CPU 的个数总是少于要处理的作业的个数)，这就要靠

CPU 的统一管理和调度，按作业进程优先级别轮流处理各作业进程的工作，保证多个作业的完成和 CPU 效率的提高。

4. 存储管理

这是对内存储器存储空间的管理，内存储器的存储空间一般分为两部分：一是系统区，用于存放操作系统、标准子程序以及例行子程序等；另一是用户区，用于存放用户的程序和数据。存储管理主要是对存储器中的用户区域进行管理。存储管理的功能有 4 个方面：分配和释放内存储器空间；内存储器空间的共享；扩充内存空间；存储保护。

5. 设备管理

是指对外部设备的管理和控制。它的主要任务是：当用户需要使用外部设备时，必须提出请求，待设备管理进行统一分配后方可使用。当用户程序运行到要使用外部设备时，由设备管理负责驱动外部设备，并实际控制设备完成用户工作的全过程。

2. 1. 3　操作系统的类型

20 世纪 60 年代中期，计算机进入第三代，计算机的内存储器和外存储器容量进一步增大，给操作系统的形成创造了物质条件。目前，广泛采用的典型的操作系统分类法，是按系统的运行环境和使用方式进行划分。操作系统通常有如下 3 种类型。

1. 单用户操作系统

在一个计算机系统内，同一时刻，只有一个用户使用，通常也只有一个作业投入运行。用户独占全部硬、软资源。这种操作系统的管理任务简单，多数微型机系统采用的都是单用户操作系统。目前常用的单用户操作系统有：MS－DOS，Macintosh，IBM OS/2 等。

2. 多用户操作系统

当几台计算机利用通信接口连接在一起，不分彼此地可以互相联系、通信，即形成了多个用户的工作环境。此时，必须使用“多用户操作系统”才能完成比较复杂的多用户状态下的管理和协调任务。常用的多用户操作系统有：Unix，XENIX，Windows 95/98/ 2000/XP/7 等。

3. 网络操作系统

多台微型机连在一起，其中有一台微型机起主导控制作用（称为“服务器”），其他微型机处于从属地位（称为“终端机”），形成微型机网络。管理网络的操作系统称为“网络操作系统”。常用的微型机网络操作系统有：3＋ Open，Novel Netware，Windows NT， Unix 等 。

2. 1. 4　常用操作系统简介

1. DOS

DOS(Disk Operating System)是 Microsoft 公司研制的配置在 PC 机上的单用户命令行（字符）界面操作系统。它曾经最广泛地应用在 PC 机上，对于计算机的应用普及可以说是功不可没。DOS 的特点是简单易学、硬件要求低，但存储能力有限。因为种种原因，现在已被 Windows 替代。

2. Windows

微软公司的 Windows 操作系统是基于图形用户界面的操作系统。因其生动、形象的用户界面，简便的操作方法，吸引着成千上万的用户，成为目前装机普及率最高的一种操作系统。

微软公司从1983年开始开发Windows，并于1985年和1987年分别推出Windows 1.0版和2.0版，受当时硬件和DOS的限制，它们没有取得预期的成功。而微软于1990年5月推出的Windows 3.0在商业上取得了惊人的成功：不到6周就售出了50万份Windows 3.0拷贝，打破了软件产品的销售纪录，这是微软在操作系统上垄断地位的开始。其后推出的Windows 3.1引入了TrueType矢量字体，增加了对象链接和嵌入技术（OLE）以及多媒体支持。但此时的Windows必须运行于MS－DOS上，因此并不是严格意义上的操作系统。

微软公司于1995年推出了Windows 95，它可以独立运行而无须DOS支持。Windows 95对Windows 3.1作了许多重大改进，包括网络和多媒体支持、即插即用（Plug and Play）支持、32位线性寻址的内存管理和良好的向下兼容性等。随后又推出了Windows 98和网络操作系统WindowsNT。

2000年，微软公司发布Windows 2000有两大系列：Professional（专业版）及Server系列（服务器版），包括Windows 2000 Server、Advanced Server和Data center Server。Windows 2000可进行组网，因此它又是一个网 操作系统。2001年10月25日，微软公司又发布了新版本的Windows XP，其中XP是Experience（体验）的缩写。2003年，微软发布了Windows 2003，增加了支持无线上网等功能。

2005年微软公司已经发布了Vista系统（Windows 2005）。对操作系统核心进行了全新修正，界面比以往的Windows操作系统有了很大的改进，设置也较为人性化，集成了Internet Explorer7等，不愧是微软的新一代产品。但是Vista目前存在的问题是兼容不理想，一些软件还不能运行，此外要求硬件配置也比较高。

Windows 7是微软公司推出的电脑操作系统，供个人、家庭及商业使用，一般安装于笔记本电脑、平板电脑、多媒体中心等。微软首席运行官史蒂夫·鲍尔默曾经在2008年10月说过，Windows 7是Windows Vista的“改良版”。Windows 7于2009年7月22日发放给组装机生产商，零售版于2009年10月23日在中国大陆及台湾发布，香港于翌日发布。2011年10月StatCounter调查数据显示，Windows 7已售出4.5亿套，以40.17％市占率超越Windows XP的38.72％。

3. UNIX

UNIX是一种发展比较早的操作系统，在操作系统市场一直占有较大的份额。

UNIX的优点是具有较好的可移植性，可运行于许多不同类型的计算机上，具有较好的可靠性和安全性，支持多任务、多处理、多用户、网络管理和网络应用。缺点是缺乏统一的标准，应用程序不够丰富，并且不易学习，这些都限制了UNIX的普及应用。

4. Linux

Linux是一种源代码开放的操作系统。用户可以通过Internet免费获取Linux及其生成工具的源代码，然后进行修改，建立一个自己的Linux开发平台，开发Linux软件。

Linux实际上是从UNIX发展起来的，与UNIX兼容，能够运行大多数的UNIX工具软件、应用程序和网络协议。Linux继承了UNIX以网络为核心的设计思想，是一个性能稳定的多用户网络操作系统。同时，它还支持多任务、多进程和多CPU。

Linux版本众多，厂商们利用Linux的核心程序，再加上外挂程序，就变成了现在的各种Linux版本。现在主要流行的版本有RedHatLinux、TurboLinux、S. u. S. ELinux等。我国自行开发的有：红旗 Linux、蓝点 Linux 等。

5. OS/2

1987 年，IBM 公司在推出 PS/2 的同时发布了为 PS/2 设计的操作系统———OS/2。

在 20 世纪 90 年代初，OS/2 的整体技术水平超过了当时的 Windows3. x，但因为缺乏大量应用软件的支持而失败。

6. Mac OS

Mac OS 是在苹果公司的 Power Macintosh 机及 Macintosh 一族计算机上使用的。它是最早成功的基于图形用户界面的操作系统。它具有较强的图形处理能力，广泛应用于平面出版和多媒体应用等领域。Macintosh 的缺点是与 Windows 缺乏较好的兼容性，因而影响了它的普及。

7. Novel NetWare

Novel NetWare 是一种基于文件服务和目录服务的网络操作系统，主要用于构建局域网。

2. 1. 5 Windows 7

Windows 7 是微软于 2009 年发布的，开始支持触控技术的 Windows 桌面操作系统，其内核版本号为 NT6. 1。在 Windows 7 中，集成了 DirectX 11 和 Internet Explorer 8。DirectX 11 作为 3D 图形接口，不仅支持未来的 DX11 硬件，还向下兼容当前的 DirectX 10 和 10. 1 硬件。DirectX 11 增加了新的计算 shader 技术，可以允许 GPU 从事更多的通用计算工作，而不仅仅是 3D 运算，这可以鼓励开发人员更好地将 GPU 作为并行处理器使用。Windows 7 还具有超级任务栏，提升了界面的美观性和多任务切换的使用体验。通过开机时间的缩短，硬盘传输速度的提高等一系列性能改进，Windows 7 的系统要求并不低于 Windows Vista，不过当时的硬件已经很强大了。到 2012 年 9 月，Windows 7 的占有率已经超越 Windows XP，成为世界上占有率最高的操作系统。

1. Windows 7 共有 6 个版本

简易版（Windows 7 Starter）、家庭普通版（Windows 7 HomeBasic）、家庭高级（Windows 7HomePremium）版、专业版（Windows 7Professional）、企业版（Windows 7 Enterprise）、旗舰版（Windows 7Ultimate）。

2. Windows 7 的基本特点

（1）更易用

Windows 7 做了许多方便用户的设计，如快速最大化，窗口半屏显示，跳跃列表，系统故障快速修复等，这些新功能令 Windows 7 成为最易用的 Windows。

（2）更快速

Windows 7 大幅缩减了 Windows 的启动速度，据实测，在 2008 年的中低端配置下运行，系统加载时间一般不超过 20 秒，这比 WindowsVista 的 40 余秒相比，是一个很大的进步。

（3）更简单

Windows 7 将会让搜索和使用信息更加简单，包括本地、网络和互联网搜索功能，直观的用户体验将更加高级，还会整合自动化应用程序提交和交叉程序数据透明性。

（4）更安全

Windows 7 桌面和开始菜单 Windows 7 包括了改进了的安全和功能合法性，还会把数据保护和管理扩展到外围设备。Windows 7 改进了基于角色的计算方案和用户账户管理，在数据保护和坚固协作的固有冲突之间搭建沟通桥梁，同时也会开启企业级的数据保护和权限许可。

（5）更低的成本

Windows 7 可以帮助企业优化它们的桌面基础设施，具有无缝操作系统、应用程序和数据移植功能，并简化 PC 供应和升级，进一步朝完整的应用程序更新和补丁方面努力。

（6）更好的连接

Windows 7 进一步增强了移动工作能力，无论何时、何地、任何设备都能访问数据和应用程序，开启坚固的特别协作体验，无线连接、管理和安全功能会进一步扩展。Windows 7 令性能和当前功能以及新兴移动硬件得到优化，拓展了多设备同步、管理和数据保护功能。

2.2　Windows 7 的启动与退出

启动与退出 Windows 7 是操作电脑的第一步，而且掌握启动与退出 Windows 7 的正确方法，还能够起到保护电脑和延长电脑使用寿命的作用。

1. 开机启动 Windows 7

要使用 Windows 7 操作系统，首先需要启动 Windows 7，在登录系统之后才可以做一系列相关的操作。开机启动 Windows 7 的操作步骤如下：

（1）按下显示器和电脑主机的电源按钮，打开显示器并接通主机电源。

（2）在启动过程中，Windows 7 会进行自检、初始化硬件设备，如果系统运行正常，则无须进行其他任何操作。

（3）如果没有对用户账户进行任何设置，则系统将直接登录 Windows 7 操作系统；如果设置了用户密码，则在“密码”文本框中输入密码，然后按 Enter 键或用鼠标单击按钮，便可登录 Windows 7 操作系统，如图 2-1 所示。

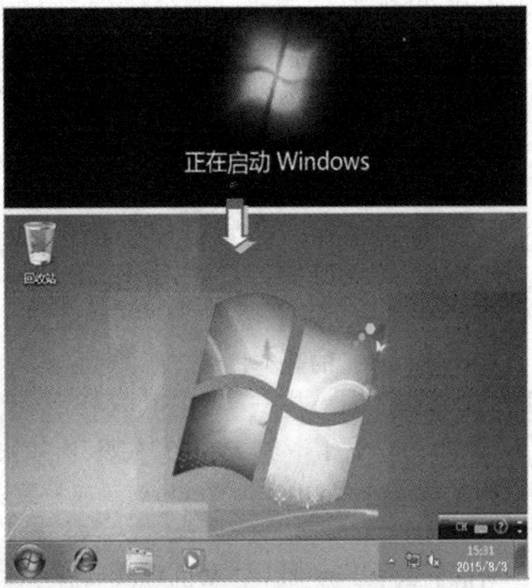

图 2-1　登录 Windows 7 操作系统

2. 关机退出 Windows 7

使用 Windows 7 完成所有的操作后，可关机退出 Windows 7，退出时应采取正确的方法，否则可能使系统文件丢失或出现错误。关机退出 Windows 7 的操作步骤如下：

（1）单击 Windows 7 工作界面左下角的“开始”按钮。

（2）弹出“开始”菜单，单击右下角的关机按钮，如图 2-2 所示，电脑自动保存文件和设置后退出 Windows 7。

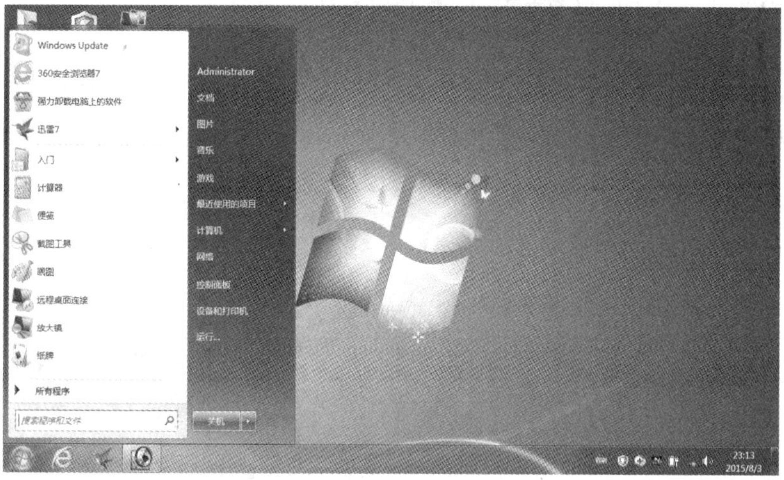

图 2－2　退出 Windows 7

关闭显示器及其他外部设备的电源。

3.进入睡眠与重新启动

“睡眠”是操作系统的一种节能状态，“重新启动”则是在使用电脑的过程中遇到某些故障时，让系统自动修复故障并重新启动电脑的操作。

(1)进入睡眠状态

在进入睡眠状态时，Windows 7 会自动保存当前打开的文档和程序中的数据，并且使 CPU、硬盘盒光驱等设备处于低能耗状态，从而达到节能省电的目的，单击鼠标或敲击键盘上的任意按键，电脑就会恢复到进入“睡眠”前的工作状态。进入睡眠状态的操作步骤如下：

①单击 Windows 7 工作界面左下角的“开始”按钮。

②弹出“开始”菜单，单击右下角关机按钮右侧的按钮，然后在弹出的菜单列表中选择“睡眠”命令，如图 2－3 所示，即可使电脑进入睡眠状态。

图 2－3　Windows 7“睡眠”状态

(2)重新启动

重新启动是指将打开的程序全部关闭并退出 Windows 7，然后电脑立即自动关机并进入 Windows 7 重启的过程，其操作步骤如下：

①单击 Windows 7 工作界面左下角的“开始”按钮。

②在弹出的“开始”菜单中，单击右下角关机按钮右侧的按钮，然后在弹出的菜单列表中选择“重新启动”命令，如图 2－4 所示，即可重新启动系统。

图 2－4　Windows 7“重新启动”状态

2.3　Windows 7 的桌面

启动进入 Windows 7 后，出现在屏幕上的整个区域称为“桌画”，在 Windows 7 中大部分的操作都是通过桌面完成的。下面主要介绍 Windows 7 桌面中各元素的作用及其相应的操作方法。

1. 认识 Windows 7 的桌面

启动进入 Windows 7 后，出现的桌面如图 2－5 所示，主要包括桌面图标、桌面背景和任务栏，其作用分别介绍如下。

图 2－5　Windows 7 桌面

桌面图标：通过桌面图标可以打开相应的操作窗口或应用程序。

桌面背景：丰富桌面内容，增强用户的操作体验，对操作系统没有实质性的作用。

任务栏：通过它可以进行打开应用程序和管理窗口等操作。

2. **桌面图标**

桌面图标主要包括系统图标和快捷图标两部分。其中系统图标是指可进行与系统相关操作的图标;快捷图标是指应用程序的快捷启动方式,其主要特征是图标左下角有一个小箭头标识,双击快捷图标可以快速启动相应的应用程序。

(1)添加快捷图标

如果需要添加文件或应用程序的桌面快捷方式,方法很简单:选中文件或程序,单击鼠标右键,在弹出的快捷菜单中选择“发送到”命令,再在弹出的子菜单中选择“桌面快捷方式”命令,即可将相应的快捷图标添加到桌面。

(2)删除桌面图标

如果桌面上的图标过多,可以根据需要将桌面上的一些图标删除。删除桌面图标的方法是:选择需删除的桌面图标,单击鼠标右键,在弹出的快捷菜单中选择“删除”命令,或将鼠标光标移到需要删除的桌面图标上,按住鼠标左键不放,将该图标拖至“回收站”图标上,当出现“移动到回收站”字样时释放鼠标,再在打开的提示对话框中单击“确定”按钮,如图 2-6 所示。

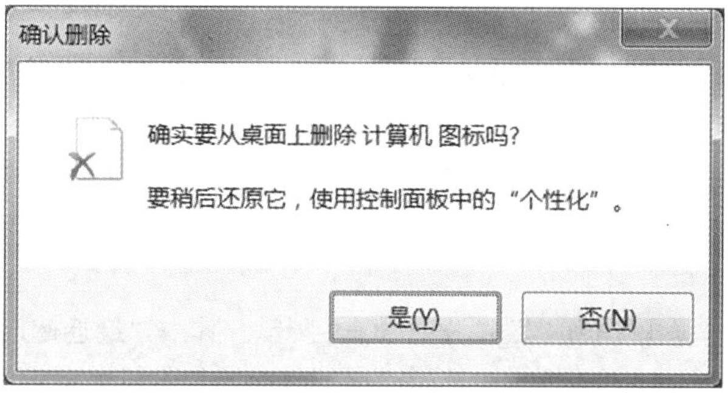

图 2-6 “确认”删除对话框

3. **桌面背景**

桌面背景是指应用于桌面的图片或颜色。根据个人的喜好可以将喜欢的图片或颜色设置为桌面背景,丰富桌面内容,美化工作环境。在 Windows 7 中提供了很多自带的图片,如图 2-7 所示为设置系统自带的背景图片后的桌面效果。

图 2-7 Windows 7 桌面背景图

4. 任务栏

任务栏主要包括“开始”按钮、快速启动区、语言栏、系统提示区与“显示桌面”按钮等部分，如图 2-8 所示。默认状态下任务栏位于桌面的最下方。

图 2-8　Windows 7 任务栏

任务栏各个组成部分的作用介绍如下：

“开始”按钮：单击该按钮会弹出“开始”菜单，将显示 Windows 7 中各种程序选项，单击其中的任意选项可启动对应的系统程序或应用程序。

快速启动区：用于显示当前打开程序窗口的对应图标，使用该图标可以进行还原窗口到桌面、切换和关闭窗口等操作，用鼠标拖动这些图标可以改变它们的排列顺序。

语言栏：当输入文本内容时，在语言栏中进行选择和设置输入法等操作。

系统提示区：用于显示“系统音量”、“网络”以及“操作中心”等一些正在运行的应用程序的图标，单击其中的按钮可以看到被隐藏的其他活动图标。

“显示桌面”按钮：单击该按钮可以在当前打开的窗口与桌面之间进行切换。

5. 使用“开始”菜单

Windows 7 的“开始”菜单采用具有 Windows 标志的圆形按钮。它在原有的基础上做了很大的改进，使用起来非常方便。下面来认识“开始”菜单，并了解它的使用方法。

(1)认识“开始”菜单

单击“开始”按钮，弹出“开始”菜单，如图 2-9 所示。其中，“最近使用的程序”栏中列出了常用的程序列表，通过它可快速启动常用的程序。当前操作系统显示的为正在使用的用户图标，为便于用户识别，单击它可设置用户账户。

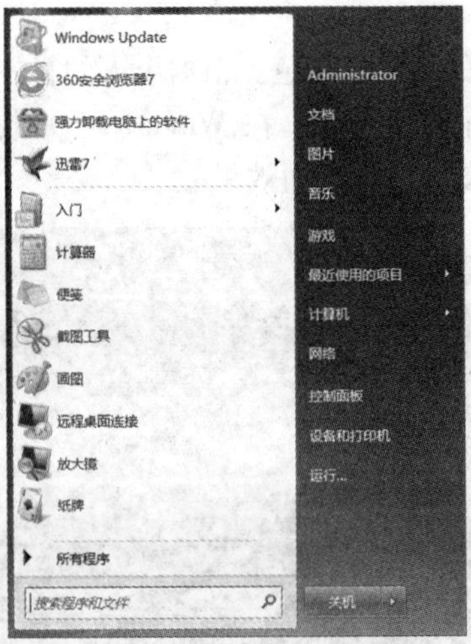

图 2-9　Windows 7“开始”菜单

(2)使用“所有程序”菜单

“所有程序”菜单集合了电脑中所有程序，使用 Windows 7 的“所有程序”菜单寻找某个程序时，不会产生凌乱的感觉。使用“所有程序”菜单的操作步骤如下：

单击“开始”按钮，弹出“开始”菜单；单击所有程序按钮，弹出“所有程序”菜单，显示各个程序的汇总菜单，如图 2－10 所示。

在该菜单中选择某个选项，如选择“附件”选项，打开该选项下的二级菜单，该二级菜单由“附件”选项包含的所有程序组成，如图 2－11 所示。选择某个程序选项，即可启动该程序。

图 2－10　Windows 7“所有程序”菜单

图 2－11　“附件”选项所包含的所有程序

(3)使用搜索栏

在 Windows 7 的“开始”菜单中提供了快捷的搜索功能，只需在标有“搜索程序和文件”的搜索框中输入需要查找的内容或对象，便能够迅速地查找到该内容或对象。如搜索 Office Excel 2010 程序，其操作步骤如下：

单击“开始”按钮，弹出“开始”菜单。

在“搜索程序和文件”搜索框中输入“Office Excel 2010”，如图 2－12 所示。刚输入内容时系统就立即开始搜索，随着输入的关键字越来越完整，符合条件的内容会越来越少。在输入完成后，显示内容只剩下 Office Excel 2010 程序，如图 2－13 所示。

图 2－12　“搜索程序和文件”搜索框

图 2－13　搜索结果

(4)使用系统控制区

默认“开始”菜单右侧的深色区域是 Windows 的系统控制区。与 WindowsVista 操作系统类似，Windows 7 的系统控制区保留了“开始”菜单中最常用的几个选项，并在其顶部添加了“文档”“图片”“音乐”和“游戏”等选项，通过单击这些选项可以快速打开对应的窗口。系统控制区右下角的关机按钮可进行“关机”“切换用户”“注销”“锁定”和“重新启动”等操作。

2.4　Windows 7 的窗口与对话框

1. 操作窗口

电脑中的操作大多数是在各式各样的窗口中完成的。通常只要是右上方包含“最小化”、“最大化/还原”和“关闭”按钮的人机交互界面都可以称为窗口。

(1)打开窗口

打开窗口有很多种方法，下面以打开“计算机”窗口为例进行介绍。

双击桌面图标：在“计算机”图标上双击鼠标左键即可打开该图标对应的窗口。

通过快捷菜单命令：将鼠标光标移到“计算机”图标上，单击鼠标右键，在弹出的快捷菜单中选择“打开”命令。

通过“开始”菜单：单击“开始”按钮，弹出“开始”菜单，选择系统控制区的“计算机”命令。

(2)认识窗口的组成

窗口一般分为系统窗口和程序窗口，系统窗口一般指“计算机”窗口等 Windows 7 操作系统的窗口，主要由标题栏、地址栏、搜索框、工具栏、窗口工作区和窗格等部分组成，如图 2-14 所示。程序窗口与系统窗口的程序和功能稍有差别，其组成部分大致相同。

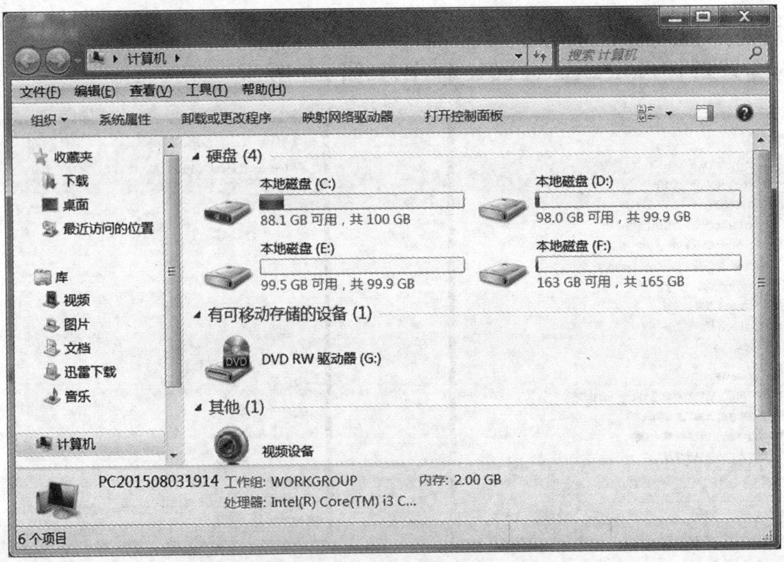

图 2-14　Windows 7 操作系统的窗口

下面以 Windows 7 的“计算机”窗口为例介绍窗口的主要组成部分及其作用。

①标题栏

在 Windows 7 的系统窗口中，显示了窗口的“最小化”按钮、“最大化/还原”按钮和“关闭”按钮，单击这些按钮可对窗口执行相应的操作。

②地址栏

地址栏是“计算机”窗口中重要的组成部分，通过它可以清楚地知道当前打开的文件夹的路径。当知道某个文件或程序的保存路径时，可以直接在地址栏中输入路径来打开保存该文件或程序的文件夹。Windows 7 的地址栏中每一个路径都由不同按钮组成，如图 2－15 所示。单击这些按钮，就可以在相应的文件夹之间进行切换。单击这些按钮右侧的按钮，将弹出一个子菜单，其中显示了该按钮对应文件夹的所有子文件夹，如图 2－16 所示。

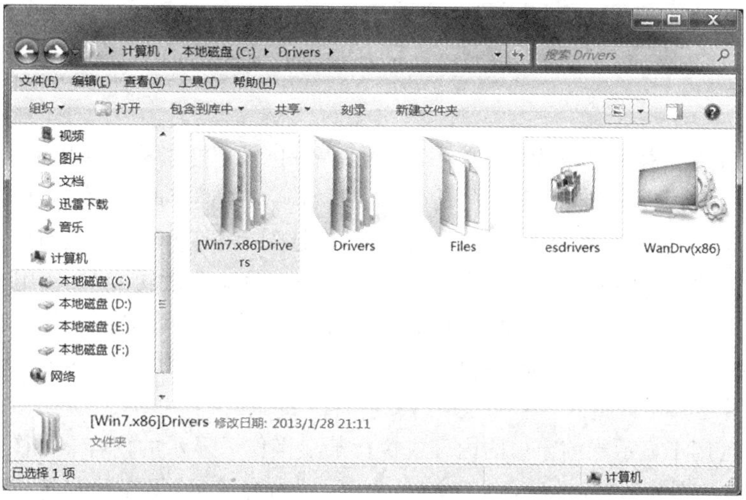

图 2－15

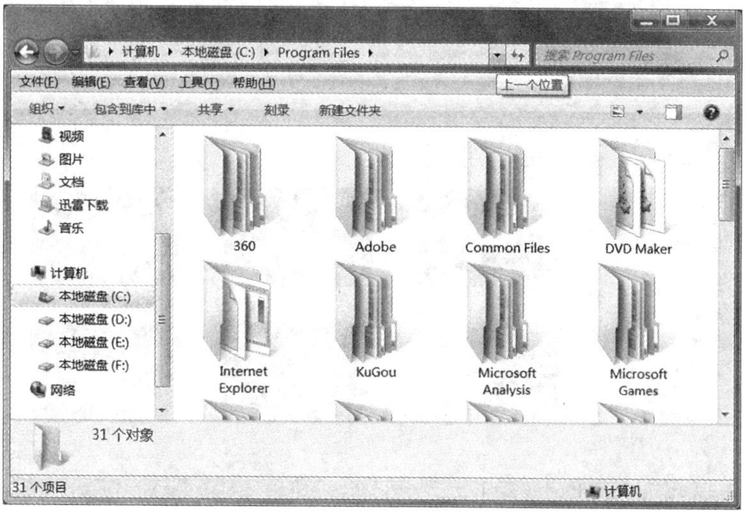

图 2－16　按钮对应文件夹的所有子文件夹

③工具栏

工具栏用于显示针对当前窗口或窗口内容的一些常用的工具按钮，通过这些按钮可以对当前的窗口和其中的内容进行调整或设置。打开不同的窗口或在窗口中选择不同的对象，工具栏中显示的工具按钮是不一样的。如图 2－17 所示为“计算机”窗口显示的工具栏，如图 2－18 所示为 D 盘窗口显示的工具栏。

图 2－17 “计算机”窗口显示的工具栏

图 2－18 D 盘窗口显示的工具栏

④搜索栏

窗口右上角的搜索框与“开始”菜单中“搜索程序和文件”搜索框的使用方法和作用相同，都具有在电脑中搜索各类文件和程序的功能。在开始输入关键字时，搜索就开始进行了，随着输入的关键字越来越完整，符合条件的内容也将越来越少，直到搜索出完全符合条件的内容为止。这种在输入关键字的同时就进行搜索的方式称为“动态搜索功能”。使用搜索框时应注意，如在“计算机”窗口中打开某个文件夹窗口，并在搜索框中输入内容，表示只在该文件夹窗口中搜索，而不是对整个计算机资源进行搜索。

⑤窗口工作区

窗口工作区用于显示当前窗口的内容或执行某项操作后显示的内容。如图 2－19 所示为打开 D 盘的“我的图片”文件夹后，由于窗口工作区的内容较多，将在其右侧和下方出现滚动条，通过拖动滚动条可查看其他未显示出的部分。

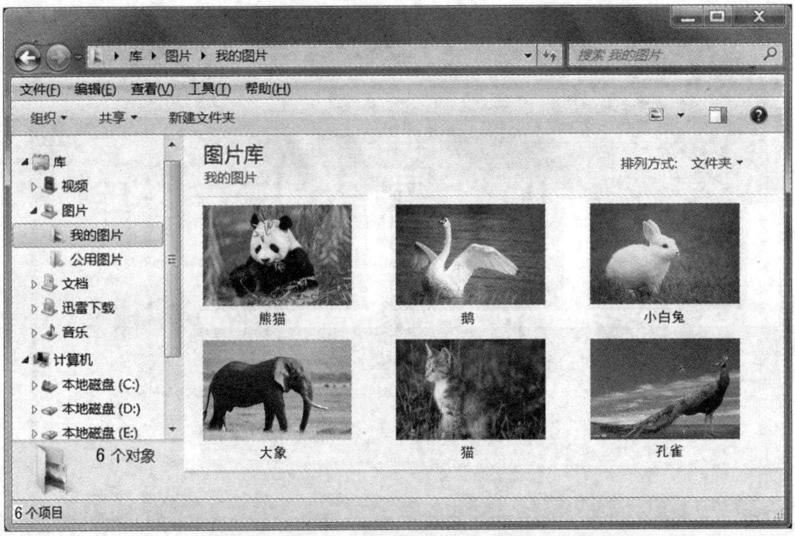

图 2－19 “我的图片”文件夹

(3)关闭窗口

在窗口中执行完操作后，可关闭窗口，其方法有以下几种：

使用菜单命令：将鼠标光标移到标题栏，单击鼠标右键，在弹出的快捷菜单中选择“关闭”命令关闭窗口。

单击“关闭”按钮：直接单击窗口右上角的“关闭”按钮关闭窗口。

使用任务栏：用鼠标右键单击窗口在任务栏中对应的图标，在弹出的快捷菜单中选择“关闭窗口”命令。当打开多个窗口时，选择“关闭所有窗口”命令，将关闭对应的窗口，如图 2-20 所示。

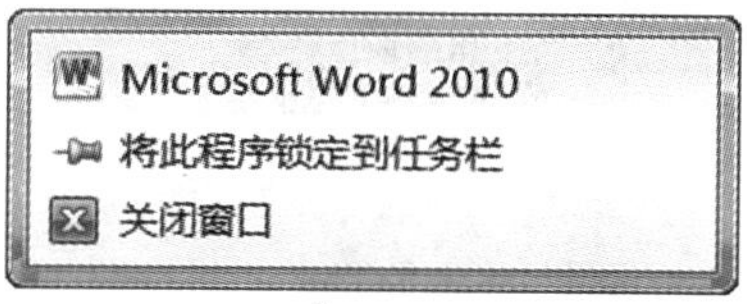

图 2-20 “关闭所有窗口”对话框

(4)移到窗口

在操作电脑时，为了方便操作某些部分，需要调整窗口在桌面上的位置，其方法是将鼠标光标移到窗口的标题栏上，如图 2-21 所示，按住鼠标左键不放，可以拖动窗口到任意位置。

图 2-21 调整窗口在桌面上的位置

(5)排列窗口

与其他版本一样，Windows 7 也可以对窗口进行不同的排列，方便用户对窗口进行操作和查看，尤其当打开的窗口过多时，采用不同的方式排列窗口可以提高工作效率。其方法是在任务栏的空白处单击鼠标右键，在弹出的快捷菜单中选择“层叠窗口”、“堆叠显示窗口”或“并排显示窗口”命令即可。

2. Windows 7 中的对话框

Windows 7 中的对话框与 Windows 其他系列的对话框相比，外观和颜色都发生了变化。Windows 7 中的对话框提供了更多的信息和操作提示，使操作更准确。

选择某些命令后需进一步设置，打开相应的对话框，其中包含了不同类型的元素，且不同的元素可实现不同的功能。如图 2-22 和图 2-23 所示分别为在“任务栏和开始菜单属性”对话框单击“自定义”按钮后打开的对话框。

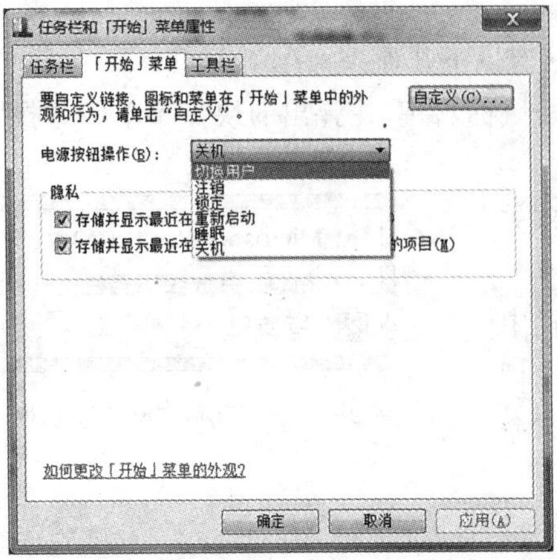

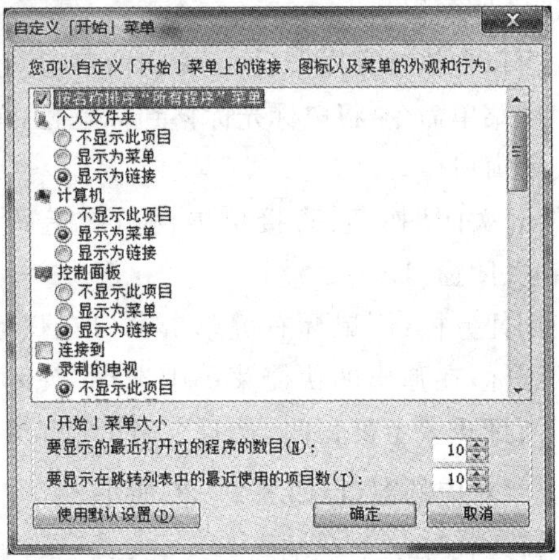

图 2-22 "任务栏和'开始'菜单属性"对话框　　图 2-23 "自定义'开始'菜单"的对话框

列表框:列表框在对话框中以矩形框形式显示,其中分别列出了多个选项。

单选按钮:选中单选按钮可以完成某项操作或功能的设置,选中后单选按钮前面的标记变为◉。

数值框:可以直接在数值框中输入数值,也可以通过后面的按钮设置数值。

复选框:其作用与单选框按钮类似,当选中复选框后,复选框前面的标记变为☑。

下拉列表框:与列表框类似,只是将选项折叠起来,单击对应的按钮,将显示出所有的选项。

按钮:单击对话框中的某些按钮可以打开相应对话框进行进一步设置,而单击某些按钮则执行对应的功能。

2.5 Windows 7 的文件与文件夹管理

2.5.1 磁盘、文件与文件夹

电脑中的资源通常是以文件形式保存的,而文件通常存放于磁盘或其他的文件夹中,它们三者之间存在包含与被包含的关系。下面将分别介绍磁盘、文件和文件夹的相关概念。

1.磁盘

磁盘通常是指硬盘划分出的分区,用于存放电脑中的各种资源。磁盘的盘符通常由磁盘图标、磁盘名称和磁盘使用的信息组成,用大写的英文字母后面加一个冒号来表示,如"D:",可以简称为 D 盘。用户可以根据需要在不同的磁盘中存放相应的内容,并将各个磁盘存放的内容分类。

2.文件与文件夹

文件可以存放在文件夹中,而文件夹不能存放在文件中,下面将分别介绍文件和文件夹的相关知识。

(1)文件

保存在电脑中的各种信息和数据都被统称为文件，如一张图片、一份办公文档、一个应用程序、一首歌曲或一部电影等。在 Windows 7 操作系统的平铺显示方式下，文件主要由文件名、文件扩展名、分隔点、文件图标及文件描述信息等部分组成。文件中各组成部分的作用介绍如下：

文件名：用于表示当前文件的名称，用户可以自定义文件的名称，以便对其进行管理。

文件扩展名：是操作系统中用来标识文件格式的一种机制，如名为“雨季. doc”的文件中，doc 是其扩展名，表示这个文件是一个 Word 文件。

分隔点：用于区分文件名与文件扩展名。

文件图标：与文件扩展名的功能类似，用于表示当前文件的类别，它是应用程序自动建立的，在不同类型的文件中其文件图标和扩展名也不相同。

文件描述信息：用于显示当前文件的大小和类型等信息。

(2)文件夹

文件夹用于存放和管理电脑中的文件，是为了更好地管理文件而设计的。通过将不同的文件归类存放到相应的文件夹中，可以快速找到所需的文件。文件夹的外观由文件夹图标和文件夹名称组成。

3. 磁盘、文件与文件夹之间的关系

如果把电脑比作图书馆，那么磁盘就是各个图书室，而文件夹就是图书室中的各排书架，文件则是图书。它们的大概关系便是如此，但不同的是磁盘中除了可以有多个文件夹外也可以直接存放文件，而文件夹中除文件外还可以有许多子文件夹。

在管理电脑资源的过程中，需要随时查看某些文件和文件夹，Windows 7 一般在“计算机”窗口中查看电脑中的资源，主要通过窗口工作区、地址栏和文件夹窗格三种方法进行查看：

2.5.2 文件与文件夹的操作

企业只有在有效的管理机制下才能良好地运作，同样，电脑中的资源也只有在得到妥善的管理后才会变得井井有条。要想管理好电脑中的丰富资源，就必须掌握文件和文件夹的基本操作，包括新建、复制和移动等。

1. 设置文件与文件夹显示方式

Windows 7 提供了图标、列表、详细信息、平铺和内容五种类型的显示方式。只需单击窗口工具栏中的按钮，在弹出的菜单中选择相应的命令，即可应用相应的显示方式显示相关内容。

各显示方式介绍如下：

图标显示方式：将文件夹所包含的图像显示在文件夹图标上，可以快速识别该文件夹的内容，常用于文件夹中。包括超大图标、大图标、中等图标和小图标四种图标显示方式。

列表显示方式：将文件与文件夹通过列表显示其内容。若文件夹中包含很多文件，列表显示便于快速查找某个文件，在该显示方式中可以对文件和文件夹进行分类，但是无法按组排列文件。

详细信息显示方式：显示相关文件或文件夹的详细信息，包括名称、类型、大小和日期等。

平铺显示方式：以图标加文件信息的方式显示文件或文件夹，是查看文件或文件夹的常用方式。

内容显示方式：将文件的创建日期、修改日期和大小等内容显示出来，方便进行查看和选择。

2. 新建文件与文件夹

在电脑中写入资料或存储文件时需要新建文件或文件夹，在 Windows 7 的相关窗口中通过快捷菜单命令可以快速完成新建任务。下面将新建一个名为“资料”的文件夹，其操作步骤如下：

在需要新建文件夹的窗口处单击鼠标右键，在弹出的快捷菜单中选择“新建文件夹”命令，或者单击工具栏中的按钮。此时，窗口中新建文件夹的名称文本框处于可编辑状态，输入“资料”，按 Enter 键完成新建。

新建文件的操作与新建文件夹的操作相同，在需新建文件的窗口空白处单击鼠标右键，在弹出的快捷菜单中选择“新建”命令，然后在弹出的子菜单中选择新建文件类型对应的命令即可。

3. 选择文件与文件夹

在对文件与文件夹进行复制、移动、重命名等基本操作之前，需要对文件与文件夹进行选择，且可以选择不同数量和不同位置的文件和文件夹。

(1)选择单个文件或文件夹

用鼠标单击文件或文件夹图标即可将其选择，被选择的文件或文件夹与其他没有被选中的文件或文件夹相比，呈蓝底形式显示。

(2)选择多个文件或文件夹

当选择多个文件或文件夹时，可以选择多个相邻的、多个连续的，多个不连续的或所有文件和文件夹，其方法介绍如下：

选择多个相邻的文件或文件夹：在需选择的文件或文件夹起始位置处按住鼠标左键进行拖动，此时在窗口中将出现一个蓝色的矩形框，框住需要选择的文件或文件夹后，释放鼠标，即可完成选择。

选择多个连续的文件或文件夹：单击某个文件或文件夹图标后，按住“Shift”键不放，然后单击另一个文件或文件夹图标，即可选择这两个文件或文件夹之间的所有连续文件或文件夹。

选择多个不连续的文件或文件夹：按住“Ctrl”键不放，一次单击需要选择的文件或文件夹即可选择多个不连续的文件或文件夹。

选择所有文件或文件夹：在打开的窗口中单击工具栏中的按钮，然后再弹出的菜单中选择“全选”命令或者按“Ctrl＋A”键，即可选择该窗口中的所有文件或文件夹。

4. 重命名文件或文件夹

为了便于对文件或文件夹进行管理和查找，更好地体现其内容，可以对文件或文件夹进行重命名。下面将名为“记事”的文件夹重命名为“母亲的鞋子”，其操作步骤如下：

通过文件夹窗格打开计算机 D 盘，新建“记事”文件夹，然后单击鼠标右键，在弹出的快捷菜单中选择“重命名”命令。此时“记事”文件夹的名称文本框呈可编辑状态，输入“母亲的鞋子”文本内容后，单击窗口空白处或按“Enter”键完成重命名的操作。

5. 移动和复制文件或文件夹

移动和复制文件或文件夹是对文件和文件夹进行查看和管理过程中经常使用的操作，其使用方法比较简单。下面分别对此进行讲解。

(1)移动文件或文件夹

移动文件或文件夹后，在原来的位置将不存在该文件或文件夹，其方法介绍如下：

选择需要移动的文件或文件夹，单击工具栏中的按钮，在弹出的菜单中选择“剪切”命令，然后打开目标文件夹，单击工具栏中的按钮，在弹出的菜单中选择“粘贴”命令。

选择需要移动的文件或文件夹，按“Ctrl＋X”键，打开目标文件夹，按“Ctrl＋V”键。

选择需要移动的文件夹或文件，单击鼠标右键，在弹出的快捷菜单中选择“剪切”命令，然后打开目标文件夹，单击鼠标右键，在弹出的快捷菜单中选择“粘贴”命令。

下面使用快捷菜单将“植物”文件夹中名为“菊花”的 Word 文件移动到计算机 D 盘的“花卉”文件夹中，其操作步骤如下：

通过文件夹窗格打开光盘窗口中的“植物”文件夹，选择“菊花”文件，单击鼠标右键，在弹出的快捷菜单中选择“剪切”命令，被剪切后的文件与被选中前相比呈浅色显示。

通过地址栏打开计算机的 D 盘，并在其中新建并打开“花卉”文件夹，然后在窗口空白区单击鼠标右键，在弹出的快捷菜单中选择“粘贴”命令完成此项操作。

(2)复制文件或文件夹

复制文件或文件夹是指对原来的文件或文件夹不做任何改变，重新生成一个完全相同的文件或文件夹。下面将库中的“图片”文件夹复制到计算机 D 盘中，其操作步骤如下：

双击桌面“计算机”图标，在打开的库窗口中选择“图片”文件夹，按“Ctrl＋C”键或单击工具栏中的按钮，然后再弹出的菜单中选择“复制”命令。

通过地址栏打开计算机 D 盘的窗口，按“Ctrl＋V”键或单击工具栏中的按钮，然后在弹出的菜单中选择“粘贴”命令完成此项操作。

6. 删除文件或文件夹

当磁盘中存在重复的或者不需要的文件或文件夹影响了对电脑的各种操作时，可删除文件或文件夹，其方法介绍如下：

选择需删除的文件或文件夹，按“Delete”键。

选择需删除的文件或文件夹，单击工具栏中的按钮，在弹出的菜单中选择“删除”命令。

选择需删除的文件或文件夹，单击鼠标右键，在弹出的快捷菜单中选择“删除”命令。

选择需删除的文件或文件夹，按住鼠标左键将其拖动到桌面上的“回收站”图标上，再释放鼠标。

在执行以上删除文件或文件夹的操作后，会出现“删除文件”提示对话框询问是否将该文件或文件夹放入回收站中，单击按钮删除该文件或文件夹。下面将删除计算机 D 盘中的“花卉”文件夹，其操作步骤如下：

通过文件夹窗格打开计算机 D 盘的窗口，选择已新建的“花卉”文件夹，然后单击工具栏中的按钮，在弹出的菜单中选择“删除”命令。

在系统自动打开的“删除文件夹”提示对话框中，单击按钮，返回到 D 盘的窗口中，可发现该文件夹已经被删除。

7. **搜索文件或文件夹**

当忘记了文件或文件夹的保存位置或记不清楚文件或文件夹的全名时，使用 Windows 7 的搜索功能便可快速查找到所需的文件或文件夹，并且此操作非常简单和方便，只需在“搜索”文本框中输入需要查找文件或文件夹的名称或该名称的部分内容，系统就会根据输入的内容自动进行搜索，搜索完成后将在打开的窗口中显示搜索到的全部内容。下面将搜索在“计算机”窗口中与“花”相关的文件或文件夹，其操作步骤如下：

双击“计算机”图标，打开“计算机”窗口，单击工具栏中的“搜索”按钮。

在“搜索”文本框中输入“花”，系统自动进行搜索，搜索完成后，该窗口中将显示所有与“花”有关的文件或文件夹。

2.5.3 文件与文件夹的设置

在对电脑中的文件和文件夹等资源进行管理时，还可对文件和文件夹进行各种设置，包括设置文件或文件夹的属性、显示隐藏的文件或文件夹和设置个性的文件夹图标等。

1. **设置文件与文件夹的属性**

如果需要某个文件或文件夹只能被打开查看，但是内容不能被修改，或者需要将某些文件或文件夹隐藏起来，就可以对其属性进行相应的设置。下面将“家园”文件夹的属性设置为只读和隐藏形式，其操作步骤如下：

(1)通过文件夹窗格打开计算机的 D 盘，在其中新建“家园”文件夹，然后在“家园”文件夹上单击鼠标右键，在弹出的快捷菜单中选择“属性”命令。

(2)打开“属性”对话框，在“常规”选项卡的“属性”栏中选择“只读”和“隐藏”复选框，单击按钮。

(3)打开“确认属性更改”对话框，选中“仅将更应用于此文件夹”单选按钮，单击按钮。

(4)返回保存“家园”文件夹的窗口，将不会显示该文件夹。

2. **显示隐藏的文件或文件夹**

隐藏文件夹或文件后，如果需要重新对其进行查看，可以通过对“文件夹选项”对话框进行设置将其再次显示出来。下面将显示计算机 D 盘中已被隐藏的“家园”文件夹，其操作步骤如下：

(1)通过文件夹窗格打开已保存“家园”文件夹的计算机 D 盘窗口，单击工具栏中的按钮，在弹出的菜单中选择“文件夹和搜索选项”命令。

(2)打开“文件夹选项”对话框，选择“查看”选项卡，在“高级设置”列表框中选中“显示隐藏的文件、文件夹和驱动器”单选按钮，单击按钮。

3. **设置个性化的文件夹图标**

在管理电脑中的资源时，可以对文件夹图标进行个性化设置，从而使用户快速识别该文件夹的内容。下面将为计算机 D 盘中的“家园”文件夹设置个性化的文件夹图标，其操作步骤如下：

(1)通过文件夹窗格打开计算机 D 盘的窗口，在“家园”文件夹上单击鼠标右键，在弹出的快捷菜单中选择“属性”命令。

(2)打开“家园”对话框，选择“自定义”选项卡，然后单击按钮。

(3)打开“为文件夹家园更改图标”对话框，通过拖动“从以下列表中选择一个图标”列表框下方的滚动条来寻找所需图标，这里选择图标，单击确定按钮。

(4)返回“家园属性”对话框，单击确定按钮，此时计算机 D 盘窗口中“家园”的文件夹的文件夹图标已经改变。

2.6 Windows 7 的个性化设置

2.6.1 鼠标与键盘的设置

当鼠标或键盘的默认设置不能达到自己的要求时，通过对鼠标和键盘速度等参数进行设置，可以使操作过程变得顺畅。

1. 设置鼠标

设置鼠标主要包括调整双击鼠标的速度、更换氤指针样式以及设置鼠标指针选项等。其操作如下：

(1)在桌面空白处单击鼠标右键，在弹出的快捷菜单中选择“个性化”命令，打开“个性化”窗口，单击导航窗格中的“更改鼠标指针”超链接。

(2)打开“鼠标属性”对话框，选择“指针”选项卡，然后单击“方案”栏中的下拉按钮，在其下拉列表中选择鼠标样式方案，如选择“Windows 黑色(系统方案)”选项，单击“应用”按钮，此时鼠标指针样式变为设置后的样式。

(3)在“自定义”列表框中选择需单独更改样式的鼠标状态选项，如选择“后台运行”选项，如图 2－24 所示，然后单击“浏览”按钮。

图 2－24 “鼠标属性”对话框

(4)打开“浏览”对话框，系统自动定位到可选择指针样式的文件夹，在列表框中选择一种样式，如选择“aero－busy－ani”选项，如图 2－25 所示，单击“打开”按钮。

(5)返回“鼠标属性”对话框，可看到“自定义”列表框中的“后台运行”鼠标指针变为 aero－

busy－ani 样式效果了。

(6)选择“鼠标键”选项卡，在“双击速度”栏中拖动“速度”滑块调节双击速度，如图 2－26 所示，单击“应用”按钮。

图 2－25 “aero－busy－ani”选项卡

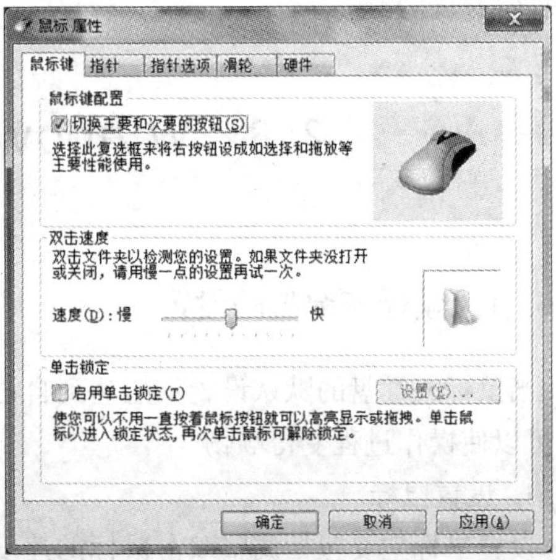

图 2－26 “鼠标属性‘鼠标键’”选项卡

(7)选择“指针选项”选项卡，在“移动”栏中拖动滑块调整鼠标指针的移动速度，选中“显示指针轨迹”复选框，移动鼠标指针时会产生“移动轨迹”效果，确认设置后，单击“确定”按钮，如图 2－27 所示，完成对鼠标的设置。

图 2－27 “鼠标属性‘鼠标指针’”选项卡

2. 设置键盘

在 Windows 7 中，设置键盘主要包括调整键盘的响应速度以及光标的闪烁速度。其操作如下：

(1)选择“开始/控制面板”命令，打开“控制面板”窗口。

(2)选择该窗口右上角“查看方式”下拉列表框中的“小图标”选项，如图 2－28 所示，将该窗口切换至“小图标”视力模式，单击“键盘”超链接。

图 2 - 28 “控制面板”窗口

(3)打开“键盘属性”对话框,选择“速度”选项卡,拖动“字符重复”栏中的“重复延迟”滑块,改变键盘重复输入的延迟时间,如向左拖动该滑块使重复输入速度降低,如图 2 - 29 所示。

图 2 - 29 “键盘属性”对话框“速度”选项卡

(4)在“光标闪烁速度”栏中拖动滑块改变在文本编辑软件(如记事本)中文本插入点在编辑位置的闪烁速度,如向左拖动滑块设置为中等速度,单击“确定”按钮完成设置。

2.6.2 日期与时间的设置

与其他版本相比,Windows 7 不仅在任务栏的通知区域显示了系统时间,同时还显示了系统日期,为了使系统日期和时间与工作和生活中的日期和时间一致,有时需要对系统日期和时间进行调整。

在查看系统具体的日期和时间后,可根据实际需要去调整系统日期和时间。下面介绍查看或调整系统日期和时间的方法。

1. 查看系统日期和时间

任务栏中显示了系统的日期和时间,但没有显示出星期,将鼠标指针移到通知区域“日期和时间”对应的按钮上，系统会自动弹出一个浮动界面，可以查看到星期，如图 2 - 30 所示；单击通知区域“日期和时间”对应的按钮，系统会弹出一个直观的显示界面，如图 2 - 31 所示。

图 2 - 30 “日期和时间”按钮浮动界面

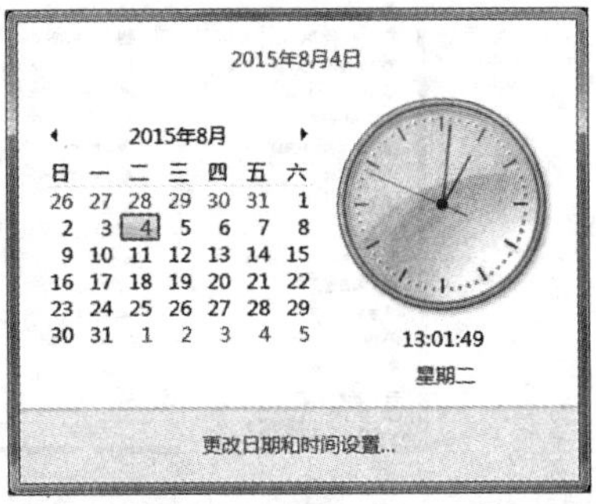

图 2 - 31 “日期和时间”按钮对话框

2. 调整系统日期和时间

如果系统日期和时间与现实生活中的不一致，则可对系统日期和时间进行调整。其操作如下：

(1)将鼠标移到任务栏的“日期和时间”按钮上，单击鼠标右键，在弹出的快捷菜单中选择“调整日期/时间”命令。

(2)打开“日期和时间”对话框，选择“日期和时间”选项卡，单击“更改日期和时间”按钮，如图 2 - 32 所示。

(3)打开“日期和时间设置”对话框，在“时间”数值框中调整时间，然后在“日期”列表框中选择日期，单击“确定”按钮。

(4)返回到“日期和时间”对话框，选择“Internet 时间”选项卡，单击“更改设置”按钮，如图 2 - 33所示，打开“Internet 时间设置”对话框，单击“立即更新”按钮，将当前时间与 Internet 时间同步一致，单击“确定”按钮。

(5)返回到“日期和时间”对话框中，单击“确定”按钮完成设置。

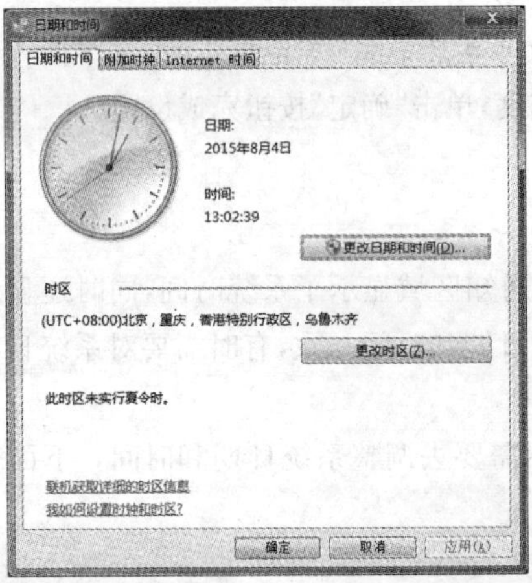

图 2 - 32 “日期和时间”选项卡

图 2 - 33 “Internet 时间”选项卡

2.7 Windows 7 软件的管理

2.7.1 软件的安装

1. 安装软件前的准备

(1)检查配置。

(2)获得软件。安装软件前先要获得软件的安装程序。通常可以通过以下三种方法获得所需的软件安装程序：

网上下载安装程序：许多软件开发商都会在网上公布一些共享文件和免费软件的安装程序，用户只需上网查找并下载这些安装程序。

购买安装光盘：购买正规的软件安装光盘，不但质量有保证，通常还能享受一些升级和技术支持，常用软件的安装光盘在当地的软件销售商处都能够买到。

购买软件图书时赠送：购买某些电脑方面的杂志或书籍时，附带了一些软件的安装程序光盘。

(3)软件的序列号。

安装序列号也称注册码，许多软件为了防止盗版都设有安装序列号，在安装此类软件的过程中，需要输入该软件的安装序列号，只有输入了正确的安装序列号，才能继续进行安装；有的则是安装完成后，运行程序的激活码。获取软件安装序列号一般有以下三种方法：

查阅印刷在安装光盘、包装盒封面或附带说明书上的相关文字，获得该软件的安装序列号。

在网上下载免费软件或试用软件，可以通过阅读软件的说明文档获取软件的安装序列号和安装方法等。

一些共享软件的安装序列号可以通过网站或手机注册的方式获取。

(4)兼容性。

由于 Windows 7 是 Microsoft 公司最新一代的操作系统，因此，原有的一些针对 Windows 安装当前电脑的硬件配置不必拆开主机机箱来查看，通过 Windows 7 的“系统”窗口即可完成，而且 Windows 7 集成的电脑硬件评分功能可对电脑硬件的整体状况有个初步了解。

其操作步骤如下：

①用鼠标右键单机桌面的“计算机”图标，在弹出的快捷菜单中选择“属性”命令；打开“系统”窗口，在其中可以查看有关电脑的基本信息，如图 2－34 所示。

②单击“性能信息和工具”超链接，在打开的“性能信息和工具”窗口显示了当前系统中每项硬件的得分及基本分数，如图 2－35 所示。

③XP 或其他操作系统开发的软件不一定能够与之兼容，不兼容的软件在使用时会显得很不稳定，甚至有些不兼容的软件根本就不能安装到 Windows 7 中，所以在选用软件时还需要选择使用兼容的软件。

图 2-34 “系统”窗口

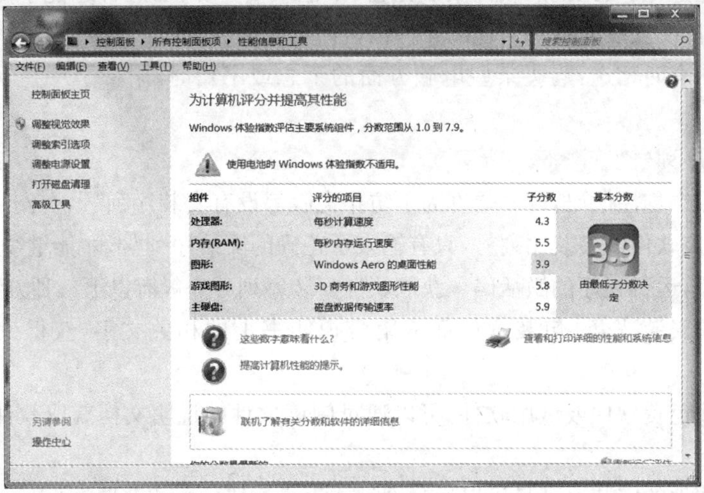

图 2-35 “性能信息和工具”窗口

(5)检查要安装的软件。

目前，许多软件都捆绑一些与程序本身完全没有关系的其他软件，特别是从网上下载的一些共享软件。这些软件有些具有一定功能，其本身是无害的，不会对电脑的操作系统造成负面影响；但有些捆绑的软件会强制性安装，且无法彻底卸载，甚至有的软件会被发布者恶意捆绑一些病毒或窃取用户信息的恶意软件，因此在安装软件之前应该对要安装的软件有一个初步的了解。如果从网上下载软件，下载之前需了解其他用户对这个软件的评价，再根据得到的信息决定是否安装该软件。

同时，在安装软件的过程中也要清楚安装过程中每一个步骤的选项，有的软件在安装过程中会让用户选择是否安装捆绑的程序，可以根据需要选择是否安装。如果确定某个软件捆绑了其他程序，且安装过程中不提供是否安装的提示，那么建议用户不要再继续安装此软件，而是寻找具有类似功能的其他软件代替，或者通过其他途径获取该软件。

2. 安装软件

经过准备之后，如果该软件符合用户的要求，接下来就可以安装软件了，软件的安装方法是，在计算机中找到该软件的安装程序，双击其中的安装文件，通常是“setup. exe”或“instal. exe”，然后再根据打开的安装向导窗口中的提示进行操作。例如，安装“千千静听”，其操作步骤如下：

(1)打开保存“千千静听”安装程序的文件夹，双击安装文件“千千静听. exe”。

(2)打开“千千静听”的安装向导界面，单击开始按钮，开始进行安装。

(3)打开“许可证协议”界面，阅读“软件使用协议”后，单击“我同意”按钮。

(4)打开“选择组件”界面，根据需要选择各个选项，这里保持默认选择不变，单击“下一步”按钮。

(5)打开“目标文件夹”界面。选择软件的存放位置，单击“浏览”按钮，打开“浏览文件夹”对话框。

(6)返回“目标文件夹”界面，单击“下一步”按钮，打开“附加任务”界面，选中“创建快捷方式”栏中的“开始菜单”复选框和“卸载程序”栏中的复选框，单击“下一步”按钮。

(7)打开“完成安装向导”界面，根据需要选择所需选项，这里取消选中所要的复选框，单击“完成”按钮。

(8)选择“开始/所有程序”命令，弹出“所要程序”菜单，在“所要程序”菜单中可看到安装的“千千静听”程序。

3. 修复安装软件

如果在使用某个软件时该软件程序经常发生问题，那么有可能是该软件的部分程序发生了损坏，此时可以重新安装该程序，也可以通过控制面板中的“卸载或更改程序”功能对软件进行修复，其操作步骤如下：

(1)选择“开始/控制面板”命令，打开“控制面板”窗口，单击“卸载程序”超链接。

(2)打开“程序和功能”窗口，在列表中选择要修复安装的程序名称，如选择 Microsoft Office Professional Plus 2010，单击“修复”按钮或选择该程序，单击鼠标右键，在弹出的快捷菜单中选择“修复”命令。

(3)打开显示修复进度的对话框，系统正在进行修复安装，修复完成后自动关闭对话框。

2. 7. 2 添加和设置输入法

在操作电脑的很多时候，需要向电脑中输入文字内容，而文字内容是有相应的输入法控制的，为了快速寻找到自己的输入法，经常需要对其进行设置，下面将介绍输入法的一些基本设置方法。

1. 添加和删除输入法

如果输入法列表中的输入法不能满足自己的输入需要，或是输入法列表中有很多不需要的输入法，此时就可以添加或删除输入法。

(1)添加输入法

在输入法列表中添加系统自带的输入法，其操作步骤如下：

在语音栏的“输入法”按钮上，单击鼠标右键，在弹出的快捷菜单中选择“设置”命令，打开

“文本服务和输入语言”对话框，单击“添加”按钮。

打开“添加输入语言”对话框，通过拖动列表框右侧的滑块选中需添加输入法的复选框，这里选中“简体中文全拼”输入法对应的复选框单击确定按钮。

返回“文本服务和输入语言”对话框，可以看到“简体中文全拼”输入法已经添加到输入法列表中了，单击确定按钮，完成设置。

(2)删除输入法

为了快速地切换输入法，有时需要删除不常使用的输入法，其操作步骤如下：

①在语言栏中的“输入法”按钮上单击鼠标右键，在弹出的快捷菜单中选择“设置”命令。

②打开“文本服务和输入语言”对话框，选中需要删除的输入法选项对应的复选框，单击“删除”按钮便可将该输入法删除。

2. 设置默认输入法

通过设置默认输入法，可将经常使用的输入法设置为默认输入法，在输入内容时就无须再进行切换，设置默认输入法的操作步骤如下：

在语言栏中的“输入法”按钮上单击鼠标右键，在弹出的快捷菜单中选择“设置”命令。打开“文本服务和输入语言”对话框，在“默认输入语言”栏下拉列表框中选择设置为默认输入法的选项，单击确定按钮，完成默认输入法的设置。

2.8 Windows 7 用户管理

2.8.1 账户的创建与管理

当多个用户使用同一台电脑时，为了保护各自保存在电脑中的文件的安全，使文件不受到损坏，可以在电脑中设置多个账户，让每一个用户在各自的账户界面下工作。下面介绍账户的创建和管理。

1. 创建新用户账户

在使用电脑的过程中，可以根据需要创建一个或多个用户账户，不同的用户可以通过各自的用户账户登录系统，在各自的账户界面下进行各项操作。例如，创建一个名为“小小”的标准账户，其操作步骤如下：

(1)选择“开始/控制面板”命令，打开“控制面板”窗口，单击“添加或删除用户账户”超链接。

(2)打开“管理账户”窗口，单击该窗口中的“创建一个新用户”超链接。

(3)打开“创建新账户”窗口，在“新账户名”文本框中输入账户名称，这里输入“小小”，然后设置用户账户的类型，这里选中“标准用户”单选按钮，单击“创建账户”按钮。

(4)返回“管理账户”窗口，即可看到创建的新账户。

2. 更改账户类型

在创建完新账户后，可以根据实际的使用和操作更改账户的类型，改变该用户账户的操作权限。例如，将新创建的“小小”标准账户更改为管理员账户类型，其操作步骤如下：

(1)选择“开始/控制面板”命令，打开“控制面板”窗口，单击“添加或删除用户账户”超链接。

(2)打开“管理账户”窗口，单击“小小”标准账户选项。

(3)打开“更改账户”窗口，单击“更改账户类型”超链接。

(4)打开“更改账户类型”窗口，选中“管理员”单选按钮，单击更改账户类型按钮。如图 2-36 所示，将“小小”标准账户更改为“管理员”账户。

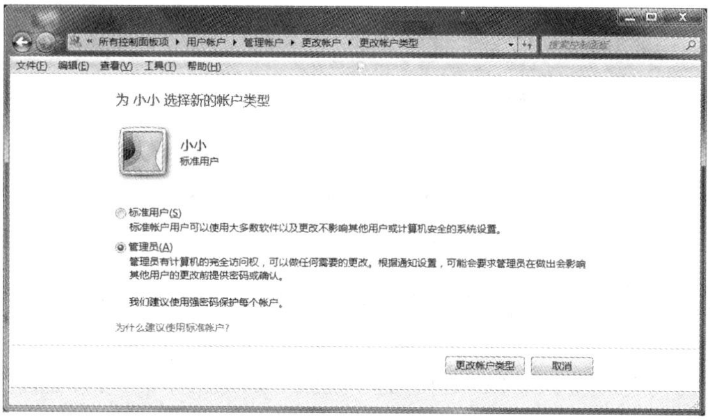

图 2-36 “更改账户类型”窗口

(5)返回“更改账户”窗口，该账户的“标准账户”字样变为“管理员”字样，然后关闭窗口。

3. 创建、更改或删除密码

为了保护用户账户的文件，使其不被其他用户查看和破坏，可为该账户创建密码，之后还可以根据需要更改或删除密码，下面详细介绍创建、更改和删除密码的方法。

(1)创建账户密码

为新建的“小小”账户创建密码，保护该账户的安全，其操作步骤如下：

①选择“开始/控制面板”命令，打开“控制面板”窗口，单击“添加或删除用户”超链接。

②打开“管理账户”窗口，单击“小小”账户选项。

③打开“更改账户”窗口，单击“创建密码”超链接，如图 2-37 所示。

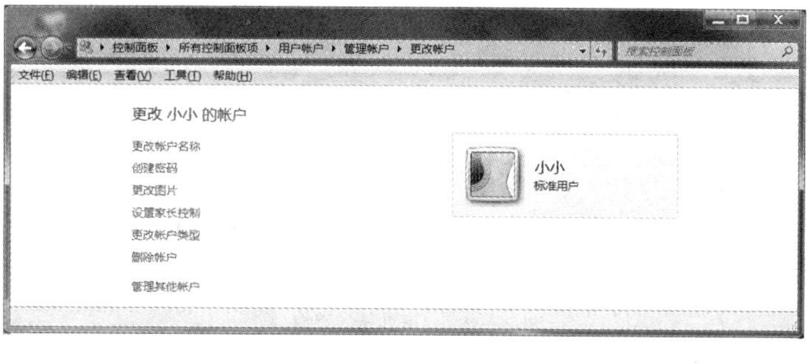

图 2-37 “更改账户”窗口

④打开“创建密码”窗口，在“新密码”文本框中输入密码，然后在“确认新密码”文本框中再次输入相同的密码，如图 2-38 所示，单击创建密码按钮。

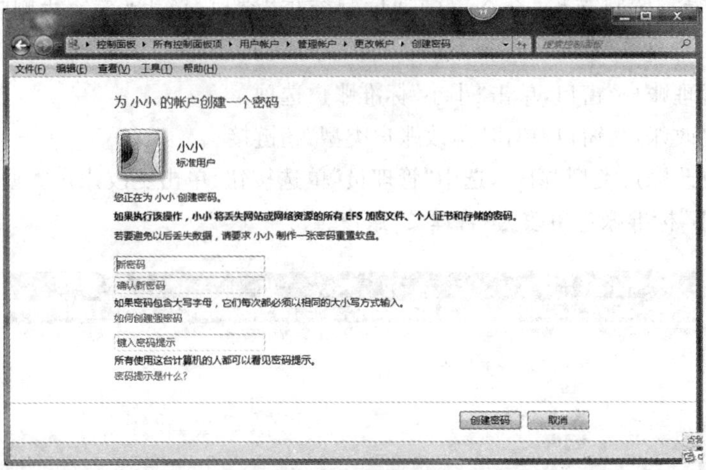

图 2-38 “创建密码”窗口

⑤返回“更改账户”窗口,“小小”账户显示为受密码保护账户。

(2)更改账户密码

当账户的密码设置得过于简单的时候,为了加强对账户的保护,可以更改账户的密码。例如,更改“小小”账户选项。

①打开“控制面板”窗口,单击“添加或删除用户账户”超链接,打开“管理账户”窗口,单击“小小”账户选项。

②打开“更改账户”窗口,单击“更改密码”超链接。

③打开“更改密码”窗口,在“新密码”文本框中重新输入加强的密码,然后在“确认新密码”文本框中再次输入相同密码,如图 2-39 所示,单击更改密码按钮。

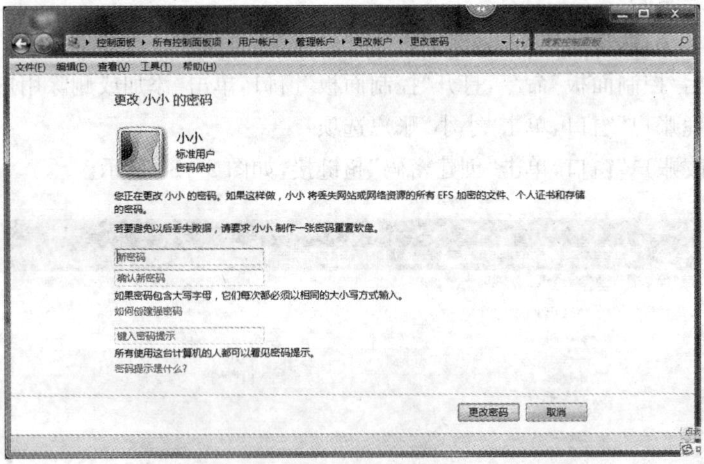

图 2-39 “更改密码”窗口

(3)删除当前密码

在为账户创建密码之后,当不再需要密码时,可以将该密码删除。例如,删除“小小”的账户密码,其操作步骤如下:

①打开“控制面板”窗口，单击“添加或删除用户账户”超链接，打开“管理账户”窗口，单击“小小”账户选项。

②打开“更改账户”窗口，单击“删除密码”超链接。

③打开“删除密码”窗口，单击删除密码按钮，如图 2-40 所示，即可删除账户密码。

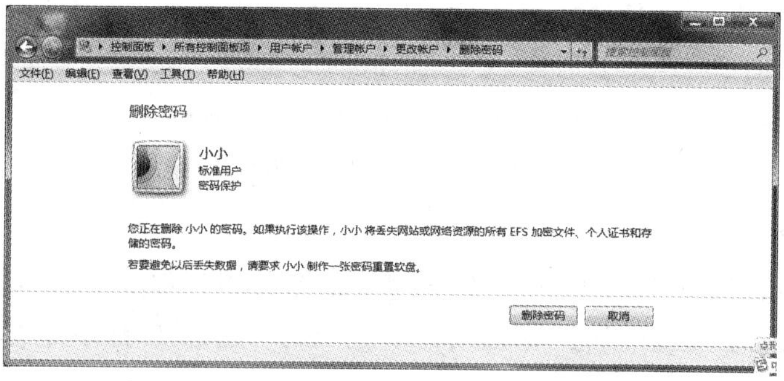

图 2-40 “删除密码”窗口

4. 设置账户名称和头像

与个性化的桌面外观设置一样，创建用户账户后，可以为账户设置个性化的名称和头像，以美化电脑的使用环境。

(1)更改账户的显示名称

可以将账户的显示名称设置为自己喜欢的地点、人物、某句诗词或某些流行的词语，在使用电脑时增添乐趣；或是将显示名称设置为自己的名字，在多用户使用电脑的情况下，方便记忆。例如，将 a 账户的名称更改为“曲径通幽”，其操作步骤如下：

①打开“控制面板”窗口，单击“添加或删除用户账号”超链接，打开“管理账户”窗口，单击 a 账户选项。

②打开“更改账户”窗口，单击“更改账户名称”超链接。

③打开“重命名只能更换”窗口，在“新账户”文本框中输入“曲径通幽”文本内容，单击更改名称按钮，如图 2-41 所示。

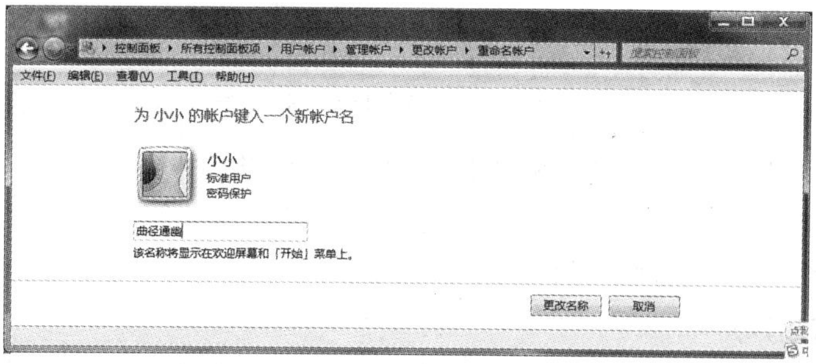

图 2-41 “重命名只能更换”窗口

④返回“更改账户”窗口，可看到 a 账户的名称已被更改为“曲径通幽处”，如图 2-42 所示，然后关闭该窗口。

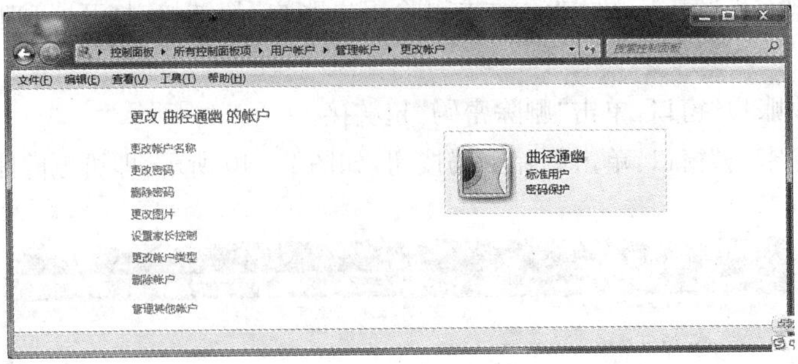

图 2-42 “更改账户”窗口

(2)更改头像

除了可以更改账户的名称外,还可以更改账户的图像,其操作步骤如下:

①打开“控制面板”窗口,单击“添加或删除用户账户”超链接,打开“管理账户”窗口,单击“曲径通幽”账户选项。

②打开“更改账户”窗口,单击“更改图片”超链接。

③打开“选择图片”窗口,在窗口中选择自己喜欢的一张图片,或单击“浏览更多图片”超链接,获取更多图片的选择。

④这里单击“浏览更多图片”超链接,如图 2-43 所示。

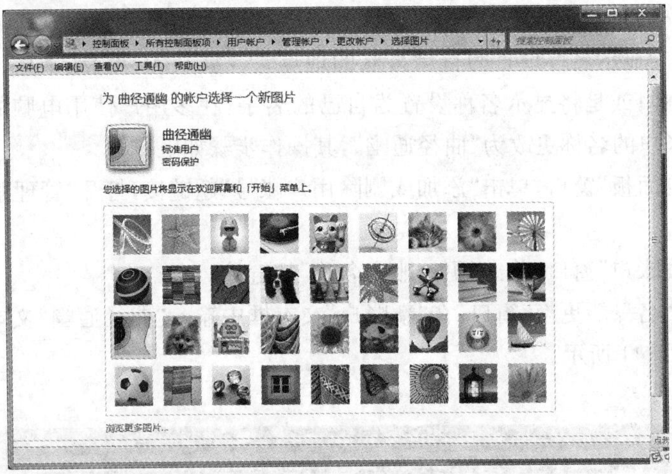

图 2-43 “选择图片”窗口

⑤打开“图片”文件夹,双击“示例图片”窗口,选择“狗”图片文件,单击打开按钮,如图 2-44所示。

返回“更改账户”窗口,该账户的头像已经改变。

5. 启用或禁用账户

在管理员账户权限下可以进行启用或禁用其他账户的操作,若想在其他的标准用户账户下进行启用或禁用账户的操作,需要获得管理员账户的允许。

(1)启用或禁用来宾账户

启动电脑进入系统后,来宾账户是未被启用的,此时可以启用来宾账户,其操作步骤如下：

图 2-44 “示例图片”窗口

①打开“控制面板”窗口，单击“添加或删除用户账户”超链接，打开“管理账户”窗口，单击“来宾账户”账户选项。

②打开“启用来宾账户”窗口，单击启用按钮，如图 2-45 所示，即可启用来宾账户。

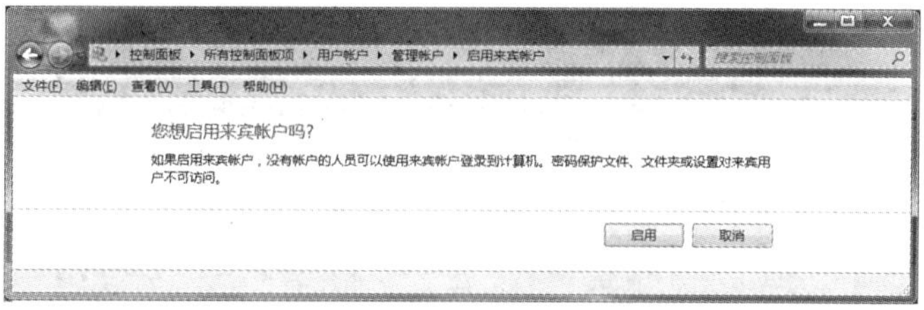

图 2-45 “启用来宾账户”窗口

③返回“管理账户”窗口，再次单击“来宾账户”账户选项，打开“更改来宾账户”窗口，单击“关闭来宾账户”超链接，如图 2-46 所示，可重新禁用来宾账户。

图 2-46 “更改来宾账户”窗口

(2)启用或禁用标准用户

使用管理员账户登录系统，可以通过“计算机管理”窗口对用户账号进行管理。下面主要介绍通过“计算机管理”窗口启用或禁用标准用户。例如，对“小小”账户进行操作，其操作步骤如下：

①在“计算机”桌面图标上单击鼠标右键，或单击“开始”按钮，弹出“开始”菜单，将鼠标光标移到“计算机”选项上，单击鼠标右键，在弹出的快捷菜单中选择“管理”命令。

②打开“计算机管理”窗口，单击导航窗格中“本地用户和组”选项前的按钮，显示出所有子目录，单击“用户”选项，在窗口工作区将显示所有的用户账户，如图 2－47 所示。

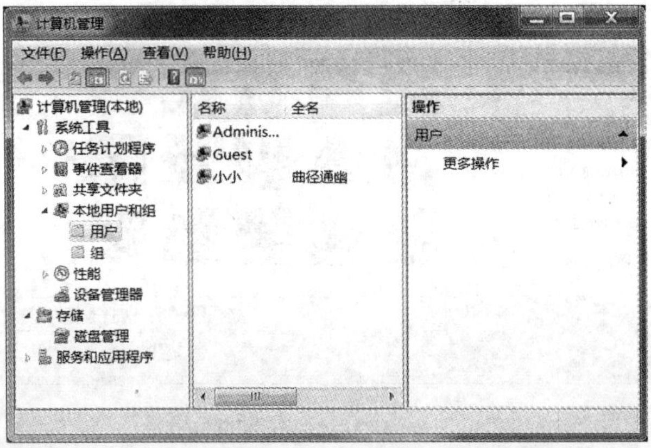

图 2－47 “计算机管理”窗口“用户”选项卡

③单击窗口工作区的“小小”账户选项，在右边的窗格会出现“小小”账户栏显示出“更多操作”功能选项，单击此功能选项，或选择窗口工作区的“小小”账户选项，单击鼠标右键，在弹出的快捷菜单中选择“属性”命令，如图 2－48 所示。

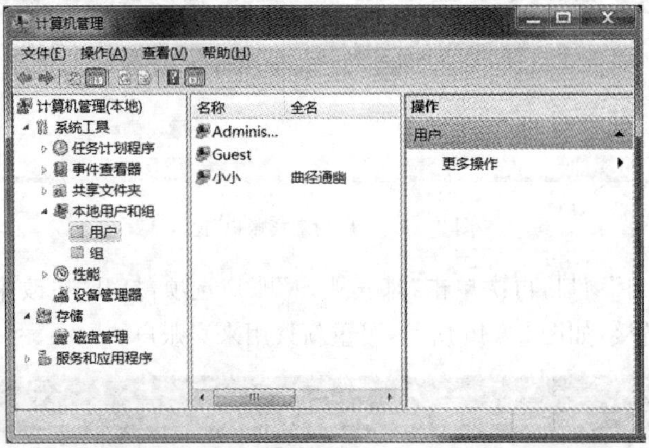

图 2－48 “计算机管理”窗口“属性”选项卡

④打开“小小属性”对话框，选择“常规”选项卡，选中“账户已禁用”复选框，单击“确定”按钮，如果需要重新启用该账户，只需取消选中“账户已禁用”复选框。

⑤关闭“计算机管理”窗口，打开“管理账户”窗口，在该窗口中将发现没有“小小”账户。

6. 删除用户账户

当不再需要某个已创建的用户账户时，在删除用户账户之前，需先登录到“管理员”类型的账户，将其删除。例如，删除“曲径通幽”账户，其操作步骤如下：

①打开“控制面板”窗口，单击“用户账户和家庭安全”选项，再次单击“添加或删除用户账户”超链接，打开“管理账户”窗口，单击“曲径通幽”选项。

②打开“更改账户”窗口，单击“删除账户”超链接，如图 2－49 所示。

图 2－49　“更改账户”窗口

③打开“删除账户”窗口，询问是否保留该账户的文件，如需保留文件，单击“保留文件”按钮，这里单击“删除文件”按钮，选择删除文件，如图 2－50 所示。

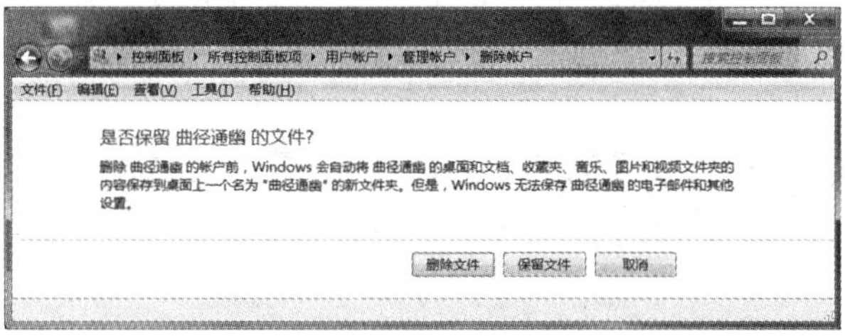

图 2－50　“删除账户”窗口

④打开“确认删除”窗口，单击删除账户按钮，确认删除该账户。

2.8.2　家长控制的设置

家长控制主要是针对在家庭中使用电脑的儿童，尤其是针对在家长不能全程指导儿童使用电脑的情况下使用的。用户使用“家长控制”功能可对孩子使用的电脑进行协助管理。例如，限制指定账户的使用时间、限定使用的应用程序。

1. 启用家长控制

在登录系统后，默认状态下家长控制是未被启用的，它是针对某个标准用户下使用的。要以管理员身份登录系统才可启用家长控制，其操作步骤如下：

①打开“控制面板”窗口，单击“添加或删除用户账户”超链接，打开“管理账户”窗口。

②单击“设置家长控制”超链接，如图 2－51 所示，打开“家长控制”窗口。

图 2－51　“家长控制”窗口

③选择需要启用家长控制的账户选项，这里选择“曲径通幽”账户选项，如图 2－52 所示。

图 2-52 “家长控制”窗口“曲径通幽”账户选项

④打开“用户控制”窗口，可以看到该账户图标下方显示的家长控制是关闭的，如图 2-53 所示，此时，选中“启用，应用当前设置”单选按钮，启用家长控制，如图 2-54 所示，单击“确定”按钮。

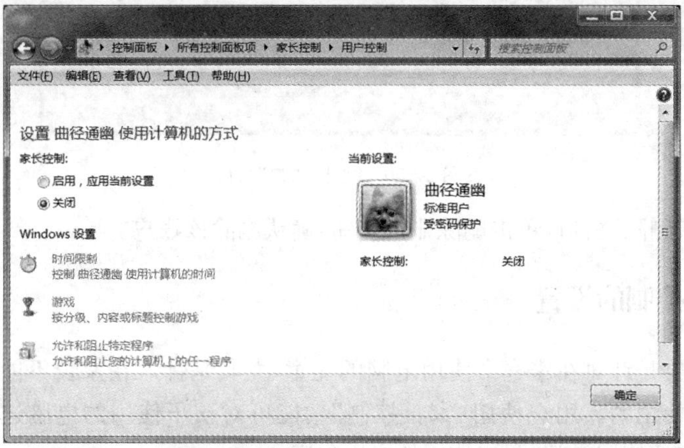

图 2-53 “用户控制”窗口

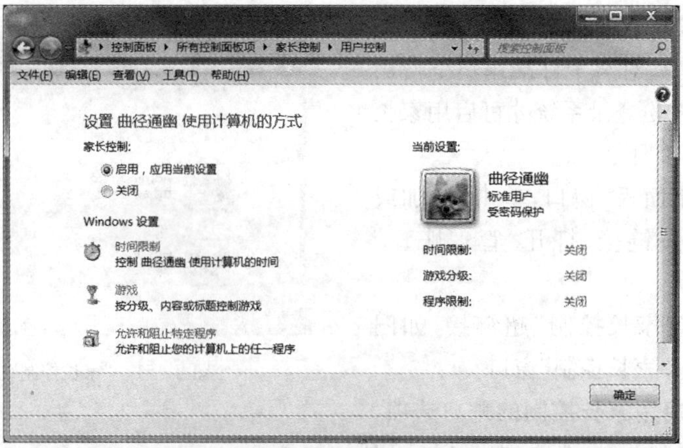

图 2-54 “用户控制”窗口家长选项卡

2. 设置家长控制的内容

在启用账户的家长控制后，需要对家长控制的内容选项进行设置，包括时间限制、游戏和程序限制内容选项。下面具体讲解设置家长控制各内容选项的操作。

(1)时间限制

通过时间限制来控制启用家长控制的账户使用电脑的时间，其操作步骤如下：

①打开“曲径通幽”账户的“用户控制”窗口，单击“时间限制”超链接，打开该账户的“时间限制”窗口，如图 2－55 所示。

图 2－55 “用户控制”窗口的“时间限制”窗口

②通过拖动鼠标控制该账户的使用时间，然后单击确定按钮，如图 2－56 所示为允许星期一至星期五的 14:00～17:00 和星期六的 10:00～20:00 使用电脑。

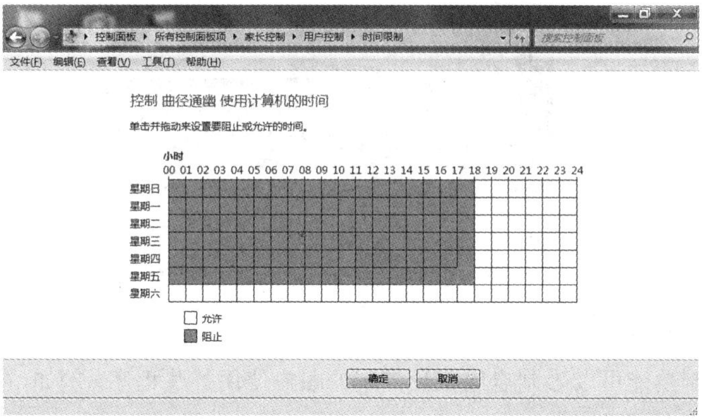

图 2－56 “用户控制”窗口的时间限制设置

(2)限制游戏

限制游戏包括阻止允许所有的游戏或按分级、内容类型阻止允许某些游戏，其操作步骤如下：

①打开“曲径通幽”账户的“用户控制”窗口，单击“游戏”超链接，打开该账户的“游戏控制”窗口。

②如选中“是否允许曲径通幽玩游戏”栏中的“否”单选按钮，可以阻止该用户玩游戏，这里

选中“是”单选按钮，如图 2－57 所示，然后单击“设置游戏分级”超链接。

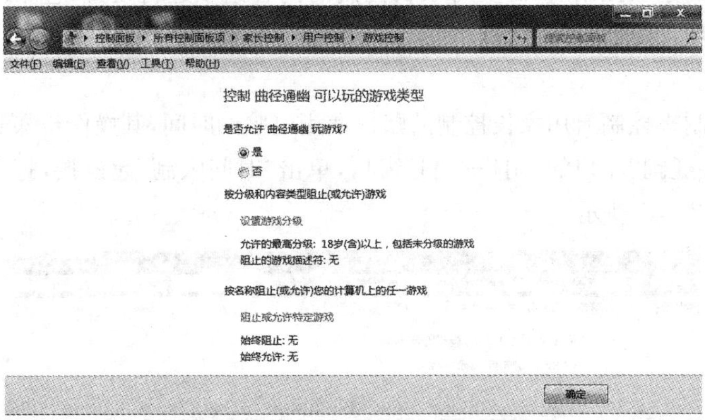

图 2－57 “用户控制”窗口的“游戏控制”窗口

③打开“游戏限制”窗口，设置允许的游戏分级，如选中“儿童”选项前的单选按钮，如图 2－58 所示，将游戏分级限制为“儿童”类。

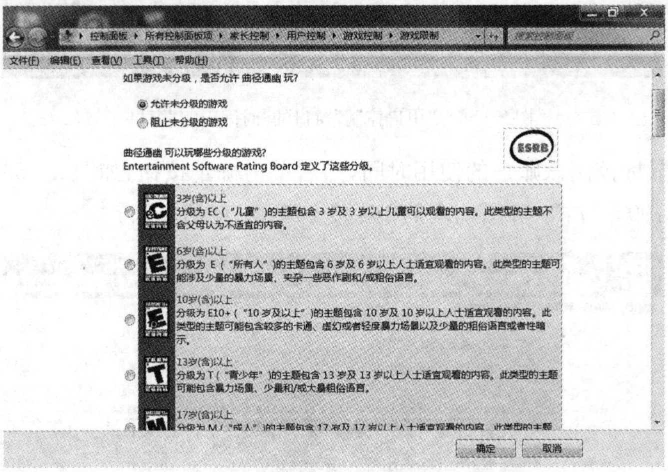

图 2－58 “用户控制”窗口的“游戏限制”窗口

(3)控制程序的使用

应用程序限制功能可以限制启用家长控制的账户使用某些程序。例如，在“曲径通幽”账户中进行限制应用程序的设置，其操作步骤如下：

①打开“曲径通幽”账户的“用户控制”窗口，单击“允许和阻止特定程序”超链接，打开该账户的“应用程序限制”窗口，这里选中“曲径通幽只能使用允许的程序”单选按钮，如图 2－59 所示。

②系统开始搜索程序，搜索完成后，在该窗口的下方将显示搜索的应用程序，如图 2－60 所示。

③在“应用程序限制”窗口的列表框中选中允许使用的程序选项前的复选框，然后单击“确定”按钮。

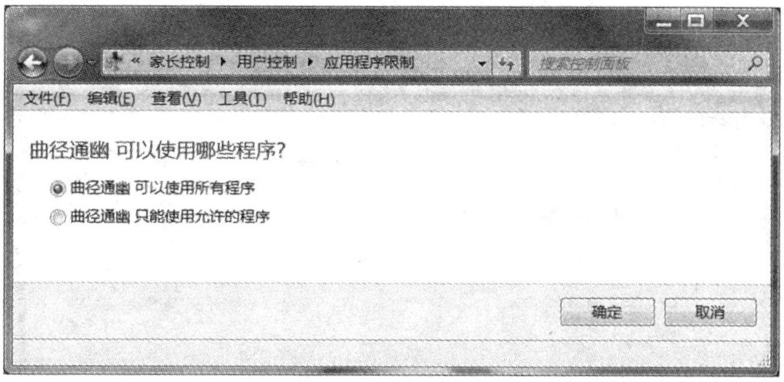

图 2-59 “应用程序限制”窗口

图 2-60 “应用程序限制”窗口

2.9 Windows 7 的附件

2.9.1 写字板

“写字板”程序是 Windows 7 自带的一款功能强大的文字编辑和排版工具，在该程序中用户可以完成输入文本、设置文本的格式、插入图片等基础操作。

1. 写字板的操作界面

要使用写字板必须先启动它，其方法是：选择“开始/所要程序/附件/写字板”命令，打开“写字板”程序，如图 2-61 所示。“写字板”程序由快速访问工具栏、标题栏、功能选项卡和功能区、标尺、文档编辑区及缩放比例工具等组成，其结构与一般窗口基本一致。

下面简要介绍“写字板”程序的组成部分。

快速访问工具栏：快速访问工具栏是 Windows 7 新添到写字板中的功能栏，它便于用户进行保存、撤销和重做等操作，单击快速访问工具栏右侧的按钮，可以将经常使用的工具添加到快速访问工具栏中。

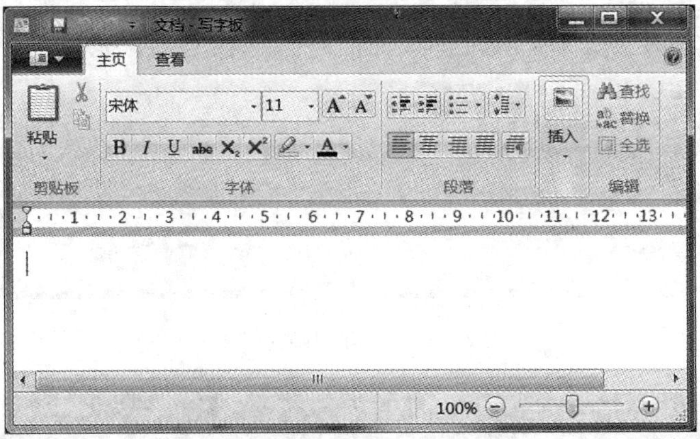

图 2-61 “写字板”程序窗口

标题栏：显示正在操作的文档和程序的名称等信息。在标题栏右侧有三个窗口控制按钮，可对“写字板”窗口执行最小化、最大化或还原和关闭操作。

功能选项卡和功能区：位于标题栏的下方，分为按钮选项卡和功能区，其中选项卡提供了写字板的所有功能，用户只需选择相应的选项卡，在弹出的功能区中选择相应的选项即可完成所需的操作。

标尺：标尺是显示和编辑文本宽度的工具，其默认单位为厘米。

文档编辑区：文本编辑区在写字板工作界面中占用了最大的区域，它主要用于输入和编辑文本。

缩放比例工具：位于窗口右下侧，它用于按一定比例缩小或放大文本编辑区中的信息，单击按钮或拖动滑块即可实现缩小和放大操作。

2. 在写字板中输入文字

要想在写字板中实现输入文字功能，首先要先选择一种适合自己的输入法。Windows 7 自带了一些输入法，它们与微软拼音输入法 2010 相似。下面就以微软拼音输入法 2010 为例进行讲解。

(1)选择汉字输入法

在 Windows 7 中默认的输入法为英文输入，若需要输入中文汉字，则首先要重新选择输入法。其方法是：单击窗口右下方语言栏中的按钮，弹出如图 2-62 所示的输入法列表。该列表显示出 Windows 7 操作系统中已安装的输入法，这里选择“微软拼音新体验 2010”。

(2)微软拼音输入法状态条

将输入法切换到微软拼音输入法 2010 后，会显示如图 2-63 所示的输入法状态条，通过其中的图标可对输入法的状态和输入风格进行设定。

(3)输入文字

在输入文字前需先打开“写字板”程序，再选择输入法，最后进行输入文字的操作。下面在“写字板”中输入文字，练习微软拼音输入法 2010 的使用以及如何在写字板中分段等操作。其操作步骤如下：

①单击开始，在弹出的菜单中选择“所有程序/附件/写字板”命令，打开“写字板”程序。

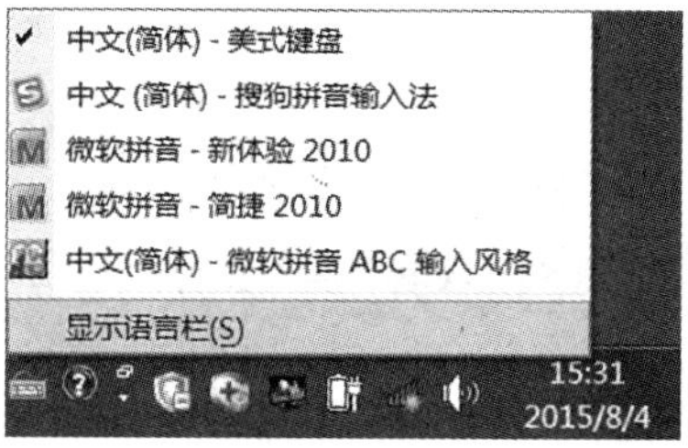

图 2 - 62　输入法列表

图 2 - 63　输入法状态条

②在“写字板”窗口中单击文档编辑区定位于插入点。再单击语言栏中的图标，选择“微软拼音新体验 2010”命令；或按“Shift＋Ctrl”键，切换输入法直到当前输入法为微软拼音新体验 2010 为止。

③输入词组“写字板”的拼音 xieziban，此时在汉字候选框中会出现拼音为 xieziban 的字，按所需汉字对应的数字键即可选择，这里按数字 1 键，如图 2 - 64 所示。

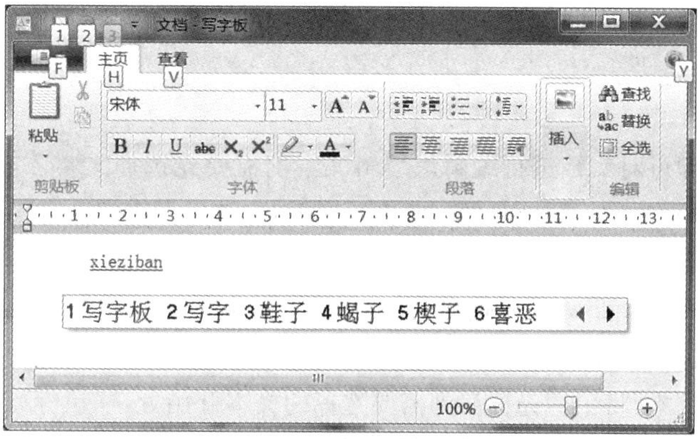

图 2 - 64　“写字板”窗口

④按“Enter”键，将鼠标光标移到下一行，此方法实现分段功能。

⑤按“Shift”键，将输入法状态条中的图标切换为英图标，输入英文“Windows 7”，如图 2 - 65 所示。

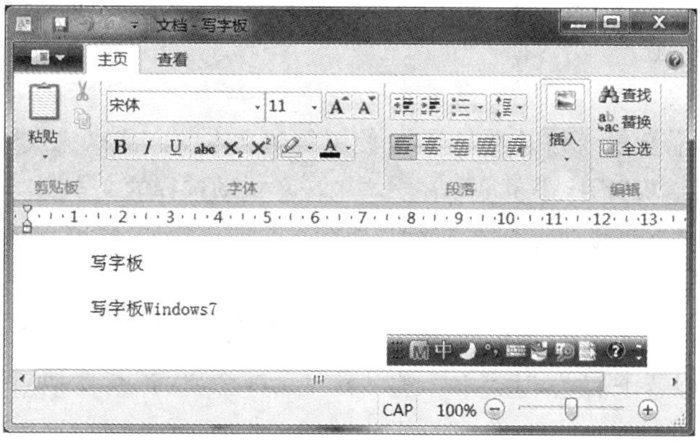

图 2 - 65　“写字板”窗口

⑥按“Shift”键，将英文输入法切换为中文输入法，按照输入单字的办法输入多个字“自带的附件”，按空格键。

⑦输入完毕后，按键盘上的“。”键输入句号，完成输入，如图 2-66 所示。

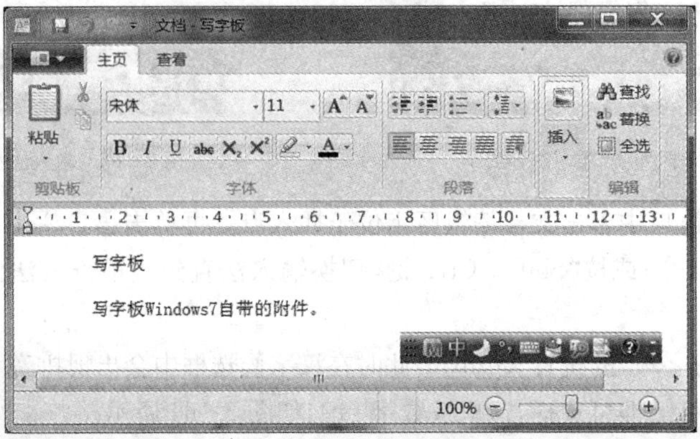

图 2-66　输入法之间切换

3. **文档的编辑**

输入完文字后即可对文档进行编辑。编辑文本前需要先选择文本才能对文本进行复制、移动和粘贴等编辑操作。下面分别对文档的各种编辑方法进行讲解。

(1)选择文本

“写字板”程序和 Windows 7 其他自带的程序一样，提供了多种选择方式，用户可以选择常用或者熟悉的方法进行操作，其选择方法如下。

①选择连续的文本：将鼠标光标移到需要选择的文本开始处，当鼠标光标变成形状时按住鼠标左键并拖动，此时选中的文本内容全部呈蓝底白字显示，选择完成后释放鼠标左键；或者单击需选择文本的开始处，按住“Shift”键不放，按住键盘上的方向键到目标处后，释放“Shift”键即可选择文本。

②选择一行文本：将鼠标移到需要选择的行最左端的空白处，当光标变成形状时，单击鼠标即可选择该行。

③选择整篇文本：将鼠标光标定位到文本的起始位置，按住鼠标左键并拖动至文本末尾处；或者按“Ctrl+A”键。

(2)移动和复制文本

在编辑文本时，若要输入相同的内容，可使用复制文本的方式来完成输入操作，而不需要再重复输入。在“写字板”程序中也可以在文本中任意拖动选择的文本到需要复制的位置。

下面分别讲解复制和移动文本的方法。

复制文本：选择需复制的文本后在其上方单击鼠标右键，在弹出的快捷菜单中选择“复制”命令，再将文本插入点定位到目标位置，单击鼠标右键，在弹出的快捷菜单中选择“粘贴”命令；或者选择需要复制的文本后，按住“Ctrl”键和鼠标左键不放，将其拖动到目标位置同时释放按键。

移动文本：在需移动的文本上单击鼠标右键，在弹出的快捷菜单中选择“剪切”命令，再将文本插入点定位到目标位置，单击鼠标右键，在弹出的快捷菜单中选择“粘贴”命令；或者选择需要移动的文本后，按住鼠标左键拖动到目标位置释放鼠标。

(3)替换文本

当发现文档中某个字或词组输入错误时，可使用写字板中的“替换”命令，将所有输入错误的字词一次修改过来，而不用逐一修改。下面将对“通知”文档中的词组进行替换文本的操作，其操作步骤如下：

①在文档中选择“主页”功能选项卡，单击“编辑”栏下的替换按钮，打开“替换”对话框。在“查找内容”文本框中输入需要替换的文字，这里输入“设计”，在“替换为”文本框中输入“论文”，如图 2-67 所示。

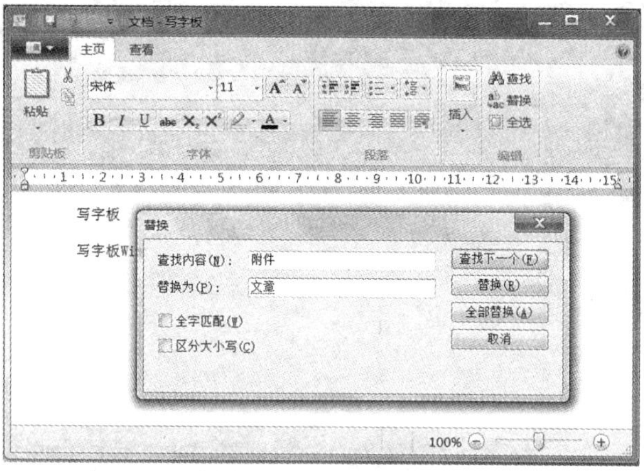

图 2-67 “替换”对话框

②在对话框中单击查找下一个按钮，“写字板”程序将自动找到第一个并呈蓝底白字显示。

③单击替换按钮将查找到的“设计”替换为“论文”，并且系统将自动查找下一个“设计”，连续单击替换按钮；或者单击全部替换按钮。将文本中所有的“设计”替换为“论文”。

④此时将打开“完成替换”提示对话框，如图 2-68 所示，单击确定按钮返回“替换”对话框，单击取消按钮返回“写字板”程序界面。

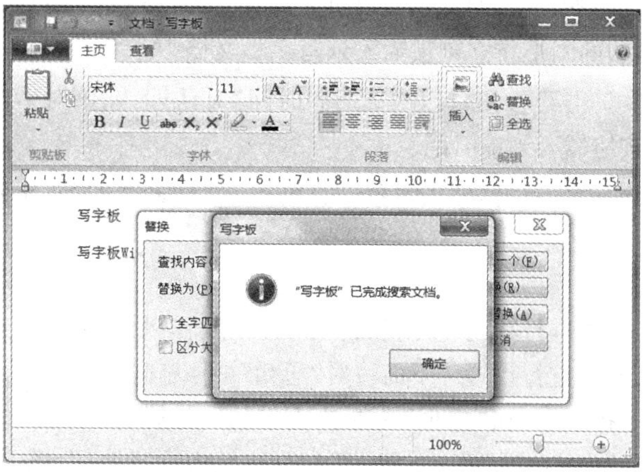

图 2-68 “完成替换”提示对话框

(4)删除文本

要将出错或多余的文本进行删除，可使用以下几种方法：

①将光标移动到需删除的文本右侧，按“Delete”键。

②将光标移动到需删除的文本左侧，按“Backspace”键。

③选择需删除的文本后，按“Delete”键或“Backspace”键。

4. 插入对象

为使文档更加美观，可在写字板中插入图片等对象。其方法是将鼠标光标定位至文档中要插入对象的位置，在“主页”功能选项卡的“插入”栏中单击不同的按钮，可插入不同的对象，如图 2－69 所示。各对象的插入方法如下。

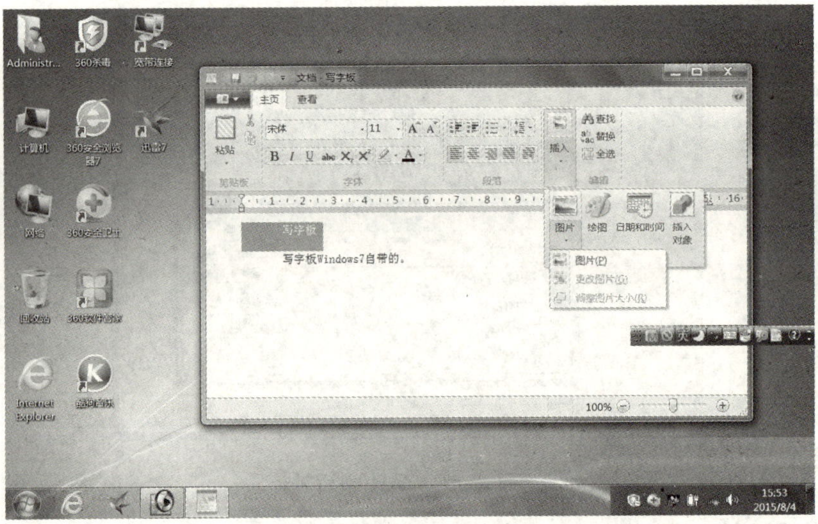

图 2－69 “主页”选项卡的“插入”栏

插入图片：单击图片选项下的按钮，在弹出的下拉列表中选择“图片”选项，在打开“选择图片”对话框中选择图片的位置和图片文件后，单击打开按钮即可插入电脑中已保存的图形文件。

插入绘图：单击按钮，程序自动启动“绘图”程序。在绘制完图形后，关闭“绘图”程序，用户在“绘图”程序中绘制的图形将立刻被插入到写字板文档中。

插入日期和时间：单击按钮，打开“日期和时间”对话框，在该对话框中可选择需插入的时间格式，单击确定按钮插入当前时间。

插入对象：单击按钮，打开“插入对象”对话框，在“对象类型”下拉列表中可选择特殊图形进行插入。

5. 设置文档格式

写字板除了能对文本进行移动、复制和删除等基本操作以外，还能对字体样式、大小、颜色以及段落对齐方式等属性进行设置。下面将对“通知”文档格式进行设置，其操作步骤如下：

①在“通知”中，选择文本，在“主页”功能选项卡的“段落”栏中单击按钮，在字体栏的“字体”下拉列表框中选择“宋体”，在“字体大小”下拉列表框中选择“24”，单击该按钮旁的按钮，在弹出的颜色列表中选择“鲜红”选项。

②选择正文文本，用鼠标左键按住标尺中的按钮不放，调整第一行文字比第二行文字缩进两个字的位置时释放鼠标，用鼠标左键按住标尺中的按钮不放依次将左边的按钮调整到 2 厘米的位置，将右边的按钮调整到 13 厘米的位置。

③单击“字体”栏中的“B”和“7”按钮，用鼠标单击文档空白处，取消文本的选中状态。

6. 文档的保存与打开

在设置好文本后，应将其保存以便下次进行编辑、查看。下面介绍保存和打开文档的方法。

(1)保存文档

文档编辑完成或者正在编辑文档时，应注意及时保存文档。以免因为意外情况丢失文档数据，保存文档的方法有如下几种：

①单击快速访问工具栏中的按钮。

②单击功能选项卡中的 按钮，在弹出的菜单中选择“保存”命令或按“Ctrl+ S”键。

③单击功能选项卡中的 按钮，在弹出的菜单中选择“另存为”命令。

④执行以上操作后，在打开的“保存为”对话框中设置保存位置、文件名及其保存类型，单击“保存”按钮，该方法还可以将已有文档保存到其他位置。

(2)打开文档

在使用电脑的过程中，经常需要对已保存的文档进行查看、编辑或调用。若想打开已保存的文档，可通过以下几种方法：

在“计算机”窗口中，打开存放文档文件夹，双击文档图标。

在“计算机”窗口中，打开存放文档文件的文件夹，在文档图标上单击鼠标右键，在弹出的快捷菜单中选择“打开方式/写字板”命令。

启动“写字板”程序，单击按钮，在弹出的菜单中单击“打开”按钮或者按“Ctrl+0”键。打开“打开”对话框，选择文档所在的位置后，在右侧的列表框中选择需打开的写字板中文件，单击“打开”按钮。

2.9.2 画图程序

在 Windows 7 中用户除了能对文字进行编辑外，还能对图形图像进行绘制和编辑。画图程序就是 Windows 7 自带的一款集图形绘制与编辑功能于一身的软件。

1. 认识画图程序的界面

画图程序界面简洁，操作也非常简单，打开“绘图”程序的主要方法是：选择“开始/附件/画图”命令。打开“画图”窗口后，出现如图 2-70 所示的操作界面。下面将简要介绍“画图”程序中特有的组成部分。

绘图区：该区域是画图程序中最大的区域，用于显示和编辑当前图形图像效果。

状态栏：显示当前操作图形的相关信息，如鼠标光标的像素位置、当前图形宽度像素和高度像素，以便绘制出更精确的图像。

在创作图形图像时，需要借助画图程序中自带的工具，画图程序中所有的绘制命令都集成在“主页”选项卡中。下面介绍工具栏各种工具的特点及用途。

“图像”栏：主要用于选择命令，根据选择文件的不同，可选用矩形选择和自由图形选择等方式。单击“选择”选项下的按钮可弹出选择方式下拉列表。“裁剪”选项可在建立各选区后，裁剪图形中的某部分。“重新调整大小”选项可对图形进行放大/缩小处理。“旋转”选项可对图形进行旋转。

“工具栏”：提供了绘制图形时所需的各种常用工具，单击其中的按钮即可使用选取的工具。

选择其中某些工具可激活其他栏中的选项。工具栏中主要有铅笔、油漆桶（填充工具）、插入文字、橡皮擦、吸管（吸取颜色工具）和放大/缩小等工具。

“刷子”选项：单击“刷子”选项下的按钮会弹出下拉列表。其中显示了画图程序自带的9种刷子格式。这9种刷子分别模拟了现实中的9种画笔质感。单击任意刷子按钮即可使用刷子功能绘制图形。

“形状”栏：单击“形状”选项下的按钮，将显示画图程序提供的23种基本图形样式，如图2－70所示，单击下拉列表中的任意按钮，可在画布中绘制选择的图形，使用形状工具绘制图形后，该栏中的轮廓和填充按钮将被激活。

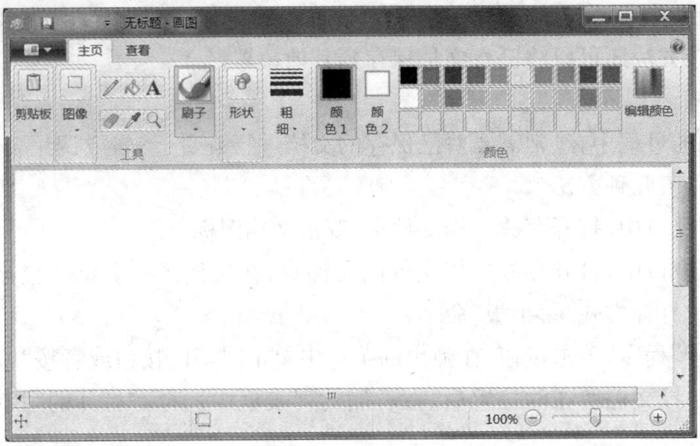

图2－70 “画图”窗口

“颜色”栏：分为“颜色1”选项“颜色2”选项，颜色块和编辑颜色选项，如图2－70所示。“颜色1”为前景色，用于设置图像的轮廓线颜色。“颜色2”为背景色，用于设置图像的填充色。单击“颜色1”或“颜色2”选项后，再选择颜色块中的任意颜色即可设置“颜色1”或“颜色2”的颜色。

“粗细”选项：用于设置所有绘制工具的粗细程度，选择绘制工具后，单击该选项下的按钮会弹出如图2－70所示的下拉列表，在列表中选择任意选项即可调整当前工具的绘制宽度。

2. 绘制图形

在学习完各工具的作用后，即可尽情发挥想象完成图形的绘制了，绘制图形时要注意各工具的搭配，它们搭配之后会产生意想不到的效果。下面就以绘制“七星瓢虫”为例学习“画图”程序，其操作步骤如下：

①选择“开始/附件/画图”命令，启动“画图”程序。

②在工具箱中选择“直线”工具，将其线宽设置为最粗。

③选择“椭圆”工具，将其模式设置为“线框”(最上面一个)，在画布上绘制一个较大的椭圆(代表七星瓢虫的身体轮廓)；在该椭圆上方继续绘制一个较小的椭圆(代表七星瓢虫的头部轮廓)，并利用橡皮擦工具擦除部分多余线条。

④选择“直线”工具，在大椭圆内绘制一条位置居中的直线。

⑤再次选择“椭圆”工具，将其模式设置为“只有填色”(最下面一个)，按住 shift 键，在直线靠上的位置画出一个实心的正圆；采用同样的方法，在直线左侧绘制 3 个大小不等的实心正圆。

⑥利用“任意形状”的选择工具，将直线左侧的 3 个正圆选中并复制，粘贴后得到一个图形，执行“图像\旋转和翻转\水平翻转”，然后将新图形移动至直线右侧，调整其位置，尽量保证左右两边图形对称。

⑦选择“用颜色填充”工具，将七星瓢虫的身体和头部均填充红色，效果如图 2-71 所示。

⑧利用曲线工具(线宽为最粗，颜色为棕色)，绘制出七星瓢虫的一对触角，借助椭圆工具(模式为“只有填色”，颜色为红色)，在触角顶端分别添加一个实心正圆。

⑨最后利用椭圆和直线工具，分别绘制七星瓢虫的 2 只眼睛和 6 条腿(注意左右对称)，至此完成整体图形的制作，最终效果如图 2-72 所示。

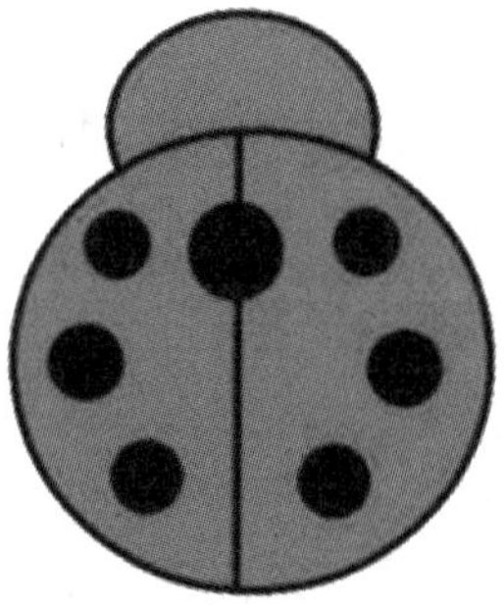

图 2-71

图 2-72

3. **编辑图形**

“画图”程序除了能绘制出基本的图形外，还能对图片进行基础编辑。下面介绍“画图”程序常用的编辑方式。

(1)打开图形文件

用“画图程序”编辑打开的图片有以下几种方法：

①在“计算机”窗口中打开存放文档文件的文件夹，在该文件夹图标上单击鼠标右键，选择“打开方式/画图”命令。

②启动“画图”程序，单击“开始”按钮，在弹出的快捷菜单中选择“打开”命令或按住“Ctrl+O”键。在“打开”对话框中打开所需编辑的图像的位置，单击“打开”按钮。

(2)翻转与旋转图形

若打开的图形不是正常显示，则可以使用画图程序中的旋转命令进行编辑。

在打开的“画图”窗口中单击旋转按钮，在弹出的下拉列表中选择需旋转的方向和角度，如选择“向左旋转 90 度”选项。

(3)调整与扭曲图形

当对图像大小不满意时,可通过“重新调整大小”命令放大或缩小图形。在编辑图形时,若想对图片进行一些特殊应用,可将图片设置为扭曲效果。

调整图形:打开“画图”窗口,单击重新调整大小按钮,将弹出“调整大小和扭曲”对话框,如图 2-73 所示。在“重新调整大小”栏的“水平”文本框中输入 1～500 的一个数值,调整图形的大小,应该注意的是,不要取消选中保持纵横比复选框,否则图片将变形。

图 2-73 “调整大小和扭曲”对话框

扭曲图形:打开“画图”窗口,单击重新调整大小按钮,将弹出“调整大小和扭曲”对话框,在“倾斜(角度)”栏的水平选项中输入 45 的数字,完成扭曲操作,如图 2-74 所示。

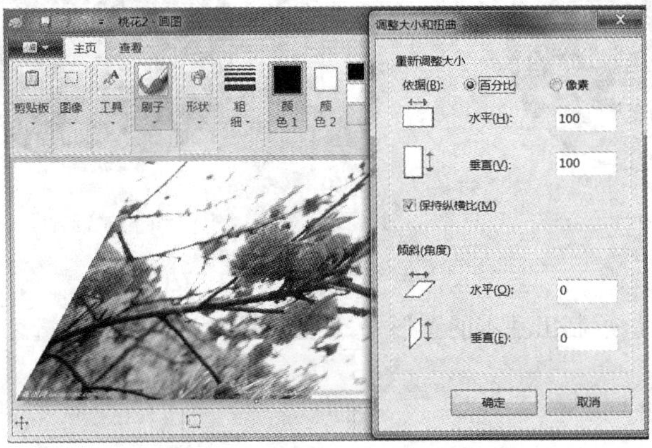

图 2-74 图片倾斜效果

(4)裁剪、缩放图形

“画图”程序不但能对图形进行整体处理,还能对其进行局部处理。如裁剪、缩放和移动等操作。其方法介绍分别如下:

裁剪图形:当图形中有多余部分想去除时,可使用画图程序中的裁剪功能。其方法是在“图像”栏中单击“选择”下的按钮,在弹出的下拉列表中选择“矩形”选项,框住需要保留的部分,此时图像中将出现一个黑色虚线框。与此同时,图像栏中的按钮被激活。单击按钮,程序将自动裁剪掉多余的部分,如图 2-75 所示。

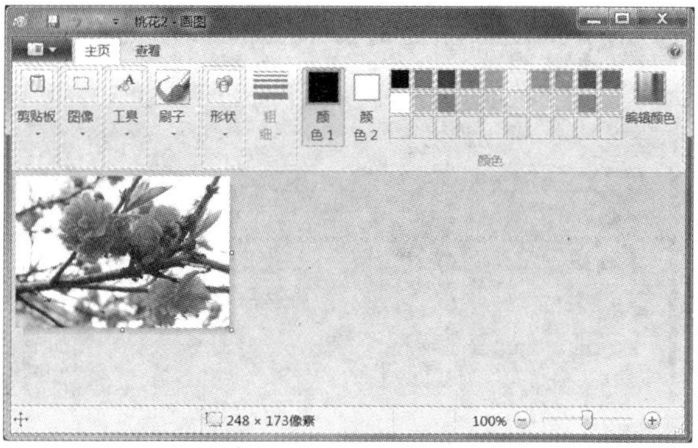

图 2-75　图片裁剪效果

缩放图形:若想突出图形的某部分,可使用缩放功能,其方法是单击“图像”栏中“选择”下的按钮,在弹出的下拉列表中选择“矩形”选项。在需特别放大的位置画出一个选区,释放鼠标左键后,选区将变成一个矩形虚线框,将鼠标光标放在矩形框右上角,当鼠标光标变成形状时,按住鼠标左键不放左右拖动,图像即会放大或缩小,释放鼠标左键完成操作。如图 2-76 所示,是使用了局部放大的效果。

图 2-76　图片拖放效果

4. 图形的保存

图形绘制、编辑完成后可以使用保存或另存为命令,将其存放在磁盘中,以便进行打印和查看等操作。

图形的保存方法有如下几种:

①单击按钮,在弹出的菜单中单击按钮,或者按“Ctrl+S”键。此时如果是第一次保存,系统将打开“保存为”对话框。

②单击按钮,在弹出的菜单中单击按钮或按 F12 键。在打开的“另存为”对话框中,找到所需编辑的图像的位置,设置名称后单击“保存”按钮。

③单击“另存为”命令旁边的按钮保存图像时,画图程序默认的存储类型有 Png、jpeg、bmp、gif 等格式,如图 2-77 所示。应该注意的是,将编辑图形进行保存操作时,不管是否是第一次执行保存命令,程序都不会打开“另存为”对话框,此时若想改变图形的文件类型,必须使用“另存为”命令。

图 2－77　图形“另存为”对话框

2. 9. 3　截图工具

当遇到特殊情况，无法使用语言解释而需要用到图片才能说明情况时，可以使用 Windows 7 自带的截图工具截取电脑中的图片。

打开“截图工具”的主要方法是选择“开始/附件/截图工具”命令，打开如图 2－78 所示的“截图工具”窗口，下面介绍它们的特点和使用方法。

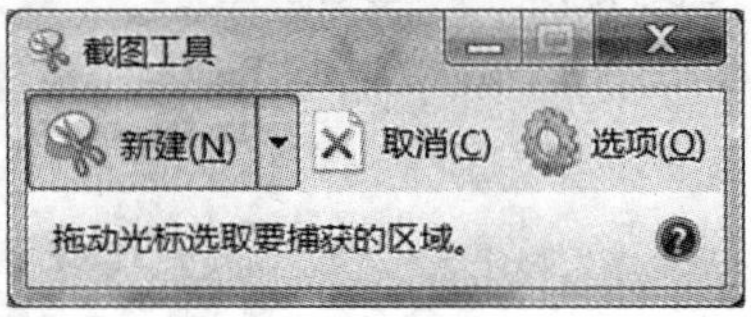

图 2－78　“截图工具”窗口

在 Windows 7 中截图的方式分为任意截图和窗口截图两种。

1. 任意截图

任意截图适用于仅需要部分窗口、元素或者在图片需要特别标注就能说明的情况，其操作步骤如下：

（1）启动截图工具，单击“新建”按钮，此时，除截图工具窗口以外的所有屏幕有效位置都像被一张白色半透明的玻璃纸覆盖住了一样。

（2）当鼠标光标变成“＋”形时，将鼠标光标移到所需截图的位置，按住鼠标左键不放拖动鼠标，被选中的区域白色玻璃纸效果将消失，图像变得清晰，选中框成红色实线显示。

（3）选取好所需元素后释放鼠标左键，释放鼠标左键后打开“截图工具”编辑窗口，如图 2－79所示。

图 2－79　“截图工具”编辑窗口

完成编辑后可以对其进行编辑，如勾画重点、备注等，截图工具中的编辑工具与画图中的相似。

任意截图除了能对图像进行矩形截图外还能完成任意格式截图，其方法是：单击新建按钮旁的按钮，在弹出的下拉列表中选择“任意格式截图”选项，此时鼠标光标变为形状，然后画出需截图部分即可完成截图。

完成图形的截取后，单击按钮或选择“文件/另存为”命令都可打开“另存为”对话框，

选择存放位置后，单击保存按钮完成操作。

2. 窗口截图

窗口截图的方法与任意截图的方法相似，不同的是窗口截图能快速截取整个窗口的信息，窗口截图的操作步骤如下：

(1)打开“截图”程序，单击新建按钮旁的按钮，在弹出的下拉列表中选择“窗口截图”选项。

(2)单击新建按钮，此时当前窗口周围将出现红色边框，表示该窗口为截图窗口，单击鼠标左键确定截图。

3. 全屏截图

与窗口截图相似的还有全屏截图，当使用全屏截图时，程序会自动将当前桌面上的所有信息都作为截图内容，全屏截图的操作步骤如下：

(1)打开截图程序，在新建下拉列表中选择“窗口截图”选项。

(2)单击新建按钮旁的按钮，在弹出的下拉列表中选择“全屏截图”选项，程序会立刻将选择“全屏截图”那一刻的窗口信息放入“截图编辑窗口”。

除了以上窗口截图和截屏方式外，还可以通过键盘上的“Print Screen Sysrp”键，进行截取全屏的操作，与“截屏工具”最大的不同是，当按“Print Screen Sysrp”键截屏完成后，不会打开“截屏工具”编辑窗口，此时所截信息已自动存放于剪贴板中。

【巩固练习】

1. 在一台有16G内存的计算机上，你所安装的 Windows 7 的下列哪些版本能够充分利用硬件资源？（选择所有正确的选项）

   A. Windows 7 Ultimate×86　　B. Windows 7 Prof essional×64

   C. Windows 7 Enterprise×86　　D. Windows 7 Home Premium×64

2. 你的计算机正在运行着 Windows XP 系统，假如你想再安装 Windows 7 支持双系统启动，你的计算机最少应该有几个卷？

   A. 1　　B. 2　　C. 3　　D. 4

3. 在一个外部 USB 驱动器指定硬盘盘符为 G:，你想在一个名字为 Windows 7 的文件夹里，创建一个 20GB 的名字为 System vhd 本地虚拟硬盘，你应该使用哪一条命令？

   A. create vdisk file=g:\Windows 7\system vhdmaximum=20000

   B. create vdisk file=g:\Windows 7\system vhd. vhd maximum=20000

   C. create vdisk file=g:\Windows 7\system vhd. vhd maximum=20

   D. create vdisk file=g:\Windows 7\system vhd maximum=20

4. 你管理一台运行着 Windows 7 的计算机。你要判断在上周安装了哪些应用程序，在哪个 Windows 组件中可以找到这些信息？

A. 在控制面板中查看 Windows 系统变动日志

B. 在控制面板—系统和安全下的系统日志中查看应用程序日志

C. 在控制面板—程序中查看添加/删除程序日志

D. 在系统性能监视控制台中查看 Windows 系统诊断报告

E. 在可靠性监视器中检查信息日志

5. 现在有多个用户登录到 Windows 7 操作系统中。你需要拒绝一个用户访问计算机上的可移动设备,而其他用户可以访问驱动器。你该执行什么操作?

A. 在设备管理器中修改每一个要移动设备设置

B. 在本地组策略中修改应用程序控制策略

C. 在本地组策略中修改可移动设备接入策略

D. 在控制面板中修改 Bitlocker 驱动器加密策略

6. 你能够用下列哪个工具迁移你的电源计划从一台 Windows 7 计算机到另一台计算机?

A. The Power Options control panel　　B. Gpedit. msc

C. Power cfg. exe　　D. Bcdedit. exe

7. 你负责管理一个具有 30 台运行 Windows 7 的机器的学生实验室,这些客户端都不是域的成员,但是都是相同的 HomeGroup 的成员。你已经配置了一台 UAC 策略的计算机,你希望将这些策略应用到实验室中 30 台机器上。你可以使用哪些工具?(选择所有适用选项)

A. 本地组策略编辑器控制台　　B. 计算机管理控制台

C. 用户账户控制设置　　D. 本地安全策略

8. 以下哪项不是 Windows 7 安装的最小需求?

A. 1G 或更快的 32 位(×86)或 64 位(×64)处理器

B. 4G(32 位)或 2G(64 位)内存

C. 16G(32 位)或 20G(64 位)可用磁盘空间

D. 带 WDDM1.0 或更高版本的 DirectX9 图形处理器

习题参考答案

1. BD
2. B
3. B
4. BE
5. B
6. C
7. AD
8. B

第 3 章　中文字处理软件 Word2010

Office 2010 套件中的中文 Word 2010，是一款功能强大、界面友好、操作简便的文字处理软件之一。利用它不仅可以创建普通 Web、电子邮件、打印文档、插入各种图片和剪贴画，还可以制作各种商业表格等。

3.1　中文 Word 2010 概述

Word 2010 是 Microsoft 公司开发的 Office 2010 办公组件之一，Word 主要版本有：1989 年推出的 Word 1.0 版、1992 年推出的 Word 2.0 版、1994 年推出的 Word6.0 版、1995 年推出的 Word 95 版(又称作 Word 7.0，因为是包含于 Microsoft Office 95 中的，所以习惯称作 Word95)、1997 年推出的 Word 97 版、2000 年推出的 Word 2000 版、2002 年推出的 Word XP 版、2003 年推出的 Word 2003 版、2007 年推出的 Word 2007 版、2010 年推出的 Word 2010 版。

3.1.1　新版本的改进

1. 发现改进的搜索与导航体验

在 Word 2010 中，可以更加迅速、轻松地查找所需的信息。利用改进的新“查找”体验，您现在可以在单个窗格中查看搜索结果的摘要，并单击以访问任何单独的结果。改进的导航窗格会提供文档的直观大纲，以便于您对所需的内容进行快速浏览、排序和查找。

2. 与他人协同工作，而不必排队等候

Word 2010 重新定义了人们可针对某个文档协同工作的方式。利用共同创作功能，您可以在编辑论文的同时，与他人分享您的观点。您也可以查看正与您一起创作文档的他人的状态，并在不退出 Word 的情况下轻松发起会话。

3. 几乎可从任何位置访问和共享文档

在线发布文档，然后通过任何一台计算机或您的 Windows 电话对文档进行访问、查看和编辑。借助 Word 2010，您可以从多个位置使用多种设备来尽情体会非凡的文档操作过程。

Microsoft WordWeb App。当您离开办公室、出门在外或离开学校时，可利用 Web 浏览器来编辑文档，同时不影响您的查看体验的质量。

Microsoft Word Mobile 2010。利用专门适合于您的 Windows 电话的移动版本的增强型 Word，保持更新并在必要时立即采取行动。

4. 向文本添加视觉效果

利用 Word 2010 可以像应用粗体和下划线那样，将诸如阴影、凹凸效果、发光、映像等格式效果轻松应用到文档文本中。可以对使用了可视化效果的文本执行拼写检查，并将文本效果添加到段落样式中。现在可将很多用于图像的相同效果同时用于文本和形状中，从而使您能够无缝地协调全部内容。

5. 将文本转换为醒目的图表

Word 2010 提供了让文档增加视觉效果的更多选项。从众多的附加 Smar tArt&reg 图形中进行选择，从而只需键入项目符号列表，即可构建精彩的图表。使用 SmartArt 可将基本的要点句文本转换为引人入胜的视觉画面，以更好地阐释您的观点。

6. 为您的文档增加视觉冲击力

利用 Word 2010 中提供的新型图片编辑工具，可在不使用其他照片编辑软件的情况下，添加特殊的图片效果。您可以利用色彩饱和度和色温控件来轻松调整图片。还可以利用所提供的改进工具来更轻松、精确地对图像进行裁剪和更正，从而有助于您将一个简单的文档转化为一件艺术作品。

7. 恢复您认为已丢失的工作

在某个文档上工作片刻之后，您是否在未保存该文档的情况下意外地将其关闭？没关系。利用 Word 2010，可以像打开任何文件那样轻松恢复最近所编辑文件的草稿版本，即使您从未保存过该文档也是如此。

8. 跨越沟通障碍

Word 2010 有助于您跨不同语言进行有效的工作和交流。比以往更轻松地翻译某个单词、词组或文档。针对屏幕提示、帮助内容和显示，分别对语言进行不同的设置。利用英语文本到语音转换播放功能，为以英语为第二语言的用户提供额外的帮助。

9. 将屏幕截图插入到文档

直接从 Word 2010 中捕获和插入屏幕截图，以快速、轻松地将视觉插图纳入到您的工作中。如果使用已启用 Tablet 的设备（如 TabletPC 或 Wacom Tablet），则经过改进的工具使设置墨迹格式与设置形状格式一样轻松。

10. 利用增强的用户体验完成更多工作

Word 2010 可简化功能的访问方式。新的 Microsoft Office Backstage 视图将替代传统的“文件”菜单，从而您只需单击几次鼠标即可保存、共享、打印和发布文档。利用改进的功能区，可以更快速地访问您的常用命令，方法为：自定义选项卡或创建您自己的选项卡，从而使您的工作风格体现出您的个性化经验。

3.1.2 功能区

Microsoft Word 从 Word 2007 升级到 Word 2010，其最显著的变化就是使用“文件”按钮代替了 Word 2007 中的 Office 按钮，使用户更容易从 Word 2003 和 Word 2000 等旧版本中转移。另外，Word 2010 同样取消了传统的菜单操作方式，而代之以各种功能区。

在 Word 2010 窗口上方看起来像菜单的名称其实是功能区的名称，当单击这些名称时并不会打开菜单，而是切换到与之相对应的功能区面板。每个功能区根据功能的不同又分为若干个组，每个功能区所拥有的功能如下所述：

1.“开始”功能区

“开始”功能区中包括剪贴板、字体、段落、样式和编辑五个组，对应 Word 2003 的“编辑”和“段落”菜单部分命令。该功能区主要用于帮助用户对 Word 2010 文档进行文字编辑和格式设置，是用户最常用的功能区。

2.“插入”功能区

“插入”功能区包括页、表格、插图、链接、页眉和页脚、文本、符号和特殊符号几个组，对应 Word 2003 中“插入”菜单的部分命令，主要用于在 Word 2010 文档中插入各种元素。

3.“页面布局”功能区

“页面布局”功能区包括主题、页面设置、稿纸、页面背景、段落、排列几个组，对应 Word 2003 的“页面设置”菜单命令和“段落”菜单中的部分命令，用于帮助用户设置 Word 2010 文档页面样式。

4.“引用”功能区

“引用”功能区包括目录、脚注、引文与书目、题注、索引和引文目录几个组，用于实现在 Word 2010 文档中插入目录等比较高级的功能。

5.“邮件”功能区

“邮件”功能区包括创建、开始邮件合并、编写和插入域、预览结果和完成几个组，该功能区的作用比较专一，专门用于在 Word 2010 文档中进行邮件合并方面的操作。

6.“审阅”功能区

“审阅”功能区包括校对、语言、中文简繁转换、批注、修订、更改、比较和保护几个组，主要用于对 Word 2010 文档进行校对和修订等操作，适用于多人协作处理 Word 2010 长文档。

7.“视图”功能区

“视图”功能区包括文档视图、显示、显示比例、窗口和宏几个组，主要用于帮助用户设置 Word 2010 操作窗口的视图类型，以方便操作。

8.“加载项”功能区

“加载项”功能区包括菜单命令一个分组，加载项是可以为 Word 2010 安装的附加属性，如自定义的工具栏或其他命令扩展。在“加载项”功能区，可以在 Word 2010 中添加或删除加载项。

3.1.3 中文 Word 2010 的启动和退出

1. 启动中文 Word 2010

通常，启动 Word 2010 的方式有三种：

(1)使用“开始”菜单

执行“开始”→“程序”→“Microsoft office→ Microsoft Word 2010”，即可启动中文 Word 2010。

(2)使用快捷方式

对于经常使用的程序，可以在桌面上创建其快捷方式图标，双击该图标即可启动程序。创建 Word 2010 程序快捷方式图标的具体操作为：鼠标右键单击展开的“Microsoft office”菜单项，并在弹出的快捷菜单中选择“发送到”→“桌面快捷方式”菜单项。

(3)双击已有的 Word 文档

如果用户的硬盘上存放有 Word 2010 文档，系统中又安装有 2010 程序，只要在“我的电脑”窗口中找到这个文档双击即可。

2. **退出中文 Word 2010**

如果要退出中文 Word 2010，最常用的方式有两种：

(1)单击程序标题栏右侧的“关闭”按钮。

(2)单击“文件”菜单，在展开的界面中单击左侧的“退出”项。

如果在退出中文 Word 2010 时文档尚未保存，则中文 Word 2010 会自动提示是否保存所进行的修改，选择“是”则保存修改后的文档；选择“否”则放弃修改而退出中文 Word 2010；选择 “取消”则放弃退出操作并返回中文 Word 2010 窗口。

3. 1. 4 中文 Word 2010 的窗口组成

启动中文 Word 2010 后，屏幕将出现如图 3 - 1 所示的中文 Word 2010 窗口。它由标题栏、快速访问工具栏、控制菜单图标、功能区、“编辑”窗口、滚动条、状态栏等部分组成，各部分的作用介绍如下：

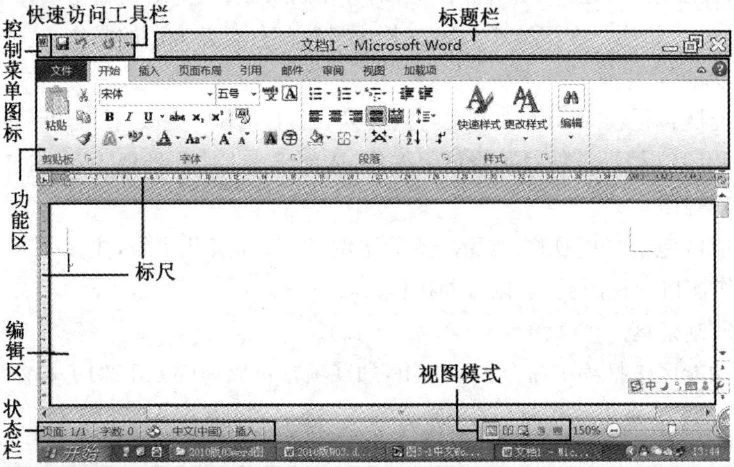

图 3 - 1 中文 Word 2010 窗口组成

1. **标题栏**

标题栏位于屏幕最上方，呈深蓝色，显示应用程序的名称及本窗口所编辑文档的文件名和一些窗口控制按钮。

当启动中文 Word 2010 时，当前的工作窗口为空，中文 Word 2010 自动命名为文档 1，在存盘时可以由用户输入一个合适的文件名。

2. **快速访问工具栏**

为了便于用户操作，系统提供了快速访问工具栏，主要放置一些在编辑文档时使用频率较高的命令。默认情况下，该工具栏位于控制菜单按钮右侧，其中包含了“保存”“重复”和“撤销”按钮。

3. 控制菜单图标

该图标位于窗口左上角，单击该图标，会打开一个窗口控制菜单，通过该菜单可执行还原、最小化和关闭窗口等操作。

4. 功能区

Word 2010 将其大部分功能命令分类放置在功能区的各选项卡中，如“文件”“开始”“插入”“页面布局”“引用”“邮件”“审阅”“视图”。在每一个选项卡中，命令又被分成了若干个组，如图 3－2 所示。要执行某项命令，可先单击命令所在的选项卡的标签切换到该选项卡，然后再单击需要的命令按钮即可。

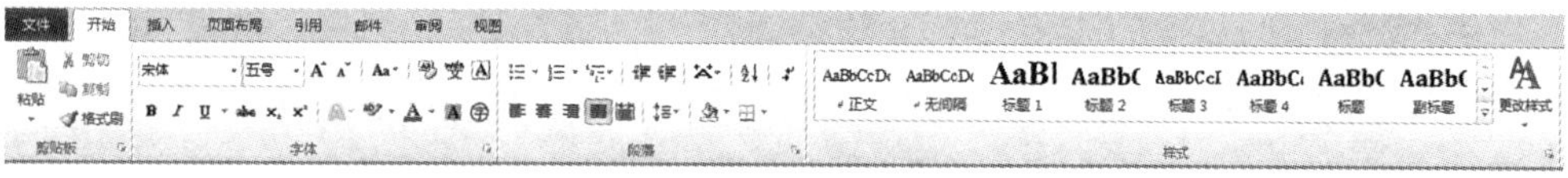

图 3－2　功能区

5. 编辑区

在 Word 2010 中，大块空白区域即为编辑区，用户可在该区域内输入文本、插入图片，或对文档进行编辑、修改和排版等。在编辑区左上角有一个闪烁的光标，成为插入符，用于指示当前的编辑位置。

6. 状态栏

状态栏位于 Word 文档窗口底部，其左侧显示了当前文档的状态和相关信息，右侧显示的是视图模式和视图显示比例。

7. 标尺

标尺也是一个可以选择的栏目，它可以调整文本段落的缩进，在左、右两边分别有左、右缩进标志，文本的内容被限制在左、右缩进标志之间。随着左、右缩进标志的移动，文本可以自动地做相应的调整。要显示或隐藏标尺，通过“视图”选项卡可以找到“标尺”命令来控制。

3.2　中文 Word 2010 的基本操作

3. 2. 1　建立文档

在启动中文 Word 2010 的同时，中文 Word 2010 会自动创建一个名为“文档 1”的空文档编辑窗口，如图 3－3 所示。

中文 Word 2010 可以同时创建或打开多个文档。启动中文 Word 2010 后，可以采用以下方法中的任何一种来建立新文档。

（1）按“Ctrl＋N”组合键可快速创建一个空白文档。

（2）单击“文件”选项卡，在打开的界面中选择左侧窗格的“新建”项，此时在界面右侧窗格的“可用模板”列表中的“空白文档”选项被自动选中，单击“创建”按钮，如图 3－4 所示，即可完成空白文档的创建。

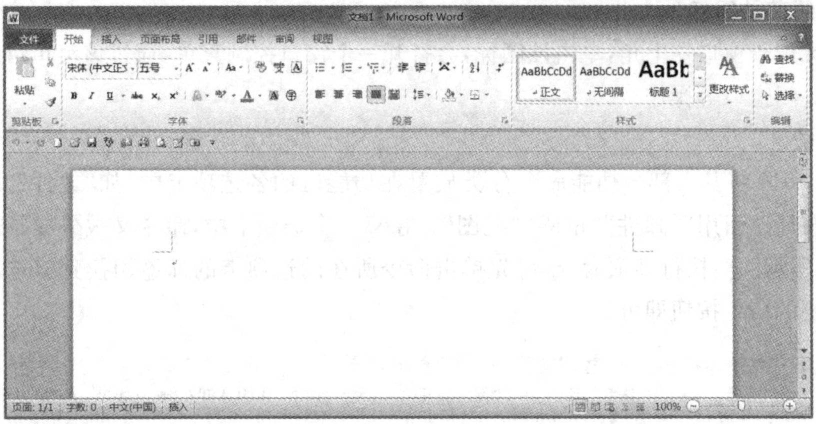

图 3－3　新建空白文档

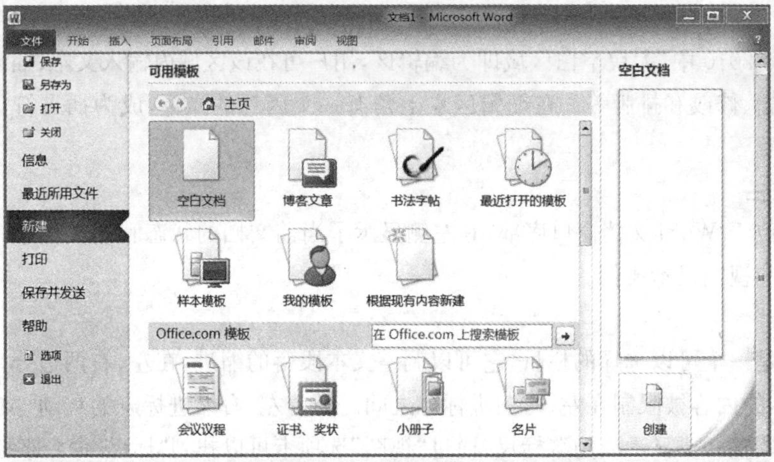

图 3－4　创建空白文档

(3)在 Word 2010 中，提供了各种类型的文档模板，有效利用这些模板，可快速创建带有相应格式和内容的文档。要应用模板创建文档，在"可用模板"列表中选择"样本模板"选项，然后在列表中选择想要使用的模板类型，如"黑领结合并信函"，右侧选择"文档"单选框，最后单击"创建"按钮即可。如图 3－5 所示。

3. 2. 2　打开文档

如果要显示或修改以前保存过的文档，最常用的方法是利用"文件"选项卡中的"打开"命令，其操作方法如下：

(1)按"Ctrl＋O"组合键，或单击"文件"选项卡，在打开的界面中选择左侧窗格中的"打开"项，打开"打开"对话框。

(2)在"查找范围"下拉列表中选择文档所在的位置，然后选择要打开的文档，最后单击"打开"按钮，即可打开所选的文档，如图 3－6 所示。

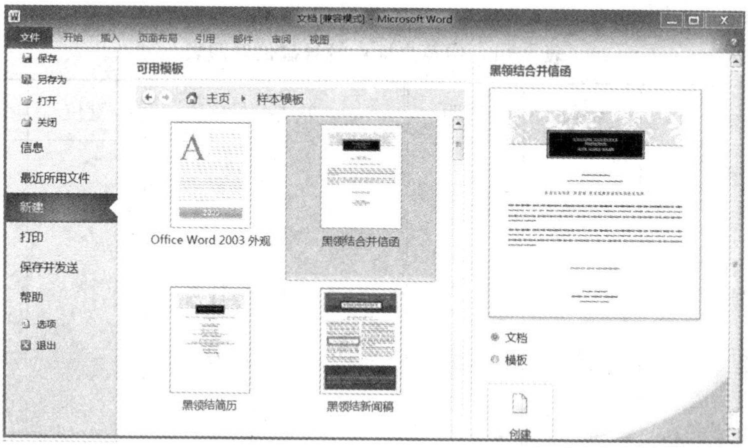

图 3-5　利用模板创建文档

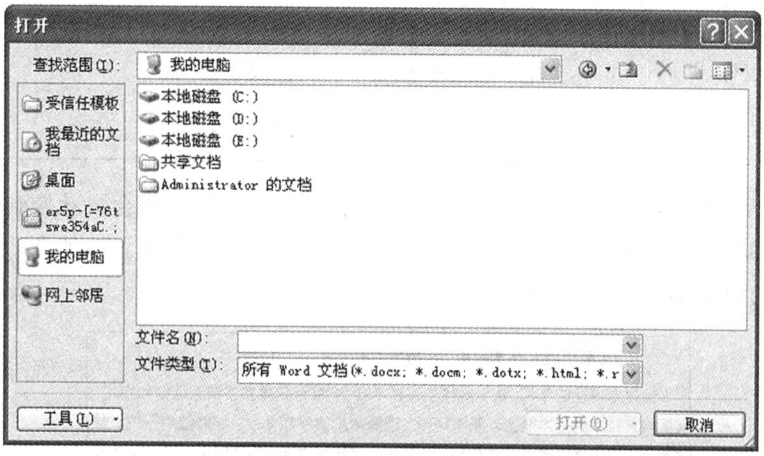

图 3-6　利用文件选项卡的打开命令打开文档

若要打开最近编辑过的文档，可单击"文件"选项卡标签，在打开的界面中部显示了最近打开的文档列表(默认为 25 个)，单击所需要的文档名称即可将其打开。界面的右侧窗格对应显示了文档所在的位置。

3.2.3　输入文本

新建或打开文档后，编辑窗口内有一个闪烁的插入点，用户键入的字符就显示在插入点的左面，插入点自动向右移动。如果要录入汉字，则先要切换到汉字输入法状态。

中文输入法的使用：选用一种中文输入法后，会出现相应的输入法状态窗。在汉字输入法状态下，若在文章中插入大写英文字母，可以用鼠标单击输入法状态窗中的"中英文切换"按钮进行切换。当"中英文切换"按钮的图标变成"A"时，表明已进入大写英文的输入状态。

用户也可以通过快捷键"Ctrl+Space"或者单击"任务栏"上的"输入法指示器"，在弹出的"语言"菜单中选择英文输入法来实现中英文输入状态的切换。按快捷键"Ctrl+ 句号"或单击中文输入法状态窗的"中英文标点切换"按钮，可以实现中英文标点输入状态的切换。中英文标点的键位如表 3－1 所示。

表 3－1　中英文标点符号键位对照表

中文符号	键位	说明	中文符号	键位	说明
。　句号	。		）　右括号	）	
，　逗号	，		<《　单双书名号	<	自动嵌套
；　分号	；		>》　单双书名号	>	自动嵌套
：　冒号	：		……　省略号	^	双字符处理
？　问号	？		——　破折号	—	双字符处理
！　感叹号	！		、　顿号	\	
“”　双引号	“”	自动配对	·　间隔号	@	
‘’　单引号	’	自动配对	－　连接号	&	
（　左括号	（		￥　人民币符号	$	

用中文 Word 2010 录入文字时，当输入到达每行的行尾时，系统会自动换到下一行，输完一个段后，按回车键即可插入一个段落标记，将插入点移到新一段的行首，如图 3－7 是录入几段样本文字的中文 Word 2010 画面。

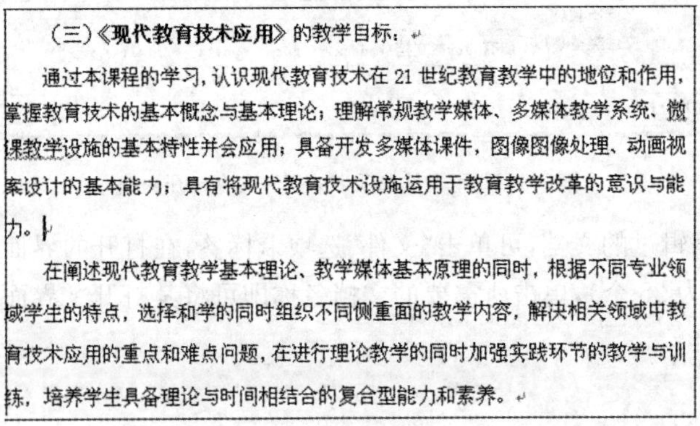

（三）《现代教育技术应用》的教学目标：

通过本课程的学习，认识现代教育技术在 21 世纪教育教学中的地位和作用，掌握教育技术的基本概念与基本理论；理解常规教学媒体、多媒体教学系统、微课教学设施的基本特性并会应用；具备开发多媒体课件，图像图像处理、动画视案设计的基本能力；具有将现代教育技术设施运用于教育教学改革的意识与能力。

在阐述现代教育教学基本理论、教学媒体基本原理的同时，根据不同专业领域学生的特点，选择和学的同时组织不同侧重面的教学内容，解决相关领域中教育技术应用的重点和难点问题，在进行理论教学的同时加强实践环节的教学与训练，培养学生具备理论与时间相结合的复合型能力和素养。

图 3－7　中文 Word 2010 录入汉字后的画面

3.2.4　修改文档

录入的文本可能会有漏字、重字和别字等错误，需要增、删、改，这就是文档的修改或编辑。

删除：把插入点移到要删除的字符左侧，按 Delete 键。

插入：在“插入”状态下，把插入点移动到要插入的两字符之间，输入要插入的字符。

改写：按 Ins 键，或双击状态上的“改写”字样，当“改写”字样呈黑色后，表明编辑操作进入了“改写”状态。在“改写”状态下，输入的字符替换插入点右边的文字。

3.2.5 保存文档

1. **保存**

刚刚编辑和排版成功的文档只是存储在计算机内存中的，关机或突然断电都会造成信息的丢失，因此在工作中应注意随时保存文档。对于已经保存的文档，可以随时打开使用。保存文档有以下三种方法：

(1)单击工具栏上的“保存”按钮。

(2)执行“文件”菜单中的“保存”命令。

(3)按快捷键“Ctrl+S”。

在保存新建的文档时，中文 Word 2010 会弹出一个如图 3-8 所示的“另存为”对话框，可以在该对话框中为要保存的文档取名并指定存放的路径。如果是打开已有的文档，修改后再次保存，系统将自动覆盖修改前的文件，不再提示用户输入文件名。

如果要更名保存，可以使用“文件”菜单中的“另存为”命令。

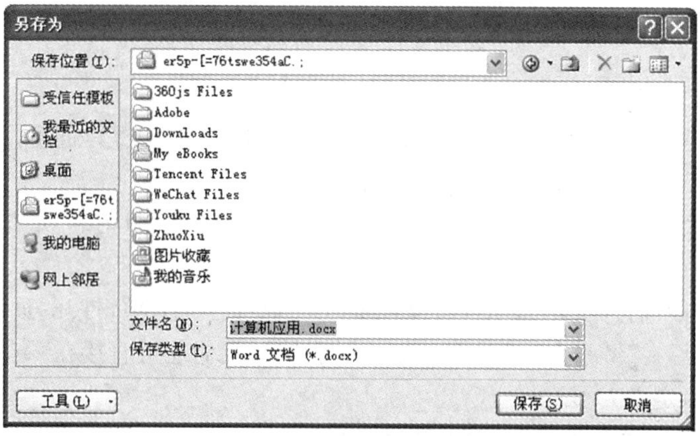

图 3-8 保存文件对话框

2. **另存为**

想把当前打开的文档用不同的文件名保存或保存到不同的位置上(完全不会影响原文件的内容)，就可以执行“文件”菜单中的“另存为”命令，系统将弹出如图 3-8 所示的“另存为”对话框。对话框中各选项的使用方法如下：

保存位置：用鼠标单击“保存位置”列表上的下拉按钮，在弹出的驱动器及文件列表中选择文档存放的文件夹。

文件名：单击“文件名”框或按 Tab 键激活该框，为要保存的文档取名。文件名最多可以使用 255 个字符，包括英文字符、汉字、空格等。如果不输入扩展名，系统默认为中文 Word 2010 文档，并自动加上扩展名.docx。

3. **关闭文档**

在中文 Word 2010 中同时打开多个文档编辑时，可能会因存储器空间不足使系统性能降低，这时关闭一些暂不使用的文档，可以提高运行速度。关闭文件的操作如下：

(1)“Ctrl+F4”键或在窗口菜单中，把需要关闭的文档设置成活动文档。

(2)执行“文件”菜单中的“关闭”命令。

(3)如果文档修改后没有保存,中文 Word 2010 会在关闭文件前弹出一个对话框,提示是否保存文件。

3. 2. 6 打印文档

1. 页面设置

页面设置就是对文章的总体版面的设置及纸张大小的选择。页面设置的好坏直接影响到整个文档的布局、结构以及文档的输入、编辑等,因此页面设置是必须掌握的。

一般在每篇文章的录入排版之前,首先要确定的就是该文档的页面设置,单击“页面布局”选项卡,如图 3-9 所示,该选项卡提供了页边距、文字方向、纸张方向、纸张大小等。

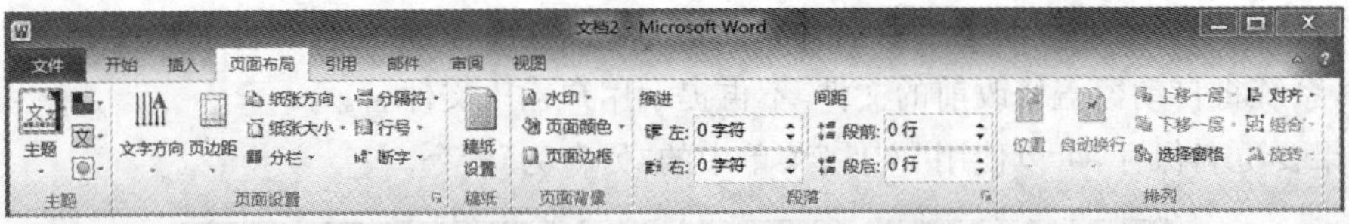

图 3-9 “页面布局”选项卡

(1)设置纸张大小和方向

默认情况下,Word 2010 文档使用的纸张大小是标准的 A4 纸,其宽度是 21 厘米,高度是 29.7 厘米,我们可以根据实际需要改变纸张的大小及方向等。

要设置纸张大小,可单击“页面布局”选项卡上的“页面设置”组中的“纸张大小”按钮,在展开的列表中选择所需的纸型,如 B5,如图 3-10 所示。

若列表中没有所需选项,可单击列表底部的“其他页面大小”项,打开“页面设置”对话框的“纸张”选项卡,然后在“纸张大小”下拉列表框进行选择;我们还可直接在“宽度”和“高度”编辑框中输入数值来自定义大小。

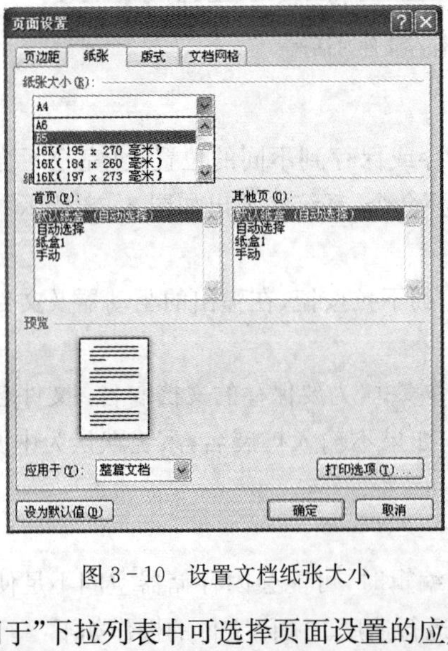

图 3-10 设置文档纸张大小

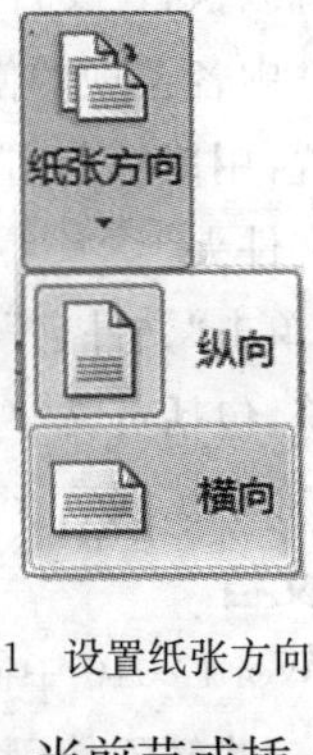

图 3-11 设置纸张方向

在“应用于”下拉列表中可选择页面设置的应用范围(整篇文档、当前节或插入符之后),纸张大小设置完毕。

要改变纸张方向，可单击“页面布局”选项卡“页面设置”组中的“纸张方向”按钮，然后在展开的列表中进行选择，如选择“横向”，如图 3－11 所示。

要快速设置页面中文字的排列方向，可单击“页面布局”选项卡“页面设置”组中的文字方向按钮，从弹出的列表中进行选择，例如选择“垂直”，单击“确定”按钮即可。

(2)设置页边距

页边距是指文档内容的边界和纸张边界间的距离，也即页面四周的空白区域。默认情况下，Word 2010 创建的文档顶端和底端为 2.54 厘米的页边距，左右两侧为 3.17 厘米的页边距。用户可以根据需要修改页边距。

单击“页面布局”选项卡上的“页面设置”组中的“页边距”按钮，可在展开的列表中选择系统内置的页边距，如图 3－12 所示。

若列表中没有所需选项，可单击列表底部的“自定义边距”项，打开“页面设置”对话框的“页边距”选项卡，然后在“上”“下”“左”“右”编辑框中分别自定义页边距值，如图 3－13 所示。

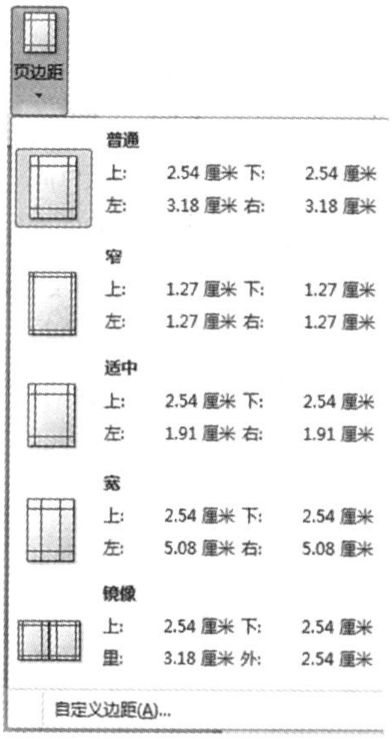

图 3－12　设置页边距

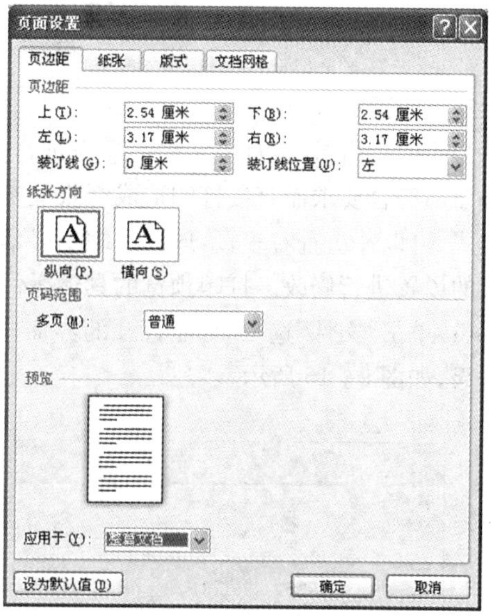

图 3－13　自定义页边距

(3)设置文档网格

通过设置文档网格，可轻松控制文字的排列方向以及每页中的行数和每行中的字符数。

单击“页面布局”选项卡上“页面设置”组右下角的“对话框启动器”按钮，打开“页面设置”对话框。

切换至“文档网格”选项卡，在“方向”列表区选择“水平”，将前面设置为垂直排列的文字方向重新恢复为默认的水平排列。

在“网格”列表区选择“指定行和字符网格”单选钮，然后在“字符数”设置区中指定每行显示的字符数。如图 3－14 所示，设置字符数为 39。

在“行数”编辑框中指定每页显示的行数，如设置为 44，如图 3－14 所示。单击“确定”按钮，完成文档网格设置。

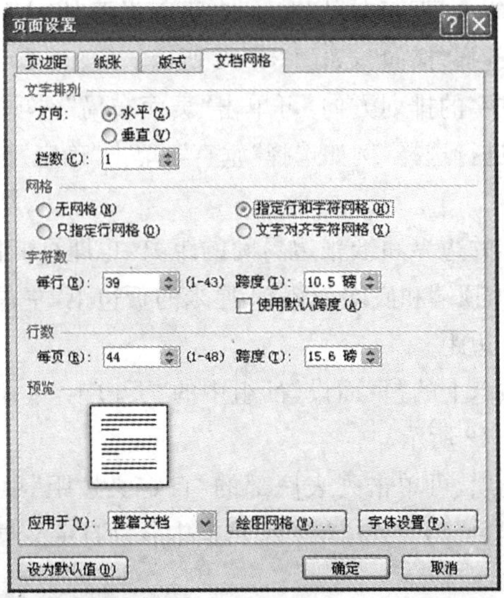

图 3－14　设置字符数

2. 打印预览

为了防止出错，在打印文档前应先进行打印预览，以便及时修改文档中出现的问题，避免因版面不符合要求而直接打印造成纸张浪费。“打印预览”的功能是显示文档打印出来后的版面样式，可以一次查看多页，放大或缩小屏幕上页面的尺寸，检查分页情况，以及对文字和段落格式的设置进行修改。打印预览的具体操作步骤如下：

(1)单击“文件”选项卡，在打开的界面中单击左侧窗格的“打印”项，在右侧窗格可预览打印效果，如图 3－15 所示。

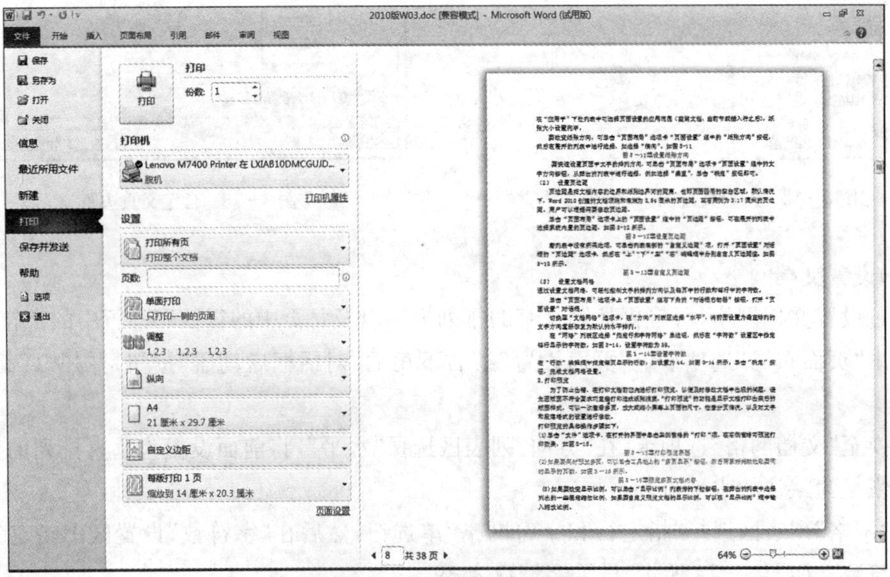

图 3－15　打印预览界面

(2)对文档进行打印预览时,可通过右侧窗格下方的相关按钮查看预览内容。如果文档有多页,单击右侧窗格左下角的"上一页"按钮和"下一页"按钮,可查看前一页或下一页的预览效果。在两个按钮之间的编辑框输入页码数字,然后按回车键可快速查看该页的预览效果。

(3)在右侧窗格的右下角,通过单击"缩小"或"放大"按钮,或拖动显示比例滑块,可缩小或放大预览效果的显示比例。

(4)单击右侧窗格右下角的"缩放到页面"按钮,将以当前页面显示比例进行预览;单击"显示边距"按钮,将以黑色边框显示出边距所在位置。

(5)完成预览后,单击"文件"选项卡标签或其他选项卡标签,退出打印界面,返回文档编辑状态。

3. 文档打印

完成打印设置后,检查一下打印机是否已处于联机状态(如 Online 或 Ready),单击"文件"选项卡,然后在打开的界面中选择左侧窗格的"打印"选项,此时可在中间窗格设置打印选项,如图 3-16 所示。

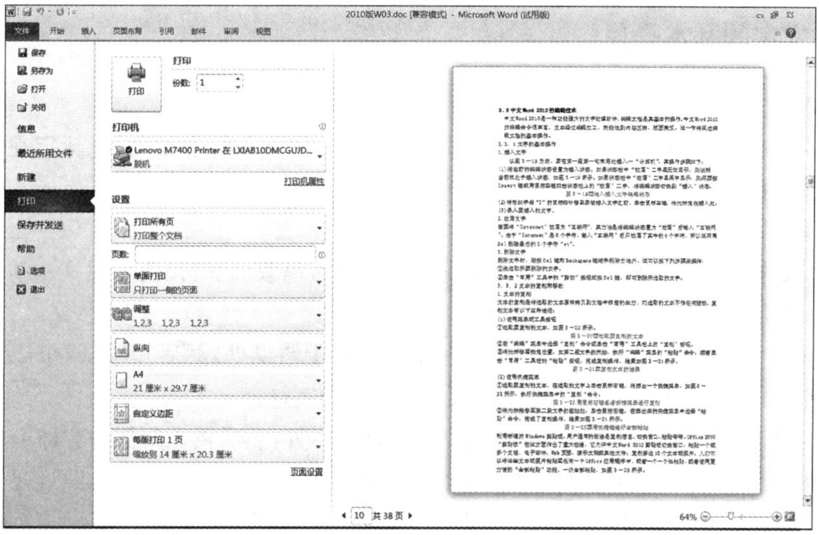

图 3-16 打印界面

在"打印机"下拉列表框中选择要使用的打印机名称。如果当前只有一台打印机可用打印机,则不必执行此操作。

在"打印所有页"下拉列表中选择要打印的文档页面内容。

在中间窗格的"份数"编辑框中输入要打印的份数。如果只打印一份,则不必进行此操作。设置完毕,单击中间窗格上方的"打印"按钮即可设置打印文档。

4. 打印控制

实际上中文 Windows 7 的打印是在后台进行的,前台仍然可做其他工作。因此只要把打印任务交给了打印机,中文 Windows 7 就会自动安排打印,这便形成了一个打印队列。但如果临时决定要取消、暂停或改变打印次序,打印队列也可以控制。在打印文档的过程中,如果要暂停或终止打印,可执行如下操作:

(1)单击"开始"按钮,选择"打印机或传真"项,打开"打印机和传真"窗口。

(2)双击目前使用的打印机图标,在打开的打印机窗口中,右键单击正在打印的文件,在打开的快捷菜单中选择“暂停”菜单项,可暂停文档的打印,如果选择“取消”菜单项,则可取消打印文档。

实际操作中,使用以上方法取消打印后,打印机有时候还会继续打印。这是因为许多打印机都有自己的内存(缓冲区)。用户可以查看打印机的帮助文件,以找到快速清除其内存的方法(如重启一下打印机)。

3.3 中文 Word 2010 的编辑技术

中文 Word 2010 是一种功能强大的文字处理软件,编辑文档是其基本的操作。中文 Word 2010 的编辑命令很丰富,文本经过编辑加工,就能达到内容正确、版面美观。这一节将阐述编辑文档的基本操作。

3. 3. 1 文字的基本操作

1. 插入文字

将形如字母“I”的鼠标指针移至要被插入文字之前,单击鼠标左键,将光标定在插入处,录入要插入的文字。

2. 改写文字

在输入文本的过程中难免会出现少字或输入错误的现象,此时便需要对文本执行添加、修改等操作。其操作流程如下:

(1)在输入的过程中如果输入有误,可将插入符置于错误处,然后按“Backspace”键删除插入符左侧的字符;若按“Delete”键,可删除插入符右侧的字符。

(2)如果需要增补文本,可将插入符置于要增补文本处,然后输入所需内容即可。

(3)在输入文本的过程中,如果要新输入的内容代替原有内容,可使用“改写”模式,此时可单击状态栏中的“插入”按钮,使其变为“改写”按钮,进入改写编辑模式,如图 3 - 17 所示,然后将插入符置于要改写文本的左侧,输入新文本即可。

图 3 - 17 “插入”“改写”状态

3. 删除文字

删除文字时,除按 Delete 键和 Backspace 键逐字删除方法外,还可以按下列步骤来操作:

(1)先选取所要删除的文字。

(2)单击“常用”工具中的“剪切”按钮或按 Delete 键,即可删除所选取的文字。

3. 3. 2 文本的复制和移动

文本的复制是将选取的文本原样拷贝到文档中指定的地方,而选取的文本不作任何变动。对放置不当的文本,可快速将其移动到合适位置。移动和复制操作不仅可以在同一个文档中使用,还可以在多个文档之间进行。

复制和移动文本常用的方法有两种：一种是使用鼠标拖动；另一种是使用“剪切”“复制”和“粘贴”命令。若要短距离移动或复制文本，使用鼠标拖动的方法比较方便，操作如下：

(1)选中要移动的文本或段落(将段落标记也选中时，表示移动整个段落)，将鼠标指针移至其上方，此时鼠标指针显示为箭头形状，如图 3－18 所示。

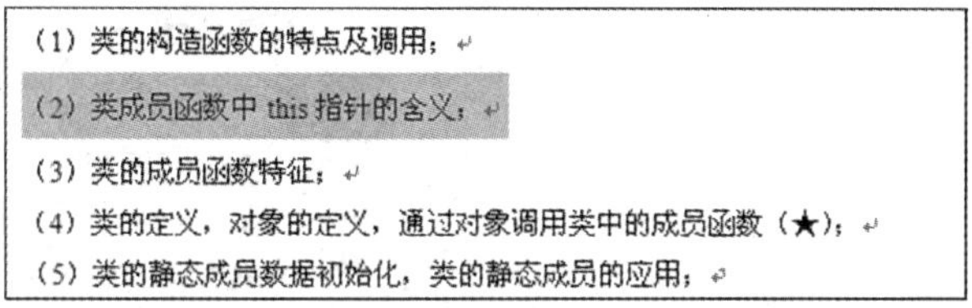
(1) 类的构造函数的特点及调用；
(2) 类成员函数中 this 指针的含义；
(3) 类的成员函数特征；
(4) 类的定义，对象的定义，通过对象调用类中的成员函数（★）；
(5) 类的静态成员数据初始化，类的静态成员的应用；

图 3－18　选择要移动的

(2)按住鼠标左键并拖动，至目标位置时释放鼠标，所选文本即被移动到了目标位置，原位置不再保留移动文本，如图 3－19 所示。

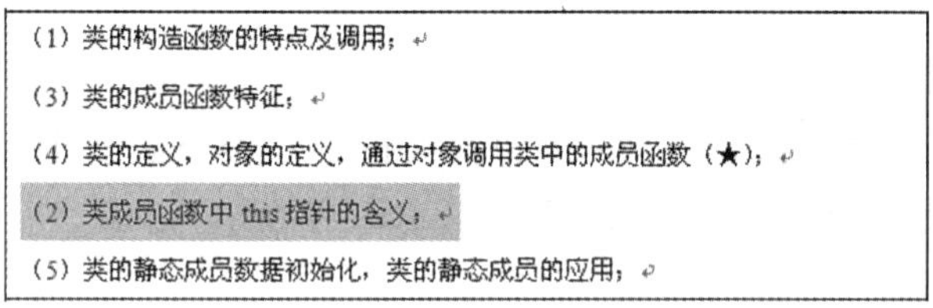
(1) 类的构造函数的特点及调用；
(3) 类的成员函数特征；
(4) 类的定义，对象的定义，通过对象调用类中的成员函数（★）；
(2) 类成员函数中 this 指针的含义；
(5) 类的静态成员数据初始化，类的静态成员的应用；

图 3－19　释放鼠标后移动至目标位置

(3)若在拖动鼠标的同时按住“CTRL”键，此时表示执行的是复制操作。如使用工具或鼠标右键，则操作如下：

①取要复制的文本。

②在“开始”选项卡中选择“复制”或“剪切”命令，或在选中的文本上单击鼠标右键，如图 3－20，图 3－21 所示。

图 3－20　利用“复制”“剪切”按钮

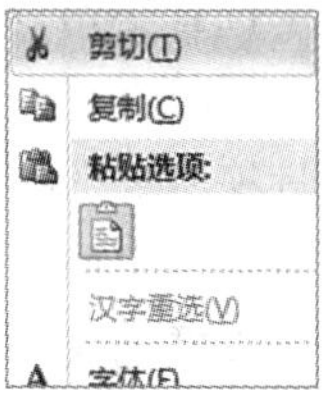

图 3－21　利用鼠标右键复制移动文本

③光标移至指定位置，执行“开始”选项卡中的“粘贴”命令，或者鼠标右键菜单中的“粘贴”按钮，完成复制或移动操作。

3.3.3　撤销和恢复操作

在文档的编辑过程中，不小心删除了一大段文字该怎么办？重新输入一遍，那可是一项烦恼的工作。中文 Word 2010 会自动记录用户执行的操作，使撤销错误操作和恢复被撤销的错误非常容易实现。

1. 撤销

单击快速访问工具栏中的“撤销”按钮，或按“Ctrl+Z”组合键撤销最近一步操作，如图 3-22 所示。若要撤销多步操作，可重复执行撤销命令，或单击“撤销”按钮右侧的下三角按钮，在打开的列表中单击选择要撤销的操作，如图 3-23 所示。

图 3-22 用“撤销”按钮取消误操作

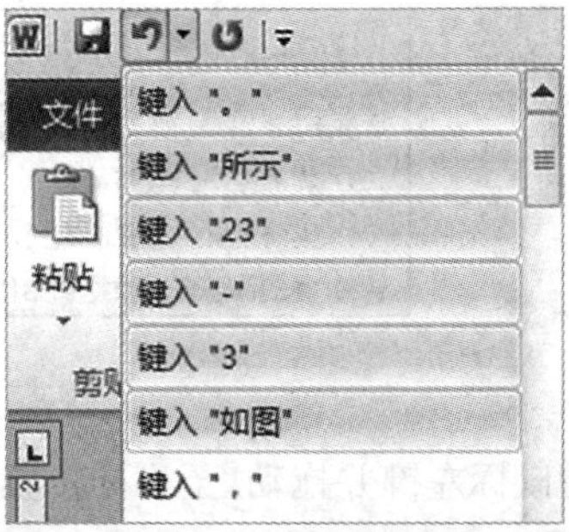

图 3-23 撤销多步操作

2. 恢复

单击快速访问工具栏中的“恢复”按钮，或按“Ctrl+Y”组合键，可恢复被撤销的操作。要恢复被撤销的多步操作，可连续单击“恢复”按钮。

3.3.4 查找、替换和定位

1. 查找

在文档的编辑过程中，有时需要修改正文中的某一个词或句子，但如果正文太长，可能一时难以准确地找到，这时可以使用中文 Word 2010 的“查找”命令先将光标定位到用户指定的文字或句子上，再作相应的修改。

例如，如果要在文中查找“网络”一词，可按以下步骤操作：

(1)在文档中某个位置单击以确定查找的开始位置，如果希望从文档的开始位置进行查找，应在文档的开始位置单击。

(2)单击“开始”选项卡上“编辑”组中的“查找”按钮，如图 3-24 左图所示，打开“导航”任务窗格，在窗格上方的编辑框中输入要查找的内容。

(3)此时文档中将以橙色底纹突出显示查找到的内容，左侧窗格中则显示要查找的文本所在的标题。单击“下一处搜索结果”按钮，可从上到下将文档依次定位到查找到的内容处；单击“上一处搜索结果”按钮，则可从下到上定位搜索结果，如图 3-24 所示。

2. 替换

中文 Word 2010 的“替换”命令可以在活动文档中查找并替换指定的文字、格式、脚注、尾注或批注标记。例如要将如图 3-24 所示的“网络”替换为“Internet”，具体步骤如下：

(1)将插入符定位在文档开始处，单击“开始”选项卡上“编辑”组中的“替换”按钮，打开“查找和替换”对话框的“替换”选项卡。

(2)“查找内容”编辑框中输入“网络”，单击“替换”或“查找下一处”按钮，系统将从插入符所在位置开始查找，然后停在第一次出现该文本的位置，且该文本以蓝色底纹显示。

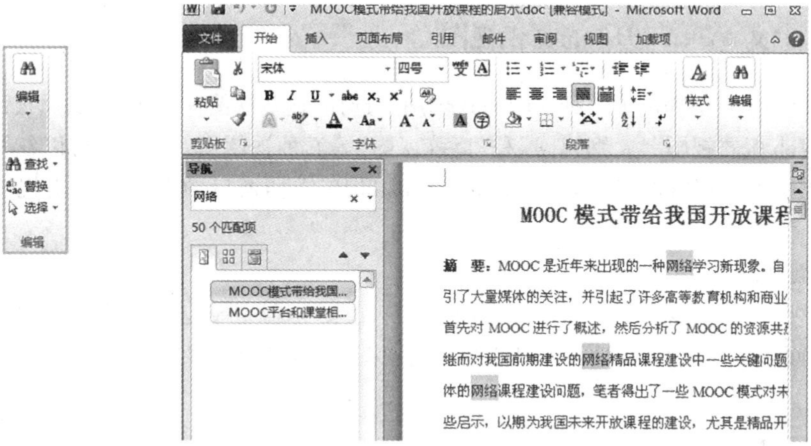

图 3 - 24 “查找”文本

(3)单击“替换”按钮，被查到的内容将被替换；同时下一个要被替换的内容以蓝色底纹显示，此时可继续单击“替换”按钮替换。若单击查找下一处按钮，被查找到的内容将不被替换，并且系统会继续查找，并停在下一个出现该文本的位置。

(4)若单击“全部替换”按钮，则文档中的该内容全部被替换。替换完成后，在显示的提示对话框中单击“确定”按钮，如图 3 - 25 所示，返回“查找和替换”对话框，再单击“关闭”按钮退出。

图 3 - 25 “查找和替换”文本

3. 高级查找和替换

单击“查找和替换”对话框中的“更多”按钮，将展开对话框。利用展开部分中的选项可进行文本的高级查找和替换操作，部分选项的作用介绍如下：

(1)“区分大小写”复选框：选中该复选框可在查找和替换内容时区分英文大小写。

(2)“使用通配符”复选框：选中“使用通配符”复选框，可在查找和替换时使用“?”和“ * ”通配符，其中“?”代表单个字符，“ * ”代表任意字符串。

(3)“格式”按钮：单击该按钮可查找具有特定格式的文本，或将原文本格式替换为指定的格式。

(4)“特殊格式”按钮：可查找诸如段落标记、制表符等特殊标记。

3. 3. 5 中文 Word 2010 的文档视图

在 Word 2010 中提供了多种视图模式供用户选择，这些视图模式包括“页面视图”“阅读版式视图”“Web 版式视图”“大纲视图”和“草稿视图”等五种视图模式。用户可以在“视图”功能区中选择需要的文档视图模式，也可以在 Word 2010 文档窗口的右下方单击视图按钮选择视图。

1. 页面视图

“页面视图”可以显示 Word 2010 文档的打印结果外观，主要包括页眉、页脚、图形对象、分栏设置、页面边距等元素，是最接近打印结果的视图模式，如图 3-26 所示。

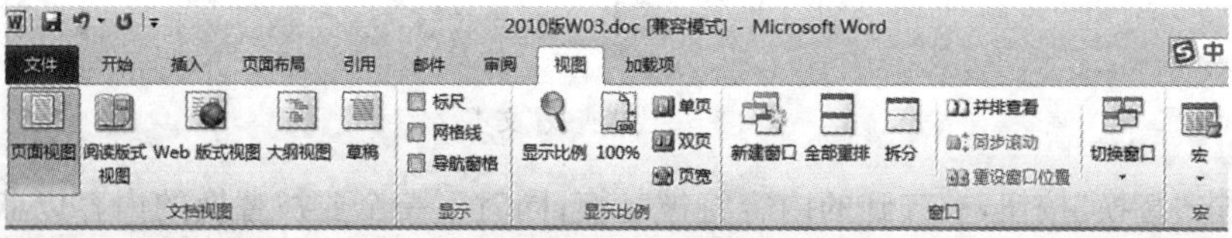

图 3-26 页面视图

2. 阅读版式视图

“阅读版式视图”以图书的分栏样式显示 Word 2010 文档，“文件”按钮、功能区等窗口元素被隐藏起来。在阅读版式视图中，用户还可以单击“工具”按钮选择各种阅读工具。

3. Web 版式视图

“Web 版式视图”以网页的形式显示 Word 2010 文档，Web 版式视图适用于发送电子邮件和创建网页。

4. 大纲视图

“大纲视图”主要用于设置 Word 2010 文档的设置和显示标题的层级结构，并可以方便地折叠和展开各种层级的文档。大纲视图广泛用于 Word 2010 长文档的快速浏览和设置中。

5. 草稿视图

“草稿视图”取消了页面边距、分栏、页眉页脚和图片等元素，仅显示标题和正文，是最节省计算机系统硬件资源的视图方式。当然现在计算机系统的硬件配置都比较高，基本上不存在由于硬件配置偏低而使 Word 2010 运行遇到障碍的问题。

3. 3. 6 标尺、段落标记和网格线

1. 标尺

中文 Word 2010 的标尺有水平标尺和垂直标尺两种。水平标尺是横穿文档窗口上部的刻度条，可用来查看和设置段落缩进、设置制表位、调整页边界以及修改表格中的宽度；垂直标尺是显示在文档窗口左侧的刻度条，用于调整上、下页边距以及表格中的行高。显示或隐藏标尺在视图选项卡中钩选其复选框，如图 3-27 所示。

图 3-27 显示或隐藏标尺

2. 段落标记

默认情况下，Word 2010 文档中始终显示段落标记。用户需要进行必要的设置才能在显示和隐藏段落标记两种状态间切换，操作步骤如下：

第 1 步，打开 Word 2010 文档窗口，依次单击“文件”→“选项”按钮，单击“选项”按钮。

第 2 步，在打开的“Word 选项”对话框中切换到“显示”选项卡，在“始终在屏幕上显示这些格式标记”区域取消“段落标记”复选框，并单击“确定”按钮。

第 3 步，返回 Word 2010 文档窗口，在“开始”功能区的“段落”分组中单击“显示/隐藏编辑标记”按钮，从而在显示和隐藏段落标记两种状态间进行切换。

3. 网格线

在中文 Word 2010 的页面视图中，可以通过在文档编辑窗口中添加一组等距的水平线来模仿平时在稿纸上进行文字处理的工作环境。添加坐标线的具体操作如下：

(1)换到“视图”选项卡。

(2)“视图”选项卡中选取“网格线”复选框即可。

3.3.7 设置显示比例

人们可以控制当前文档在屏幕上的显示比例。如“放大”文档，便于更清楚地查看文档的细部；或者“缩小”文档，便于看到页面中更多的内容或整个页面。

具体操作步骤如下：

(1)单击“视图”选项卡中的“显示比例”。

(2)如图 3-28 所示的对话框中，设置显示比例或在百分比框中输入一个在 10% ～ 200% 之间的比例数，中文 Word 2010 将根据该数据缩小或扩大活动文档的显示。

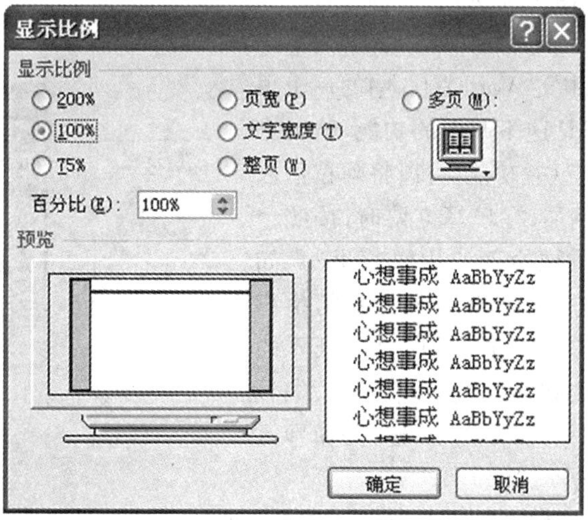

图 3-28 “显示比例”对话框

(3)如果在文档窗口中显示两页或多页，可单击“多页”按钮，再单击需要显示的页数，此选项只能在页面视图或打印预览状态下使用。

3. 3. 8　插入数据

1. 插入日期和时间

如果文档中需要插入系统当前的日期和时间，可以在“插入”选项卡中选择“日期和时间”命令，如图 3－29 所示。这时将弹出一个“日期和时间”对话框，如图 3－30 所示。

图 3－29　插入“日期和时间”

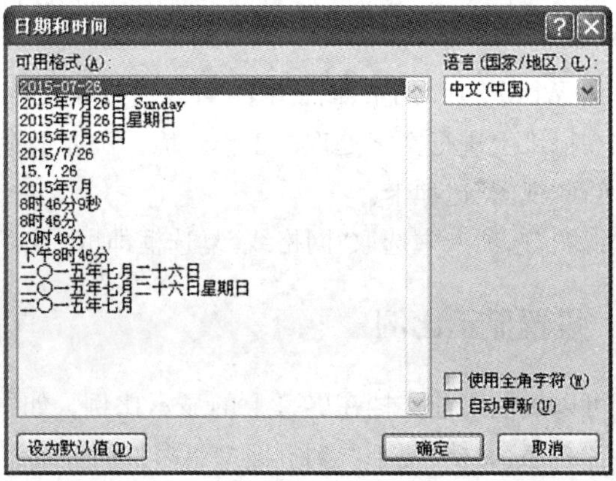

图 3－30　“日期和时间”对话框

在“日期和时间”对话框中，可以根据实际情况需要在“语言”列表中选择需要的语种，在“可用格式”列表中选择所需的日期和时间的表达形式。

选取“使用全角字符”复选框，插入的日期和时间将以全角字符插入正文。用这种方式插入的日期和时间只能用键盘输入字符来修改。

2. 插入数字

插入数字也许是中文 Word 2000 中的一个很不起眼的功能，但是正是这不起眼的功能，给工作带来极大的方便。利用这一功能，可以将阿拉伯数字转换成汉字数字。例如，在填写支票时，按照金融机构的统一规定，支票金额应由汉字书写，如“1235”要写成“壹仟贰佰叁拾伍”，此时只需执行“插入”菜单中的“编号”命令，在如图 3－31 所示的“数字”对话框中输入要转换的数据，然后在“编号类型”中选取汉字数字格式，单击“确定”按钮即可自动完成上述数字的转换。

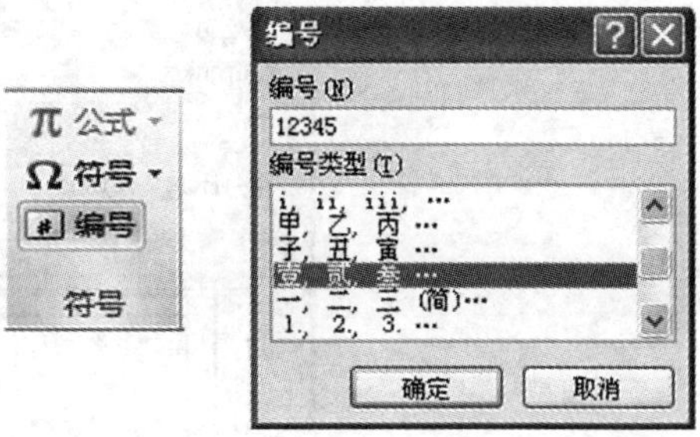

图 3－31　“数字”对话框

除此之外，利用插入数字的功能，还可以将输入的阿拉伯数字转换成大写或小写的罗马数字、英文字母等数字类型。

3. 插入特殊符号

在文档的录入过程中，要插入一些键盘无法输入的特殊字符，可以执行“插入”选项卡中的“符号”按钮，在如图 3－32 所示的“符号”对话框中选取。更改“字体”“子集”列表内的选项，可以得到多种符号类型，如标点符号、数学符号、希腊符号等。

图 3－32　插入特殊符号

对于使用频率特别高的特殊字符，可以单击“快捷键”按钮，在弹出的“自定义”对话框的“键盘”标签中，给该符号分配一个快捷键。

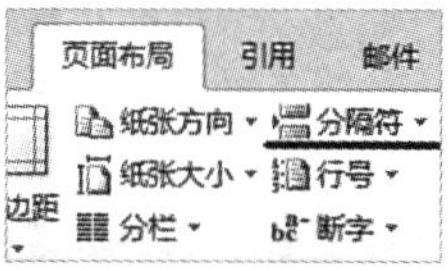

图 3－33　插入“分隔符”

4．插入分隔符

(1)分页和分栏

使用中文 Word 2010 处理文档，当页面充满文本或图形时，它会插入一自动分页符并生成新页。

有时也可以根据实际情况在指定的位置上用快捷键“Ctrl＋Enter”插入分页符来强行分页，还可以在“页面布局”选项卡中执行“分隔符”按钮，而不是“插入”选项卡，如图 3－33所示。在“分隔符”对话框中选择“分页符”选项来实现硬分页。在页面视图下，分页符显示包括“分页符”字样的单虚线，它可以像普通字符一样选定、移动、复制和删除，在页面视图下显示分页符的效果。如果在文档中插入分栏符，执行“页面布局”选项卡中的“分栏”按钮，它可以将分栏符后的文本设置在新的一栏中。

(2)分节

节是文档中相对独立的部分，各个节可以有自己的页眉、页脚、行号、页号等。在文档中插入分节符，如图 3－34 所示，可以结束分节符前面的页眉或分栏数等页面格式，而开始新的一节格式。在页面视图下，分节显示为包含有“分节符”字样的双虚线。

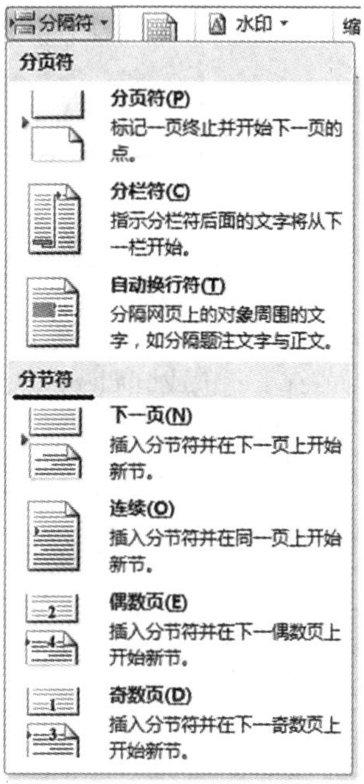

图 3－34　插入“分节符”

3.3.9 插入图片

没有插图的文章往往是枯燥的，利用中文 Word 2010“插入”菜单中的“图片”命令，可以轻松地制作一份图文并茂的文档，既增强了文章的趣味性又产生了一定的艺术效果。

1. 插入图片

在文档中插入图片的操作步骤如下：

(1)光标定位在要插入图片处，执行“插入”选项卡中的“图片”按钮。

(2)弹出的“插入图片”对话框中，选择要插入图片的文件。由于中文 Word 2010 默认将图片嵌入并保存在文档中，所以插入图片后的文件长度会大大增加。如果点击“插入”按钮右侧下拉小三角，在下拉菜单中选择“链接到文件”复选框，就可以创建图片和文件的链接。以链接方式插入图片，中文 Word 2010 在文档中只保存图片的文件名、路径等必需的链接信息，而图片仍单独保存。(图 3-35)

图 3-35　在 Word 文档中插入图片

如果一次要插入多张图片，可以在“插入图片”对话框中按住“Ctrl”键的同时，依次单击选择要插入的图片，然后单击“插入”按钮。若要删除文档中的图片，可先将其选中，然后按“BackSpace”键或“Delete”键。

2. 编辑图片

单击选中图片后，在 Word 2010 的功能区将自动出现“图片工具格式”选项卡，如图 3-36 所示，利用该选项卡可以对插入的图片进行各种编辑和美化操作。

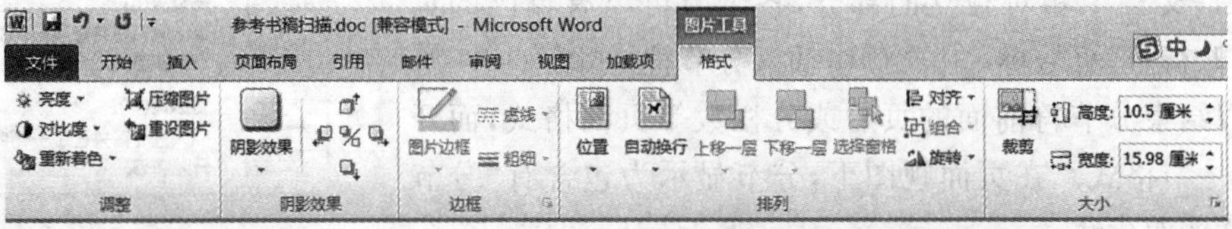

图 3-36　在 Word 文档中编辑图片

3. 操作图片

刚刚插入的图片往往不符合位置要求，需要对它们进行下一步的操作。

(1)要改变图片大小，可在不选择任何工具的情况下单击图片，此时在图片四周显示 8 个蓝色的方形控制点；将鼠标指针移至图片的某个角控制点上。

(2)按住鼠标左键并拖动，直至获取所需的尺寸时释放鼠标，可等比例缩放图片。

(3)如果要精确调整图片的大小，可在选中图片后，在“大小”组中的“高度”和“宽度”编辑框中直接输入数值。此处单击图片，然后在“图片工具格式”选项卡上“大小”组的“高度”编辑框中输入 4 厘米，然后按“Enter”键确认，此时“宽度”编辑框中的数值自动调整。

(4)裁切图片。单击图片，然后单击“图片工具格式”选项卡上“大小”组中的“裁剪”按钮，将鼠标指针移至图片上边界的控制点上按住鼠标左键向下拖动，至合适的位置时释放鼠标，将图片上面的空白区域裁掉一部分。

用同样的方法可裁掉图片其他区域；如果拖动 4 个角的控制点，还可等比例裁剪图片。

如果希望退出图片裁切状态，可在文档其他位置单击以取消图片的选中状态，或再次单击“裁剪”按钮。图片上被剪掉的内容并非被删除了，而是被隐藏了起来。要显示被裁剪的内容，只需单击“裁剪”按钮，将鼠标指针移至相应的控制点上，按住鼠标左键向图片外部拖动鼠标即可。

(5)设置图片环绕方式、对齐和旋转。

默认情况下，图片是以嵌入方式插入到文档中的，此时图片的移动范围受到限制。若要自由移动或对齐图片等，需要将图片的文字环绕方式设置为非嵌入型。

①单击图片，然后单击“图片工具格式”选项卡“排列”组中的“自动换行”按钮，在展开的列表中选择一种环绕方式，如“四周型环绕”项。图片的文字环绕是指图片与文字之间的位置关系。例如，“四周型环绕”是指文字位于图片的四周；“衬于文字下方”指图片位于文字的下方。

②单击“排列”组中的“对齐”按钮，在展开的列表中选择“左对齐”，将图片相对于页面左对齐。

③若要将图片按一定角度旋转，可在选中图片后单击“排列”组中的“旋转”按钮，在展开的列表中选择所需选项。

④利用“选择对象”选项选中图片，单击“调整”组中的“颜色”按钮，在展开的列表中选择一种颜色。

3.3.10 绘制和调整图形

在实际应用中，可以利用中文 Word 2010 提供的“自选图形”工具，来绘制几何图形、星形、箭头、批注等多种图形。除此之外，还可以对这些图形进行调整，比如对图形进行旋转或翻转、为图形添加颜色、改变图形大小、为图形设置阴影及三维效果等。

1. 绘制图形

(1)要在文档中绘制图形，可单击“插入”选项卡“插图”组中的“形状”按钮，在展开的列表中选择一种形状，然后在文档中按住鼠标左键不放并拖动，释放鼠标后即可绘制出相应的图形。

(2)与图片一样，选中图形后，其周围将出现8个蓝色的大小控制柄和一个绿色的旋转控制柄，利用它们可以缩放和旋转图形。此外，部分图形中还将出现一个黄色的控制柄，拖动它可调整图形的变换程度。

(3)若“旋转”列表中没有所需选项，可在“旋转”列表中单击“其他旋转选项”项。打开“布局”对话框并显示“大小”选项卡，然后调整该对话框“旋转”编辑框中的数值。满意后单击“确定”按钮关闭对话框。

2. 编辑图形

在Word 2010中，除了可以对图片进行各种编辑操作外，还可在选中图片后，利用“图片工具格式”选项卡上的“图片样式”组快速为图片设置系统提供的漂亮样式，或为图片添加边框、设置特殊效果等，还可利用“调整”组调整图片的亮度、对比度和颜色等。

单击“调整”组中的相应按钮，可调整所选图片的亮度、对比度和颜色等。利用样式列表可为所选图片快速设置样式。对图片进行大小、旋转、裁切、亮度、对比度、样式、边框和特殊效果等设置后，若觉得效果不理想，可选中图片，然后单击“图片工具格式”选项卡“调整”组中的“重设图片”按钮，将图片还原为初始状态。其操作步骤如下：

单击图片，然后单击“图片工具格式”选项卡上“图片样式”组样式列表框右下角的“其他”按钮。在展开的样式列表中选择所需样式，如“柔化边缘椭圆”。

(1)设置图形的轮廓和填充

除了应用系统内置的样式快速美化图形外，还可自行设置图形的轮廓、填充，以及效果等。这里我们先学习设置图形轮廓和填充的方法。

①选中图形，单击“绘图工具格式”选项卡上“形状样式”组中的“形状轮廓”按钮右侧的三角按钮，在展开的列表中选择“粗细”子列表中的选项，可设置自选图形的轮廓线粗细。

②再次单击“形状轮廓”按钮右侧的三角按钮，从展开的列表中选择轮廓线的颜色，如红色。

③单击“形状填充”按钮右侧的三角按钮，在展开的列表中可选择图形的填充颜色。

(2)设置图形样式

在Word 2010中，提供了多种可直接应用于图形的样式以美化图形。用户只需双击图形，打开“绘图工具格式”选项卡，然后单击“形状样式”组“样式”列表框右下角“其他”按钮，在展开的图片样式列表中选择所需样式即可。

(3)为图形添加效果

利用“绘图工具格式”选项卡上“形状样式”组中的“形状效果”按钮，可为图形添加阴影、映像、发光、柔化边缘等效果，具体操作步骤如下：

①要为图形设置效果，只需选中图形，单击“绘图工具格式”选项卡上“形状样式”组中的“形状效果”按钮右侧的三角按钮，在展开的列表中选择一种效果样式，如“阴影”＞“左下斜偏移”。

②若要为图形设置其他效果，只需再次单击“形状效果”按钮右侧的三角按钮，在展开的列表中选择一种效果样式，如“发光”＞“紫色，18pt发光，强调文字颜色4”项。

(4)排列和组合图形

默认情况下，Word 2010 会根据插入的对象（非嵌入型的图片、自选图形、文本框和艺术字等）的先后顺序确定对象的叠放层次，即先插入的对象在最下面，最后插入的图形在最上面，这样处在上层的图形将遮盖下面的图形。要改变对象的叠放次序，可选中要改变叠放次序的图形，单击“绘图工具格式”选项卡上“排列”组中的“上移一层”或“下移一层”按钮，或单击其右侧的三角按钮，在展开的列表中选择所需选项。当在文档中的某个页面上绘制了多个图形时，为了统一调整其位置、尺寸、线条和填充效果，可将它们组合为一个图形单元。

3.3.11 使用艺术字

在建立文档的过程中，有时候为了增强文档的视觉效果，美化文档，需要对文字进行一些修饰处理，比如设置一种特殊的艺术字，并使它弯曲、倾斜、旋转、扭曲、带阴影等。中文 Word 2010 提供了一个“艺术字”库，用户可以根据需要进行选择。

在 Word 2010 中，艺术字库包含了许多艺术字样式，选择所需的样式，输入文字，就可以轻松地在文档中创建漂亮的艺术字。创建艺术字后，还利用“绘图工具格式”选项卡对艺术字进行各种编辑和美化操作。

1. 创建艺术字

要在文档中创建艺术字，操作方法如下：

(1)确定插入符，然后单击“插入”选项卡上“文本”组中的“艺术字”按钮，打开“艺术字样式”列表，选择一种艺术字样式，如“渐变填充—橙色，强调文字颜色 6，内部阴影”，如图 3-37 所示。

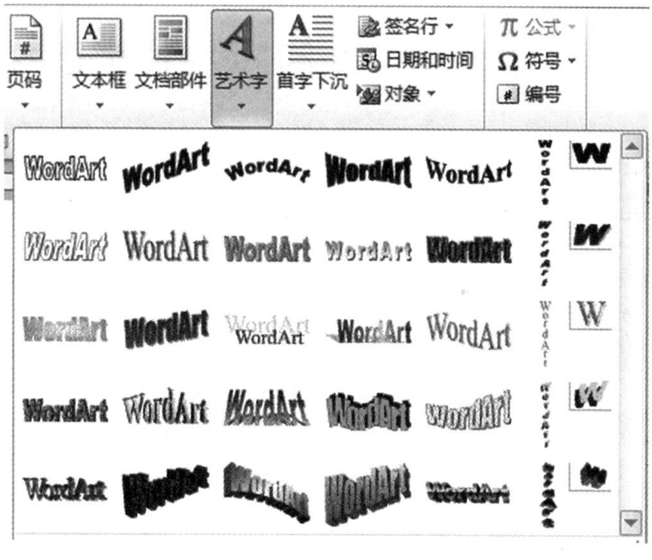

图 3-37 选择艺术字样式

(2)此时在文档的插入符位置出现一个艺术字文本框占位符“请在此放置您的文字”，直接输入艺术字文字，即可创建艺术字，如图 3-38 所示。

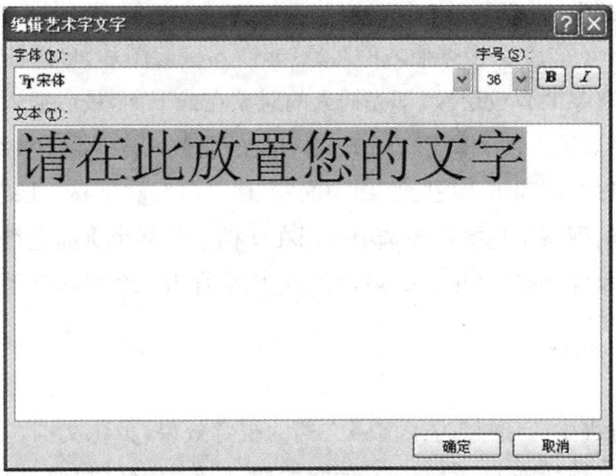

图 3-38　输入艺术字

2. 编辑和美化艺术字

编辑和美化艺术字的方法与编辑和美化图片或图形相似，即可以通过“绘图工具格式”选项卡中的各个组来实现。

(1)选中艺术字，然后单击“绘图工具格式”选项卡上“插入形状”组中的“编辑顶点”按钮，在展开的列表中选择“更改形状”项，然后在子列表中选择某种形状，可更改艺术字文本框的形状。

(2)单击“形状样式”组中的“其他”按钮，在展开的列表中选择一种样式，如“强烈效果—橄榄色，强调颜色 3”，可对艺术字文本框的填充颜色进行设置。

3.4　中文 Word 2010 的排版技术

中文 Word 2010 内置丰富的排版命令。运用这些命令，不仅可以对选定的文字或段落进行格式修饰，还可以设计出美观的文档版式。为了简化排版操作，中文 Word 2010 把一些最常用的格式修饰命令以按钮的形式放在“格式”工具栏中。

3.4.1　设置字符格式

中文 Word 2010 字符格式化功能包括设置文字的字体、大小，给文字设置粗体、斜体和下划线，应用阳文、阴文、提纲或阴影格式，设置字符间距以及在联机版式的文档中设置动态文字等。

1. 利用“字体”组

使用“开始”选项卡上“字体”组中的按钮可以快速地设置字符格式，操作方法如下：

(1)单击“开始”选项卡“字体”组中“字体”下拉列表右侧的三角按钮，在展开的列表中选择所需字体，如“黑体”；单击“字号”下拉列表框右侧的三角按钮，在展开的列表中选择字号。

(2)单击“字体”组右侧的“字体颜色”按钮右侧的三角按钮，在展开的列表中选择所需颜色。加粗、倾斜、下划线等操作与以上类似，具体按钮如图 3－39 所示。

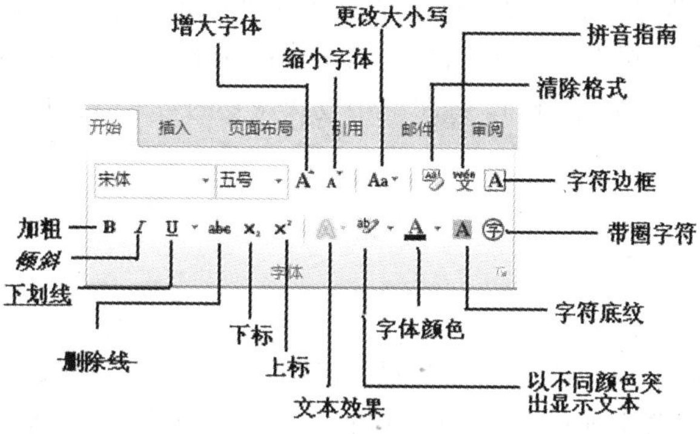

图 3－39 “字体”组中的按钮

2. 利用“字体”对话框

在 Word 2010 中，利用“字体”对话框不仅可以完成“字体”组中的所有字符设置功能，还可以分别设置中文和西文字符的格式，以及为字符设置阴影、阳文、空心等特殊效果，或设置字符间距和位置。选中文本内容，然后单击“字体”组右下角的对话框启动器按钮，如图 3－40 所示，打开字体对话框。

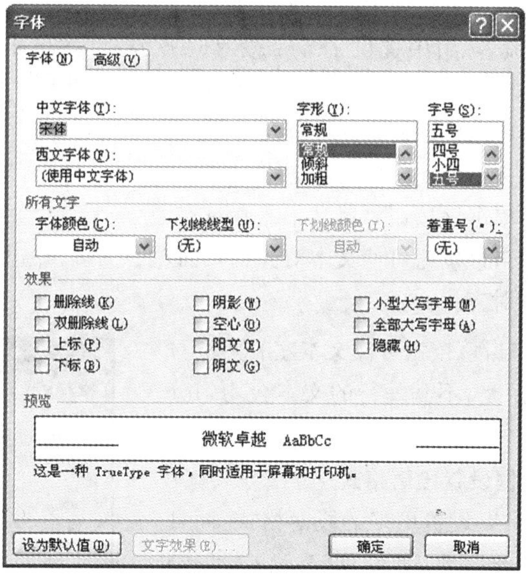

图 3－40 “字体”对话框

在“效果”设置区选择或取消某复选框，即可为所选文本设置或取消相应的特殊效果。

其中，设置“阴影”“阴文”和“阳文”效果可使文本具有立体感。要注意的是，某些效果是互斥的，只能二选一，如“上标”与“下标”，“阳文”与“阴文”等。

“高级”选项卡标签打开该选项卡，“间距”下拉列表框中可以选择选择“加宽”或“紧缩”“标准”。

间距：是指字符之间的距离。在该下拉列表框中选择“加宽”或“紧缩”选项，然后可在右侧的“磅值”编辑框中设置需要加宽或紧缩的字符间距值。若选择“标准”选项，可恢复默认的字符间距。

字符缩放：是指在保持字符高度不变的情况下改变字符宽度，100% 表示无缩放。用户可在该下拉列表框中选择缩放百分比，或直接输入缩放百分比。磅值：在“位置”下拉列表框中选择“提升”或“降低”选项，然后在“磅值”编辑框中设置需要的数值，可将所选字符向上提升或向下降低。

3.4.2 设置段落格式

段落的基本格式包括段落的缩进、对齐、段落间距及行距等。可以利用“开始”选项卡上“段落”组中的按钮、“段落”对话框及标尺等进行段落格式设置。如果要设置单个段落的格式，只需将插入符置于该段落中即可，如果要同时设置多个段落的格式，则需要将这些段落同时选中。

1. 利用“段落”组设置段落格式

利用“开始”选项卡上“段落”组中的按钮可以设置段落的对齐方式、缩进、行间距，以及边框和底纹、项目符号等，如图 3-41 所示。

图 3-41 “段落”组按钮

如打开文档，选中要设置对齐的两个标题段落，单击“段落”组中的“居中”按钮，即可将选中的段落居中对齐。

在 Word 2010 中，“段落”组中提供了 5 个段落对齐方式按钮，如图 3-41 所示，其作用如下：

“文本左对齐”按钮：单击该按钮可使段落文本靠页面左侧对齐。

“居中”按钮：单击该按钮可使段落文本居中对齐。

“文本右对齐”按钮：单击该按钮可使文本靠右对齐。

“两端对齐”按钮：单击该按钮可使文本对齐到页面左右两端，并根据需要增加或缩小字间距，不满一行的文本靠左对齐。

“分散对齐”按钮：单击该按钮可使文本左右两端对齐。与“两端对齐”不同的是，不满一行的文本会均匀分布在左右文本边界之间。

2. 利用“段落”对话框设置段落格式

使用“段落”对话框可以设置更多的段落格式，而且可以精确地设置段落的缩进方式、段落间距以及行距等，具体操作如下：

(1)将插入符置于正文段落中，然后单击“段落”组右下角的对话框启动器按钮，打开“段落”对话框。

(2)在“段落”对话框“缩进”设置区的“特殊格式”下拉列表中选择“首行缩进”，并在“磅值”编辑框中设置缩进值为 2 字符(单击编辑框右侧的向上或向下三角按钮可增加或减少缩进值)，如图 3-42 所示。

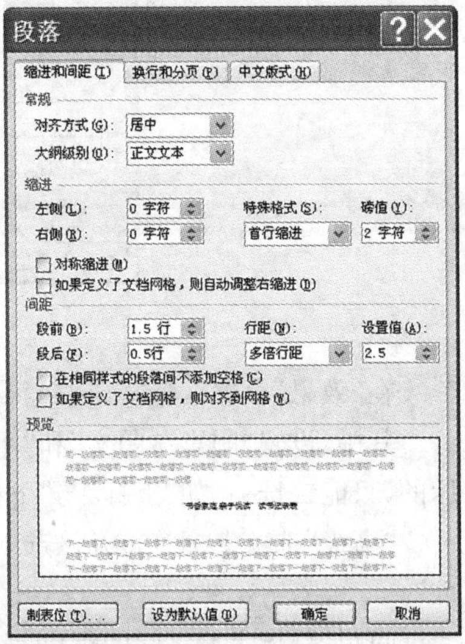

图 3-42 “段落”对话框

单倍行距：这是 Word 默认的行距方式，也是最常用的方式。在该方式下，当文本的字体或字号发生变化时，Word 会自动调整行距。

多倍行距：顾名思义，该方式下行距将在单倍行距的基础上增加指定的倍数。

固定值：选择该方式后，可在其后的编辑框中输入固定的行距值。该方式下，行距将不随字体或字号的变化而变化。

最小值：选择该方式后，可指定行距的最小值。

(3)在"间距"设置区中将"段前"和"段后"值分别设置为 1.5 行和 0.5 行；在"行距"下拉列表框中选择"多倍行距"，然后将值设置为 2.5。段间距是指两个相邻段落之间的距离，行间距则是指行与行之间的距离。

(4)在"段落"对话框中设置好相关参数后，单击"确定"按钮。

另外，还可以利用"页面布局"选项卡"段落"组中的相应选项精确设置段落的左、右缩进及段前和段后间距。

3. 利用标尺设置段落缩进

除了使用"段落"对话框外，还有一种更快捷的设置段落缩进的方式，那就是将鼠标指针移至标尺上的相应滑块上，然后按住鼠标左键不放并向右或向左拖动。

4. 使用格式刷复制格式

在编辑文档时，若文档中有多处内容要使用相同的格式，可使用"格式刷"工具来进行格式的复制，以提高工作效率。其具体操作如下：

(1)选中已设置格式的文本或段落，这里选中整个段落(含段落标记)。

(2)单击"开始"选项卡上"剪贴板"组中的"格式刷"按钮，此时鼠标指针变成刷子形状，拖动鼠标选择要应用该格式的文本或段落即可。

在 Word 2010 中，段落格式设置信息被保存在每段后的段落标记中。因此，如果只希望复制字符格式，就不要选中段落标记；如果希望同时复制字符格式和段落格式，则须选中段落标记。此外，如果只希望复制某段落的段落格式，只需将插入符置于源段落中。单击"格式刷"按钮，再单击目标段落即可，无需用选中段落文本。

若要将所选格式应用于文档中多处内容，只需双击"格式刷"按钮，然后依次选择要应用该格式的文本或段落。在此方式下，若要结束格式复制操作，需按"Esc"键或再次单击"格式刷"按钮。

3.4.3 设置边框和底纹

边框和底纹是美化文档的重要方式之一，在 Word 2010 中，不但可以为选择的文本添加边框和底纹，还可以为段落和页面添加边框和底纹。

1. 为文本添加边框和底纹

通过单击"开始"选项卡上"字体"组中的"字符边框"按钮，可以为选中的文本添加或取消单线边框；单击"字符底纹"按钮，可为选中的文本添加或取消系统默认的灰色底纹。如果要对边框和底纹进行更多设置，如设置边框类别、线型、颜色、线条宽度和底纹颜色等，则需要通过"边框和底纹"对话框进行。其具体操作步骤如下：

(1)选中要添加边框和底纹的文本，单击"开始"选项卡上"段落"组中的"边框"按钮右侧的三角按钮，在展开的列表中选择"边框和底纹"项，如图 3-43 所示，打开"边框和底纹"对话框。

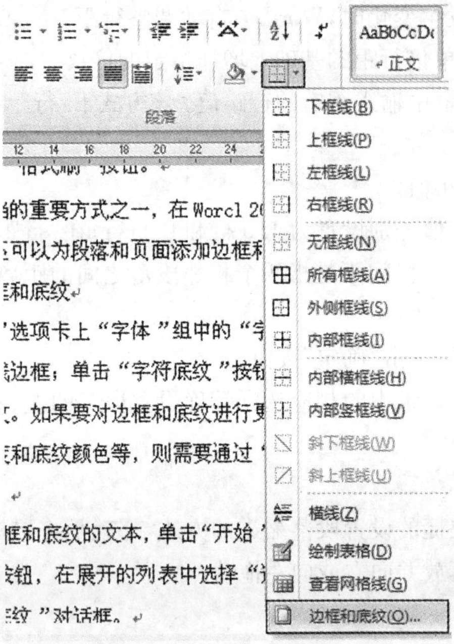

图 3-43　边框和底纹

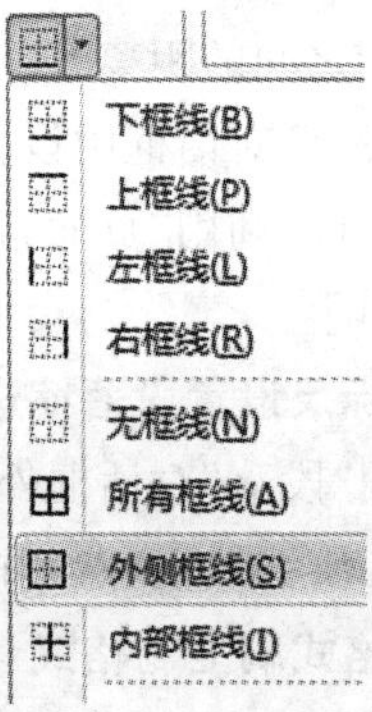

图 3-44　外侧框线

(2)在“边框”选项卡的“应用于”下拉列表中选择“文字”;在“设置”区中选择一种边框样式,如“三维”;然后在“样式”列表中选择一种线型样式,如“双线”;在“颜色”和“宽度”下拉列表中分别设置边框的颜色(如绿色)和宽度(如 0.5 磅)。

(3)单击“底纹”选项卡标签切换到该选项卡,在“应用于”下拉列表中选择“文字”;在“填充”下拉列表中选择一种填充颜色,如浅绿;在图案“样式”下拉列表中选择一种图案样式,如“5%”;在图案“颜色”下拉列表中选择一种图案颜色,如绿色,设置完毕单击“确定”按钮。

2. 为段落添加边框和底纹

为段落添加边框和底纹的具体操作步骤如下:

(1)要快速为段落添加边框,可选中要添加边框的段落,然后单击“开始”选项卡“段落”组“边框”按钮右侧的三角按钮,在展开的列表中选择要添加的边框类型,如选择“外侧框线”,如图 3-44 所示。

(2)若要为段落添加复杂的边框和底纹,可选中要添加边框或底纹的段落,或将插入符置于该段落中,然后打开“边框和底纹”对话框,分别在“边框”和“底纹”选项卡的“应用于”下拉列表中选择“段落”选项,然后设置需要的边框和底纹样式、颜色等,单击“确定”按钮。

如果单击“边框”选项卡“预览”窗口中的左、右、上、下边框按钮,可增加或删除相应位置的段落边框。

3. 在页面周围添加边框

在整个页面周围添加边框,可以获得生动的页面外观效果。设置页面边框的具体操作步骤如下:

(1)参考前面的方法打开“边框和底纹”对话框,并切换到“页面边框”选项卡。若要为页面添加普通的线型边框,只需参照为文本或段落设置边框的方法进行操作即可。

(2)若要为页面添加艺术型边框,可在“艺术型”下拉列表中选择一种艺术边框,然后在“宽度”编辑框中输入或单击其右侧的微调按钮，调整艺术边框的宽度值，单击“确定”按钮。

“应用于”下拉列表：在该列表中可选择页面边框的应用范围。

“选项”按钮：单击该按钮，可在弹出对话框中设置页面边框距页面边缘的距离。用户也可单击“页面布局”选项卡上“页面背景”组中的“页面边框”按钮，打开“边框和底纹”对话框。

3.4.4 设置文字的显示

1. 设置文字的排列方向

在中文 Word 2010 中，可以用文字方向命令旋转正文或表格单元格中选定的文字，以便从上到下阅读这些文字。设置文字排列方向的操作如下：

(1)选择“页面布局”选项卡中 “页面设置”组的“文字方向”按钮，如图 3-45 所示。

(2)单击“方向”栏里下面的文字框，可以将所选文字从上向下或从下向上纵向排列。

(3)单击“确定”按钮，将指定的文字方向应用于所选文字。

如果要将整篇文字设为竖排，请单击文档正文的任意位置，然后单击“文字方向”按钮；如果只需要改变部分文字的排列方向，则先通过 “分隔符”命令将其设为单独的一节，然后选定该节再单击“文字方向”命令；如果只需要改变少数文字的排列方向，请先将其置于文本框中，然后选定文本框，再单击“文字方向”命令。

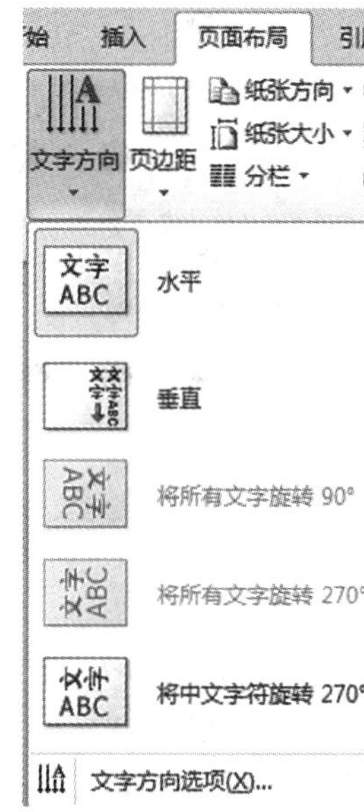

图 3-45 设置文字排列方向

2. 首字下沉

所谓首字下沉，即增大插入点所在段落首行的第一个字符(字母或汉字)的字号，使其产生“下沉”效果 。“下沉”的字既可以位于左页边框中，也可以从段落首行的基准线开始下沉。

设置首字下沉的步骤如下：

(1)确定需要作首字下沉的段落。

(2)单击“插入”选项卡“文本”组“首字下沉”按钮，将出现如图 3-46 所示的对话框。

(3)在对话框中可进行字体的有关设置，然后单击“确定”按钮即可。

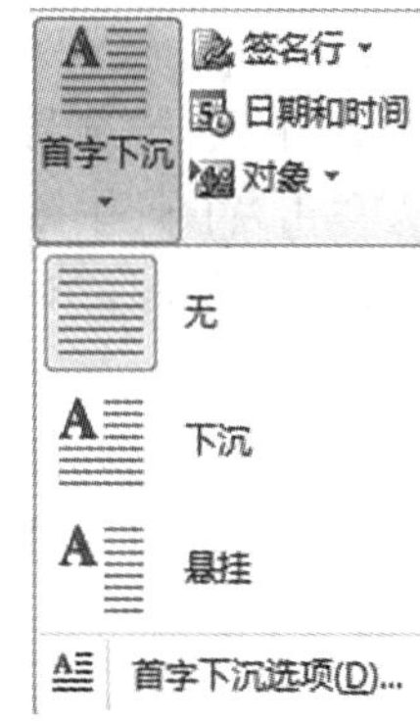

图 3-46 设置首字下沉

3.4.5 创建项目符号和编号

在编排论文、报告等文档时，借助于项目符号和编号，可使文档系统化、条理化，让读者更容易抓住要点。项目符号用于表示内容的并列关系，编号用于表示内容的顺序关系，合理地应用项目符号和编号可以使文档更具条理性。

1. 设置项目符号和编号

在输入完文本后，选中要添加项目符号或编号的段落，单击“开始”选项卡上“段落”组中的

“项目符号”按钮或“编号”按钮右侧的三角按钮，在展开的列表中选择一种项目符号或编号样式，即可为所选段落添加所选项目符号或编号，如图 3 - 47 所示。

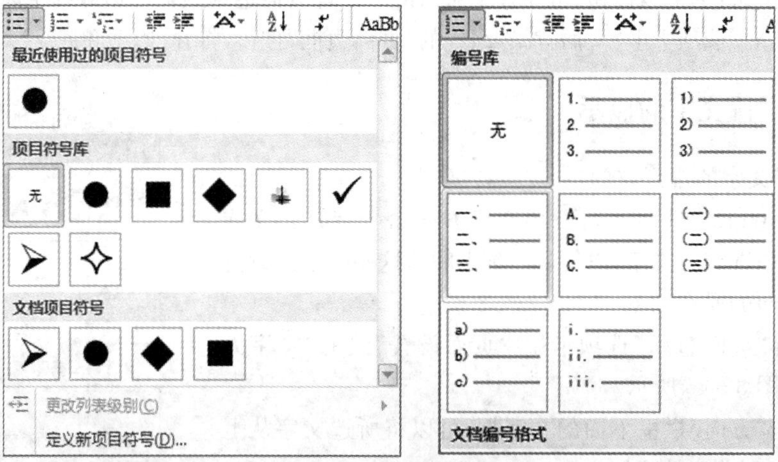

图 3 - 47　设置项目符号和编号

要取消为段落设置的项目符号或编号，可选中这些段落，然后打开“项目符号”或“编号”下拉列表，从中选择“无”选项。

2. 自定义项目符号和编号

如对系统预定的项目符号和编号不满意，还可以为段落设置自定义的项目符号和编号。

(1)自定义项目符号

自定义项目符号的操作步骤如下：

①选中要自定义项目符号的段落，然后选择图 3 - 47 左图所示的“项目符号”列表底部的“定义新项目符号”选项，打开“定义新项目符号”对话框。

②单击“符号”按钮，在打开的“符号”对话框中选择需要的项目符号，再单击“确定”按钮返回“定义新项目符号”对话框，然后单击“确定”按钮即可添加自定义的项目符号，如图 3 - 47 右图所示。

“符号”按钮：单击该按钮，可在弹出的对话框中选择图片作为项目符号。“对齐方式”下拉框：在此可选择项目符号的对齐方式。

(2)自定义编号

自定义编号的操作步骤如下：

选中要自定义编号的段落，然后选择图 3 - 47 右图所示的“编号”列表底部的“定义新编号格式”选项，打开“定义新编号格式”对话框。

①在“编号样式”下拉列表框中选择需要的编号样式，在“编号格式”编辑框中输入需要的编号格式（注意不能删除“编号格式”框中带有灰色底色的数值），单击“确定”按钮，即可添加自定义的编号格式。

②为段落定义了编号后，其将从所选的第 1 个段落开始进行连续编号。若希望从某个段落开始进行新的编号，需将插入符置于该段落的上一段落，然后在“编号”列表中选择“设置编号值”项，在打开的对话框中选择“开始新列表”单选钮，并在“值设置为”编辑框中输入起始

编号。

自定义的项目符号或编号将被添加至“项目符号”或“编号”按钮列表中，如果其没有自动应用于用户选择的段落，需从这两个列表中选择。此外，如果从设置了项目符号或编号的段落开始一个新段落，新段落将自动添加项目符号或编号，要取消此设置，可连续按两次“Enter”键。

3.4.6 创建页眉、页脚、页码和批注

页眉是文档中处于每页顶部的文本区，典型的页眉内容可以包括章节名、页码、作者名、书名、文档生成日期等信息，还可以在页眉中插入图片或者直接在页眉中使用绘图工具。页脚的特性与页眉相似，只是它位于每一页的底部，多数情况下，页脚区用于设置页码信息。

1. 添加页眉、页脚和页码

页眉和页脚分别位于页面的顶部和底部，常用来插入页码、时间和日期、作者姓名或公司徽标等内容。

(1)单击“插入”选项卡上“页眉和页脚”组中的“页眉”按钮，在展开的列表中选择页眉样式，如选择“字母表型”，如图 3-48 所示。

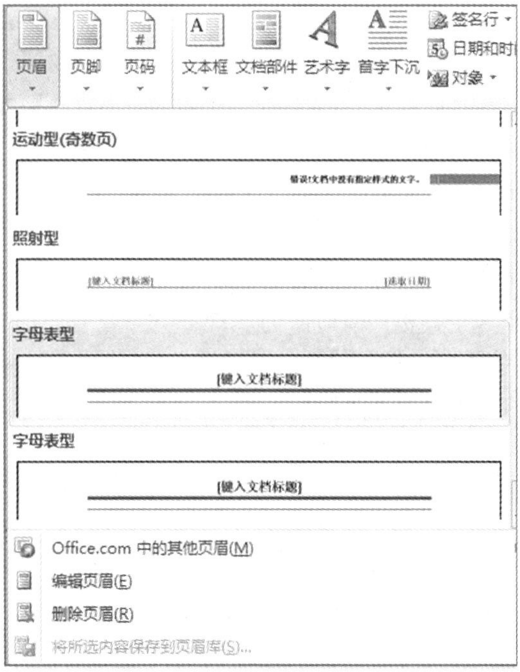

图 3-48 设置“字母表型”页眉

(2)进入页眉和页脚编辑状态，并在页眉区显示选择的页眉，同时功能区显示“页眉和页脚工具设计”选项卡。

(3)单击“标题”标签，然后输入要设置的页眉名称，如文档名称，再利用“开始”选项卡的“字体”组设置文本的字号。

(4)单击“页眉和页脚工具设计”选项卡上“导航”组中的“转至页脚”按钮转至页脚处，然后

可任意输入和设置页脚内容。这里我们单击“页眉和页脚”组中的“页脚”按钮，从弹出下拉列表中为页脚选择系统内置的页脚样式，如“堆积型”，然后在“公司”编辑框中输入文字。

(5)选择系统内置的某些页脚样式时，会自动添加页码。如果没有添加，我们也可将插入点置于要添加页码的位置，然后单击“页眉和页脚”组中的“页码”按钮；从弹出下拉列表中选择添加页码的位置，如“当前位置”，再选择页码类型，如“普通数字”。此时，系统将从文档的第1页开始，自动为文档编排页码。

(6)单击“页眉和页脚工具设计”选项卡上“关闭”组中的“关闭页眉和页脚”按钮，退出页眉和页脚编辑状态，查看页眉和页脚设置效果。

2. 修改与删除页眉和页脚

要修改页眉和页脚内容，只需在页眉或页脚位置双击鼠标进入页眉和页脚编辑状态，此时可参考修改正文的方法修改页眉或页脚。要更改系统内置的页眉或页脚样式，可在“页眉和页脚工具设计”选项卡的“页眉和页脚”组中重新选择一种样式。

3. 设置首页不同或奇偶页不同的页眉和页脚

使用 Word 2010 编排长文档(1节或多节)时，每节的首页通常不要页眉和页脚，并且奇数页和偶数页的页眉和页脚内容和位置有时候也不相同。例如，在编排双面打印或印刷的文档时，通常将偶数页的页眉和页脚居中或靠左显示，而奇数页的页眉和页脚居中或靠右显示。

(1)双击首页页眉区进入页眉和页脚编辑状态。单击“页眉和页脚工具设计”选项卡上“导航”组中的“下一节”按钮，转到第2节，然后选中“选项”组中的“首页不同”和“奇偶页不同”复选框。如图3-49所示。

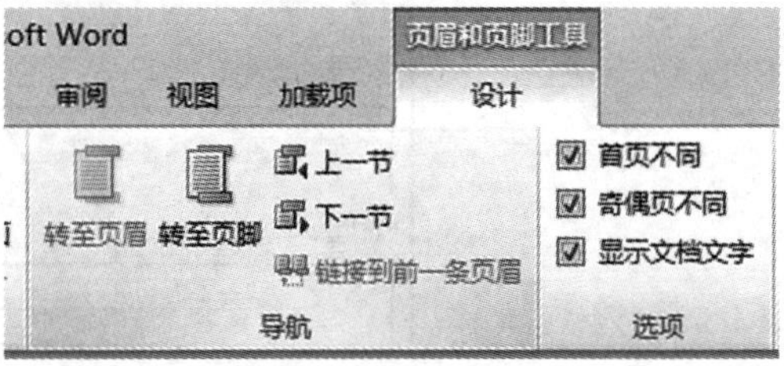

图3-49 设置特殊格式的页眉

(2)在该节的首页、奇数页和偶数页的页眉和页脚分别以不同的文字标识，并且首页和偶数的页眉和页脚将自动清除。分别为偶数页和奇数页设置不同的页眉和页脚，并修改相关的页眉线，使所有页眉线保持一致。

(3)在“页眉和页脚”组的“页码”列表中，选择“设置页码格式”选项，然后在打开的对话框中选择“起始页码”单选钮，并在其后的编辑框中输入1。确定后退出页眉和页脚编辑状态即可。

编号样式：在此下拉列表中选择一种页码格式。

包含章节：表示在页码格式中包含章节号，但章、节标题必须使用样式。

续前节：如果文档被分成了若干节，选中“续前节”单选钮，可以将所有节的页码设置成彼此连续的页码。

起始页码：选中此单选钮，则在本节中重新设置起始页码，然后在其右侧编辑框中输入起始页码。

2. 批注

批注是添加在一独立批注窗口中的带编号的注释文字。如果在审阅他人的文档时，只想在某些地方加入个人的评语而又不修改正文，就可以使用插入批注来实现。

(1)插入批注

插入批注的方法如下：

选定想要插入的文本或项目，在“审阅”的功能区，找到“新建批注”单击，如图 3－50 所示。

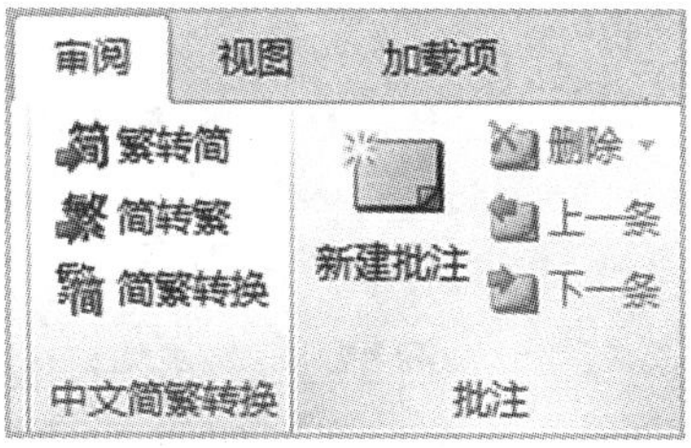

图 3－50　添加批注

此时可以在批注窗口中输入批注文字。如果计算机上安装有声卡和麦克风，单击批注窗口中的“声音对象”按钮还可以将录制的声音作为批注插入文档中。

(2)查看批注

将鼠标指针移到批注上 会弹出一个显示批注内容的文字框，此外也可以按以下步骤操作：

①在“审阅”选项卡中的“批注”组，点击“上一条”或“下一条”。该命令只有在文档中至少包含一个批注时才有效。

②在批注窗口顶部的“审阅者”框中选择审阅者的批注。

③若要收听声音批注，可双击所需批注的声音符号。

(3)删除批注

在要删除的批注上单击鼠标右键，然后执行快捷菜单中的“删除批注”命令。还可以选择要删除的批注后，单击“批注”组上的“删除”按钮。

3.5　中文 Word 2010 的表格制作

在使用中文 Word 2010 建立文档时，常常要用表格或统计图来表示一些数据，比如职工基本情况表、学生成绩单、预算报告、财务分析报告等。表格是一种简明扼要的表达方式，它以行和列的形式组织信息。表格结构严谨、效果直观，往往一张简单的表格就可以代替大量的文字叙述，而且可以直接表达意图。中文 Word 2010 提供了极强的表格制作功能，可以很轻松地制作出各种各样实用美观的表格。

3. 5. 1　建立和删除表格

表格是由行和列组成的，一行和一列的交叉处是一个单元格。表格中的信息包含在各个单元格中。要使用表格，就要先建立表格。在中文 Word 2010 中，可以使用菜单命令或工具栏命令按钮先建立表格，然后再向表格中输入数据，也可以将现有的文本段落直接转换成表格。表格是由水平的行和垂直的列组成的，行与列交叉形成的方框称为单元格。在 Word 2010 中，可以使用表格网格、手绘表格或者“插入表格”对话框创建表格。

1. 用“插入表格”对话框创建表格

用“插入表格”对话框创建表格可以不受行、列数的限制，还可以对表格格式进行简单设置。“插入表格”对话框是最常用的创建表格的方法，其具体操作如下：

(1)将插入符置于要创建表格的位置，单击“插入”选项卡上“表格”组中的“表格”按钮，在展开的列表中选择“插入表格”项，打开“插入表格”对话框，如图 3－51 所示。

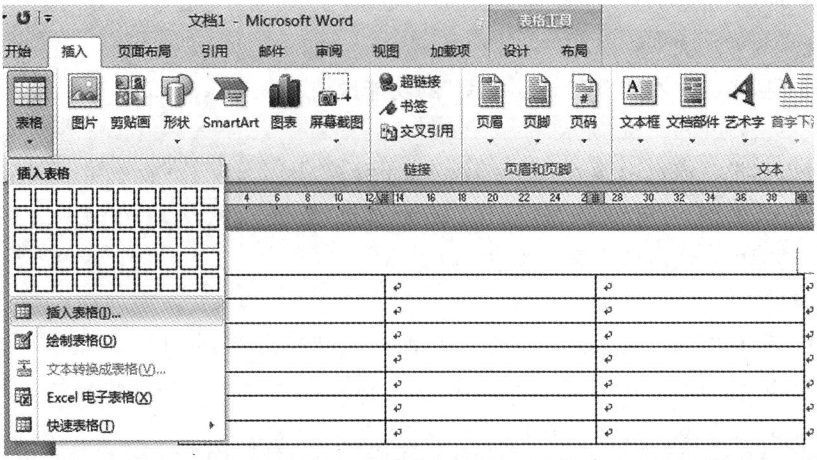

图 3-51　插入表格

(2)在“插入表格”对话框的“列数”和“行数”编辑框中设置表格的行数和列数,如分别设置为 7 和 3,然后在“‘自动调整’操作”设置区选择一种定义列宽的方式,如选择“固定列宽”单选钮,然后输入列宽值,如“5 厘米”,如图 3-52 所示。

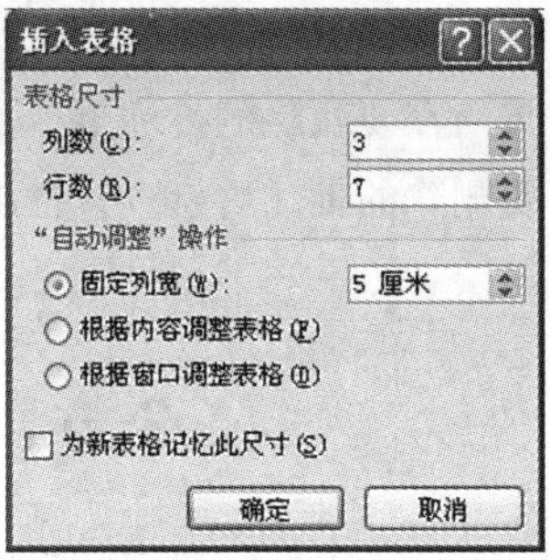

图 3-52　设置表格对话框

(3)单击“确定”按钮,即可创建一个 7 行 3 列,列宽为 5 厘米的表格。

2.绘制表格

使用绘制表格工具可以非常灵活、方便地绘制那些行高、列宽不规则的复杂表格,或对现有表格进行修改。绘制表格的具体操作如下:

(1)单击“插入”选项卡上“表格”组中的“表格”按钮,在展开的列表中选择“绘制表格”选项。

(2)将鼠标指针移至文档编辑窗口,单击并拖动鼠标,此时将出现一可变的虚线框,松开鼠标左键,即可画出表格的外边框。

(3)移动鼠标指针到表格的左边框,按住鼠标左键向右拖动,当屏幕上出现一个水平虚框后松开鼠标,即可画出表格中的一条横线。

(4)重复上述操作,直至绘制出需要的行数为止。然后可采用类似的方法,在表格中绘制竖线,直至完成表格的创建。

3.用表格网格创建表格

使用表格网格适合创建行、列数较少,并具有规范的行高和列宽的简单表格。例如,要创建一个 4 行 4 列的表格,可将插入符置于要创建表格的位置,单击“插入”选项卡上“表格”组中的“表格”按钮,在显示的网格中移动鼠标指针选择 4 行 4 列,此时将在文档中显示表格的创建效果,如图 3-53 所示,最后单击鼠标即可创建表格。

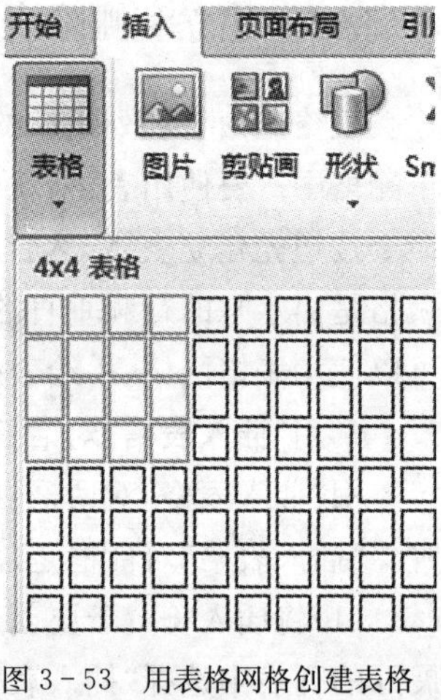

图 3-53　用表格网格创建表格

4.在表格中输入内容

要在表格中输入内容，只需在表格中的相应单元格中单击鼠标，然后输入内容即可。也可以使用左、右方向键在单元格中移动插入符以确定插入符，然后输入内容。

5.删除表格

删除表格的操作是：

(1)单击表格中的任一单元格。

(2)在出现的“表格工具”中选择“布局”，然后选择单击“删除表格”，如图3-54所示。

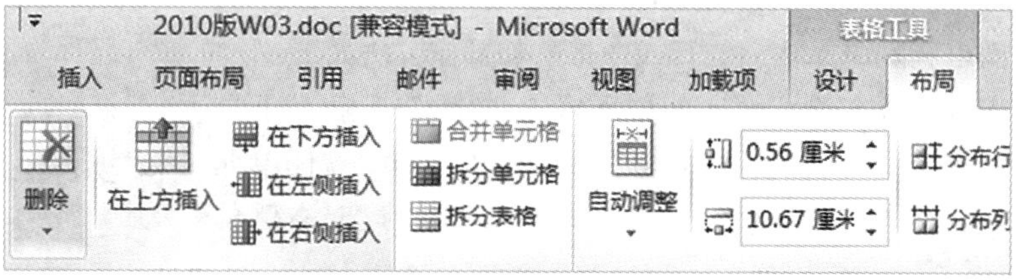

图3-54 删除表格

3.5.2 编辑表格

为满足用户在实际工作中的需要，Word 2010提供了多种方法来修改已经创建的表格。例如，插入行、列或单元格，删除多余的行、列或单元格，合并或拆分单元格，以及调整单元格的行高和列宽等。对表格的大多数编辑操作，都是通过“表格工具布局”选项卡进行的，将插入符置于表格的任意单元格中，都将显示“表格工具”选项卡，此时单击“布局”选项卡标签可切换到该选项卡，如图3-54所示。

1.选择单元格、行、列和表格

对表格的单元格、行、列、整个表格或表格内容进行编辑操作时，一般都需要先选中要操作的对象。

(1)选中单个单元格(行)：将鼠标指针移到单元格左下角，待鼠标指针变成箭头形状后，单击鼠标可选中该单元格；双击则选中该单元格所在的一整行。

(2)选择多个相邻的单元格：单击要选择的第一个单元格，将鼠标指针移至要选择的最后一个单元格，按下“Shift”键的同时单击鼠标左键。

(3)选中一整列：将鼠标指针移到该列顶端，待鼠标指针变成形状后，单击鼠标。

(4)选中多个不相邻单元格：按住“Ctrl”键的同时，依次选择要选取的单元格。

(5)选中整个表格：单击表格左上角的“表格位置控制点”按钮。

2.插入行、列或单元格

当需要向已有的表格中添加新的记录或数据时，就需要向表格中插入行、列或单元格。

(1)要插入行或列，可将插入符置于要添加行或列位置邻近的单元格中。单击“表格工具布局”选项卡上“行和列”组中的“在上方插入”按钮或“在下方插入”按钮可在插入符所在行的上方或下方插入空白行。

(2)若单击“在左侧插入”按钮或“在右侧插入”按钮，可在插入符所在列的左侧或右侧插入一空白列。

(3)要插入单元格，可先确定插入符，然后单击“行和列”组右下角的对话框启动器按钮，打开“插入单元格”对话框。

(4)在对话框中选择一种插入方式，如“活动单元格右移”，单击“确定”按钮，即可在插入符所在单元格左侧插入一个空白单元格，新单元格右侧的所有单元格右移。

3.删除单元格、列、行或表格

要删除单元格、列、行或表格，可将插入定位在相应单元格中，或选择好单元格区域、列或行，然后单击“表格工具布局”选项卡上“行和列”组中的“删除”按钮，展开如图 3－55 所示的列表，从中选择相应命令，即可删除单元格、列、行或表格。其操作方法如下：

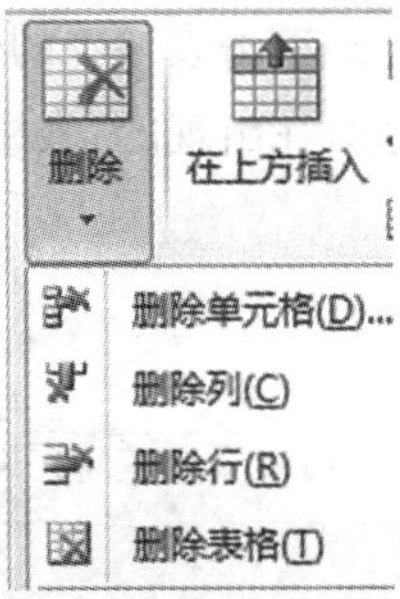

图 3－55　删除行列

(1)将插入符定位在前面插入的单元格中，然后在“删除”下拉列表中选择“删除单元格”选项，在打开的对话框中选择“右侧单元格左移”单选钮，单击“确定”按钮，可将该单元格删除，同时右侧单元格左移。

删除单元格后，如果出现某些单元格列线没有对齐的情况，可将鼠标指针移至该列线处，然后按住鼠标左键并拖动进行调整；使用同样的方法调整其他没有对齐的单元格列线。

(2)分别将插入符置于前面插入的空行和空列的任意单元格中，在“删除”列表中选择“删除行”或“删除列”选项，将它们删除。

4.合并与拆分单元格或表格

制作复杂表格时，有可能会将多个单元格合并成一个单元格，或将选中的单元格拆分成等宽的多个小单元格，还可将表格进行拆分。

(1)合并单元格

要合并单元格，可选中要合并的两个或多个单元格，然后单击“表格工具布局”选项卡上“合并”组中的“合并单元格”按钮可使用同样的方法将该表格最后一行单元格合并。

(2)拆分单元格

要拆分单元格，可选中要拆分的多个单元格，或将插入符置于要拆分的单元格中，然后单击“合并”组中的“拆分单元格”按钮，在打开的“拆分单元格”对话框中设置要拆分成的行、列数，单击“确定”按钮即可。

(3)拆分表格

若需要将一个表格拆分成两个表格，可将插入符置于要拆分为第二个表格的首行的任意单元格中，然后单击“合并”组中的“拆分表格”按钮即可。

5.调整行高与列宽

在使用表格时，我们经常需要根据表格中的内容调整表格的行高和列宽。调整行高和列宽的方法主要有两种：一种是用鼠标拖曳；另一种是利用“单元格大小”组进行精确设置。

(1)使用鼠标拖拽

要调整列宽，可将鼠标指针置于要调整列宽的列线上，按住鼠标左键向右或左拖动，在合适的位置释放鼠标左键即可。

要调整行高，可将鼠标指针置于要调整行高的行边线上，按住鼠标左键向下或向上拖动，在合适的位置释放鼠标左键即可。

(2)利用“单元格大小”组

要精确调整行高和列宽值，可在表格的任意单元格中单击或选中要调整的多行或多列，然后在“表格工具布局”选项卡上“单元格大小”组的“高度”或“宽度”编辑框中输入数值并按“Enter”键。

6.调整表格中文字的对齐方式

默认情况下，单元格内文本的水平对齐方式为两端对齐，垂直对齐方式为顶端对齐。要调整单元格中文字的对齐方式，可首先选中单元格、行、列或表格，然后单击“表格工具布局”选项卡上“对齐方式”组中的相应按钮。

7.设置表格边框

默认情况下，创建的表格边线是黑色的单实线，无填充色。除了可以利用表格样式快速美化表格外，还可自行为选择的单元格或表格设置不同的边线和填充风格。

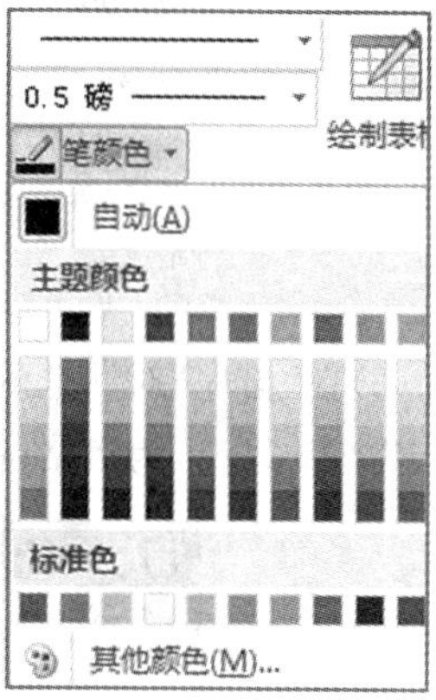

图 3-56　设置绘图边框

(1)选中要添加边框的表格或单元格，这里选中整个表格。分别单击“表格工具设计”选项卡“绘图边框”组中的“笔样式”“笔画粗细”和“笔颜色”下拉列表框右侧的三角按钮，从弹出的列表中选择边框的样式、粗细和颜色，如图 3-56 所示。

(2)单击“表格样式”组“边框”按钮右侧的三角按钮，在展开的列表中选择要设置的边框，如“外侧框线”，为所选单元格区域添加外边框。

(3)保持表格的选中状态，在“笔样式”“笔画粗细”和“笔颜色”下拉列表框重新选择边框样式和粗细，然后在“边框”下拉列表中选择“内部框线”，为所选单元格区域添加内边框，完成边框的设置。

8.设置底纹

为强调某些单元格中的内容，可为该单元格设置底纹。

选中要添加底纹的单元格；单击“表格工具设计”选项卡上“表格样式”组中的“底纹”按钮右侧的三角按钮，在展开的列表中选择一种底纹颜色，如橙色，如图 3-57 所示。

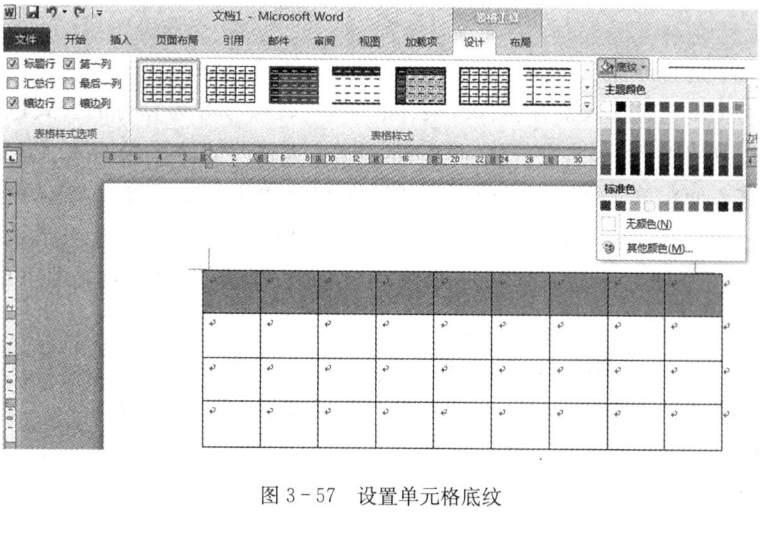

图 3-57　设置单元格底纹

9.为表格中的数据排序

在 Word 2010 中,可以按照递增或递减的顺序将表格内容按笔画、数字、拼音或日期等进行排序,具体操作如下:

(1)将插入符置于表格任意单元格中,然后单击“表格工具布局”选项卡上“数据”组中的“排序”按钮,如图 3-58 所示,打开“排序”对话框。

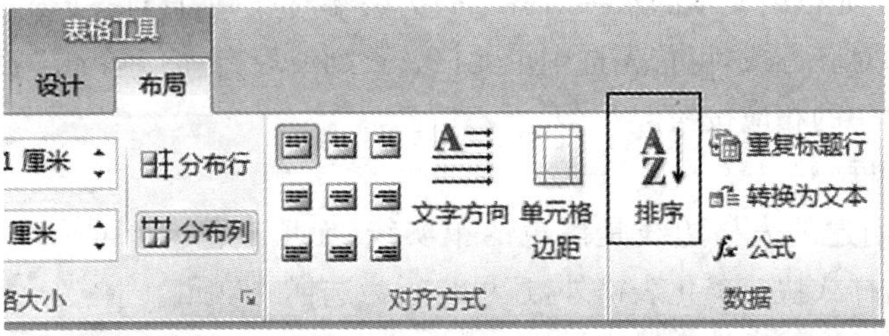

图 3-58　给数据排序

(2)在“排序”对话框的“主要关键字”下拉列表中选择排序依据(即参与排序的列),单击“确定”按钮,即可为表格中的数据排序,如图 3-59 所示。

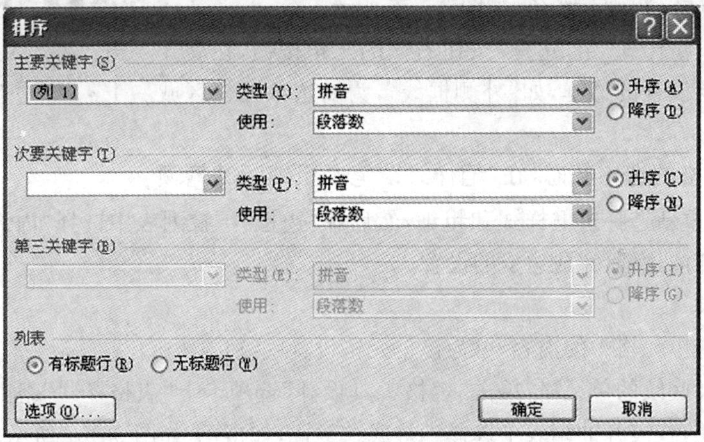

图 3-59　“排序”对话框

10.在表格中进行计算

在表格中,可以通过输入带有加、减、乘、除(+、-、×、/)等运算符的公式进行计算,也可以使用 Word 2010 附带的函数进行较为复杂的计算。表格中的计算都是以单元格或区域为单位进行的,为了方便在单元格之间进行运算,Word 2010 中用英文字母“A,B,C……”从左至右表示列,用正整数“1,2,3……”自上而下表示行,每一个单元格的名字则由它所在的行和列的编号组合而成的。下面列举了几个典型的利用单元格参数表示一个单元格、一个单元格区域或一整行(一整列)的方法。

A1:表示位于第一列、第一行的单元格。

A1-B3:表示由 A1、A2、A3、B1、B2、B3 六个单元格组成的矩形区域。

A1,B3:表示 A1、B3 两个单元格。

1:1:表示整个第一行。

E:E:表示整个第五列。

SUM(Al:A4):表示求 A1+A2+A3+A4 的值。

Average(1:1,2:2):表示求第一行与第二行的和的平均值。

(1)应用公式进行计算

通常情况下,当需要进行计算的数据量很大时,是需要使用专业处理软件 Excel 来处理的。但 Word 2010 也提供了对表格中数据进行一些简单运算的功能。

①插入符置于要放置计算结果的单元格中,单击"表格工具布局"选项卡上"数据"组中的"公式" 按钮,如图 3-60 所示。

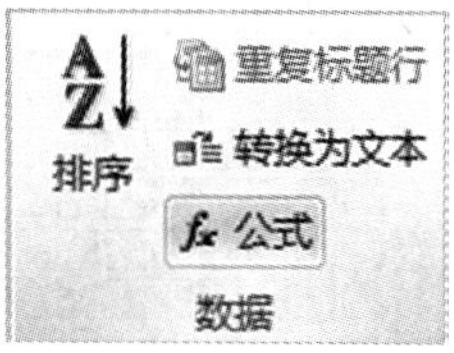

图 3-60 "数据"组中的"公式"按钮

②打开"公式"对话框,此时在"公式"编辑框中已经显示出了所需的公式,该公式表示对插入符所在位置上方的所有单元格数据求和,单击"确定"按钮即可得出计算结果。

(2)计算结果的更新

由于表格中的运算结果是以域的形式插入到表格中的,所以当参与运算的单元格数据发生变化时,公式也可以快速更新计算结果,用户只需将插入符放置在运算结果的单元格中,并单击运算结果,然后按"F9"键即可。

在 Word 2010 公式中,提供的参数除了 ABOVE 外,还有 RIGHT 和 LEFT。RIGHT 表示计算插入符右侧所有单元格数值的和;LEFT 表示计算插入符左侧所有单元格数值的和。若要对数据进行其他运算,可删除"公式"编辑框中"="以外的内容,然后从"粘贴函数"下拉列表框中选择所需的函数,如"AVERAGE"(表示求平均值的函数),最后在函数右侧的括号内输入要运算的参数值。例如,输入"=AVERAGE(A1:A4)",表示计算 Al 至 A4 单元格区域数据的平均值;输入"=AVERAGE(RIGHT)",表示计算插入符右侧所有单元格数值的平均值。

在删除"公式"编辑框中"="以外的内容后,也可以直接输入要参与计算的单元格名称和运算符进行计算。例如,输入"= A1×A4+B5",表示计算 A1 乘 A4 单元格,再加 B5 单元格的值。

11.文本和表格之间的相互转换

(1)表格转换成文本

在 Word 2010 中,用户可以将表格中的文本转换为由逗号、制表符或其他指定字符分隔的普通文字。要将表格转换成文本,只需在表格中的任意单元格中单击,然后单击"表格工具布局"选项卡上"数据"组中的"转换为文本"按钮,打开"表格转换成文本"对话框,在其中选择一种文字分隔符,单击"确定"按钮即可。

(2)文本转换为表格

在 Word 2010 中,可以将用段落标记、逗号、制表符或其他特定字符隔开的文本转换成表格。要将文本转换为表格,具体操作步骤如下:

①选中要转换成表格的文本,单击"插入"选项卡上的"表格"按钮,在展开的列表中选择"文本转换成表格"项,如图 3-61 所示。

②在打开的"将文字转换成表格"对话框中选择分隔符,然后单击"确定"按钮,即可将所选文本转换成表格,如图 3-62 所示。

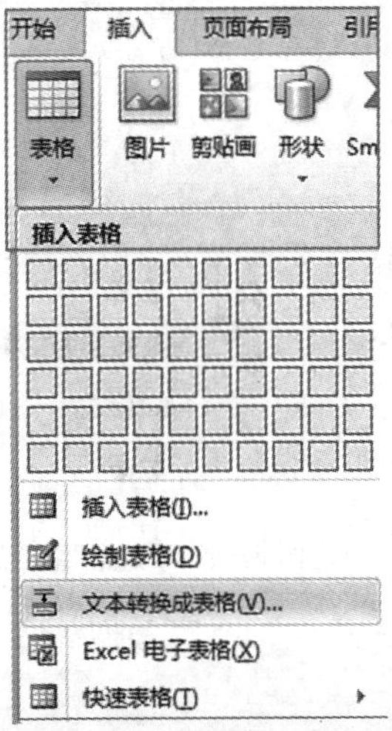

图 3-61 "文本转换成表格"项

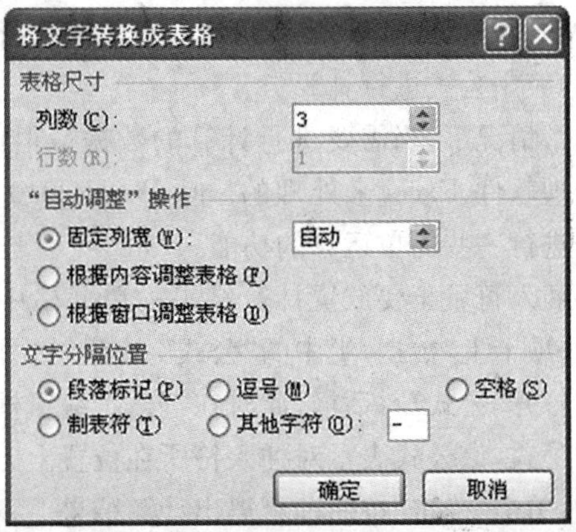

图 3-62 文字转换成表格对话框

3.6 Word 2010 文档高级编排

3.6.1 应用样式

图 3-63 "样式"对话框

样式是一系列格式的集合,是 Word 2010 中最强有力的工具之一,使用它可以快速统一或更新文档的格式。如一旦修改了某个样式,所有应用该样式的内容格式会自动更新。另外,利用样式还可辅助提取目录。

(1)要创建样式,可将插入符置于要应用该样式的任一段落中,然后单击"开始"功能区的"样式"组右下角的对话框启动器按钮,如图 3-63 所示,打开"样式"任务窗格,如图 3—64 所示"样式"对话框。

(2)单击窗格左下角的"新建样式"按钮,打开"根据格式设置创建新样式"对话框,如图 3-65 所示,在"名称"编辑框中输入新样式名称,如 "项目";在"样式类型"下拉列表中选择样式类型,如"段落";在"样式基准"下拉列表中选择一个作为创建基准的样式,表示新样式中未定义的段落格式与字符格式均与其相同;在"后续段落样式"下拉列表框中设置应用该样式的段落后面新建段落的缺省样式,如"正文";在"格式"设置区中设置样式的字符格式,如将"字体"设置为"宋体",字号设置为"小四"。

图 3-64 "样式"对话框

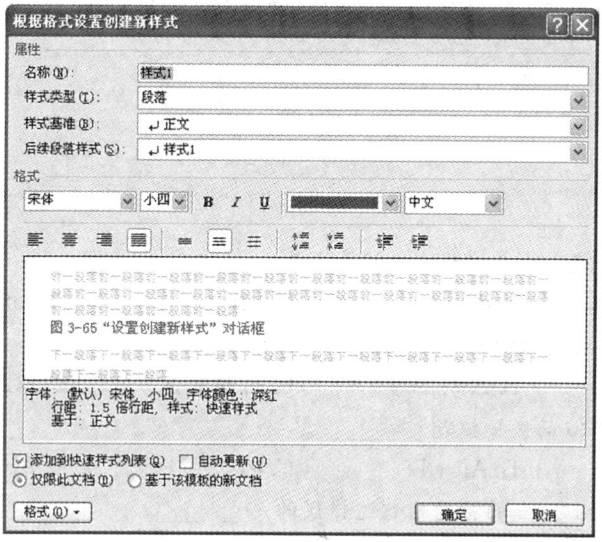

图 3－65　“设置创建新样式”对话框

(3)单击对话框左下角的“格式”按钮，在展开的列表中选择“段落”项，如图 3－66 所示，打开“段落”对话框。

(4)在“段落”对话框中设置样式的段落格式。例如，将段前和段后间距都设置为“0.5 行”。

(5)单击“确定”按钮，返回“根据格式设置创建新样式”对话框，在该对话框的预览框中可以看到新建样式的效果，其下方列出了该样式所包含的格式。

(6)单击“确定”按钮关闭“根据格式设置创建新样式”对话框，此时在“样式”任务窗格和“样式” 组中都将显示新创建的样式“项目”。

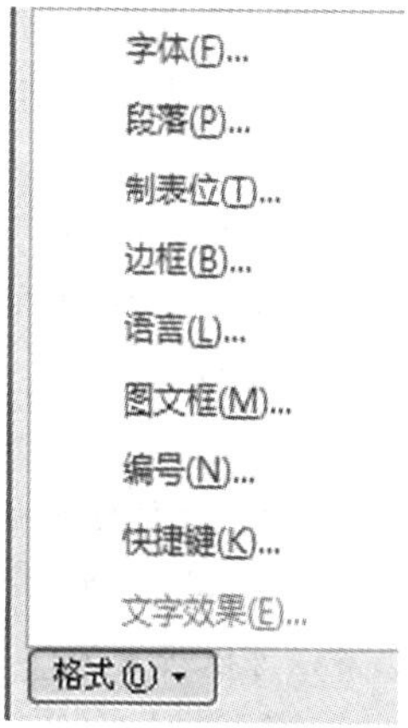

图 3－66　打开“样式”中段落对话框

3. 6. 2　编制目录

Word 具有自动创建目录的功能，但在创建目录之前，需要先为要提取为目录的标题设置标题级别(不能设置为正文级别)，并且为文档添加页码。在 Word 2010 中，主要有以下三种设置标题级别的方法：

1. 利用大纲视图设置。

2. 应用系统内置的标题样式。

3. 在“段落”对话框的“大纲级别”下拉列表中选择。

在 Word 2010 中，创建目录的操作如下：

(1)将插入符置于文档中要放置目录的位置。

(2)单击“引用”选项卡上“目录”组中的“目录”按钮，在展开的列表中选择一种目录样式，如“自动目录 1”示。Word 将搜索整个文档中 3 级标题及以上的标题，以及标题所在的页码，并把它们编制成为目录。

(3)若单击目录样式列表底部的“插入目录”选项，可打开 “目录”对话框，在其中可自定义目录的样式。

若要删除在文档中插入的目录，可单击“目录”列表底部的“删除目录”项，或者选中目录后按“Delete”键。

【巩固练习】

一、单选题

1. Word 2010 的建立的文档默认的扩展名是________。
   A. doc　　B. docx　　C. dot　　D. dotm
2. Word 2010 具有的功能是________。
   A. 表格处理　　B. 绘制图形　　C. 自动更正　　D. 以上三项都是
3. 退出 Word 2010 的快捷键是 ________。
   A. Alt+F4　　B. Alt+F5　　C. Ctrl+F4　　D. Alt+Shift
4. 下面关于 Word 2010 的标题栏叙述错误的是________。
   A. 双击标题栏，可最大化或还原 Word 窗口。
   B. 拖拽标题栏，可以将最大化窗口拖到新位置。
   C. 拖拽标题栏可将非最大化窗口拖到新位置。
   D. 以上三项都不是。
5. Word 2010，能设置文档行间距的功能区是________。
   A. 文件按钮　　B. 开始功能区　　C. 插入功能区　　D. 页面布局功能区
6. Word 2010 中，段落标记的位置在________。
   A. 段落首部　　B. 段落的结尾处　　C. 段落中间　　D. 没有结束标识
7. Word 2010 中默认的视图方式是________。
   A. 草稿视图　　B. 大纲视图　　C. 页面视图　　D. 阅读版式
8. 在 Word 2010 中，Backstage 视图下，选择“最近所用文件”选项显示文档名的个数最多可以设置为________。
   A. 10 个　　B. 20 个　　C. 25 个　　D. 50 个
9. Word 2010 编辑状态下，输入的当前文字显示在________。
   A. 鼠标光标处　　B. 插入点出　　C. 文档尾部　　D. 当前行尾部
10. Word 2010 中如何选中一段________。
    A. 在这段文字某一行的行左单击　　B. 在这段文字某一行行左双击
    C. 在这段文字某一行行左三击　　D. 按下在该段的某该段段左单击
11. Word 2010 的替换功能在“开始”功能区________组中。
    A. 剪贴板　　B. 字体　　C. 段落　　D. 编辑
12. 在 Word 2010 中要插入公式，应该选择“插入”功能区________命令。
    A. 符号　　B. 函数　　C. 形状　　D. 公式
13. 在 Word 2010 中对选定的文字不能设置的是________。
    A. 文字效果　　B. 加下划线　　C. 加着重号　　D. 自动版式
14. 在 Word 2010 中关于分栏的说法正确的是________。
    A. 栏与栏之间不能设置分割线

B. 任何视图下都能看到分栏效果

C. 设置的栏宽与间距和页面宽度无关

D. 可以将指定的段落分成指定的栏数

15. Word 2010 中选择某段文本后，双击格式刷进行格式应用，格式刷可以被使用________。

A. 1 次　　B. 2 次　　C. 有限次　　D. 无限次

16. 在 Word 2010 编辑状态下，要将另一篇文档的内容全部添加在当前文档的当前光标处，应选择的操作是依次单击________。

A. 文件按钮和打开命令　　B. 文件按钮和新建命令

C. 插入功能区和对象命令　　D. 插入功能区和超链接命令

17. Word 编辑状态下不可以操作的是________。

A. 对选定的段落设置页眉和页脚　　B. 在选定的段落内进行查找、替换

C. 对选定的段落进行拼写和语法检查　　D. 对选定的段落进行字数统计

18. 打印时，设置纸张大小在 ________ 。

A. 开始按钮段落组　　B. 开始按钮字体组

C. 页面布局功能区页面设置组　　D. 都不对

19. 若在 Word 2010 中使用了项目符号或编号，则项目符号或编号在________时会自动出现。

A. 每次按回车键　　B. 一行文字输入完毕并回车

C. 按 Tab 键　　D. 文字输入超过右边界

20. 在 Word 2010 的“页面设置”中，默认的纸张大小是________。

A. 16K　　B. A4　　C. A3　　D. B4

二、操作题

1. 有诗如下：

春眠不觉晓，处处闻啼鸟，夜来风雨声，花落知多少。

(1)选中全诗设置为“华文新魏”“4 号”字，字体颜色为蓝色。

(2)将该诗按句分成 4 段，整首诗居中对齐。行距为 2 倍行距。

(3)为整首诗添加标题“春晓”，设置为“隶书，二号，居中”，并添加文本效果为“蓝色轮廓，外部阴影向上偏移”。

(4)为全诗添加背景为“淡紫，背景 2 填充；黄色 12.5%的图案样式”。

2. 有文章如下：

当时，我对丛林中的奇遇想得很多，于是，我也用彩色铅笔画出了我的第一幅图画。我的第一号作品。它是这样的：我把我的这副杰作拿给大人看，我问他们我的画是不是叫他们害怕。他们回答我说：“一顶帽子有什么可怕的?”我画的不是帽子，是一条巨蟒在消化着一头大象。于是我又把巨蟒肚子里的情况画了出来，以便让大人们能够看懂。这些大人总是需要解释。我的第二号作品是这样的：大人们劝我把这些画着开着肚皮的，或闭上肚皮的蟒蛇的图画放在一边，还是把兴趣放在地理、历史、算术、语法上。就这样，在六岁的那年，我就放弃了当画家这一美好的职业。我的第一号、第二号作品的不成功，使我泄了气。这些大人们，靠他们自

己什么也弄不懂,还得老是不断地给他们作解释。这真叫孩子们腻味。

后来,我只好选择了另外一个职业,我学会了开飞机,世界各地差不多都飞到过。的确,地理学帮了我很大的忙。我一眼就能分辨出中国和亚里桑那。要是夜里迷失了航向,这是很有用的。这样,在我的生活中,我跟许多严肃的人有过很多的接触。我在大人们中间生活过很长时间。我仔细地观察过他们,但这并没有使我对他们的看法有多大的改变。

当我遇到一个头脑看来稍微清楚的大人时,我就拿出一直保存着的我那第一号作品来测试测试他。我想知道他是否真的有理解能力。可是,得到的回答总是:“这是顶帽子。”我就不和他谈巨蟒呀,原始森林呀,或者星星之类的事。我只得迁就他们的水平,和他们谈些桥牌呀,高尔夫球呀,政治呀,领带呀这些。于是大人们就十分高兴能认识我这样一个通情达理的人。

(1)将文章中“他们”替换为“they”。

(2)为文章第三段加上“红色6磅”段落边框。

(3)将文章最后一段分成2栏,第一栏为12磅,第二栏为18磅,加分栏线。

(4)在文章最后插入系统当前日期,格式如有:二〇一五年七月二十四日,右对齐。

部分习题参考答案

一、单选题

1～10. BDABBBCCBB　11～20. DDDDDCACAB

第 4 章　Excel 2010 基础操作

4.1　认识 Excel 2010

4. 1. 1　Excel 2010 的工作界面

Excel 2010 是 Office 2010 的表格处理工具，虽然 Word 2010 也可以制作简单的表格并对表格数据进行设置，但毕竟不够专业。

Excel 2010 的工作界面如图 4－1 所示 分为标题栏、文件按钮、功能区、地址栏、工作区、滚动条、状态栏。

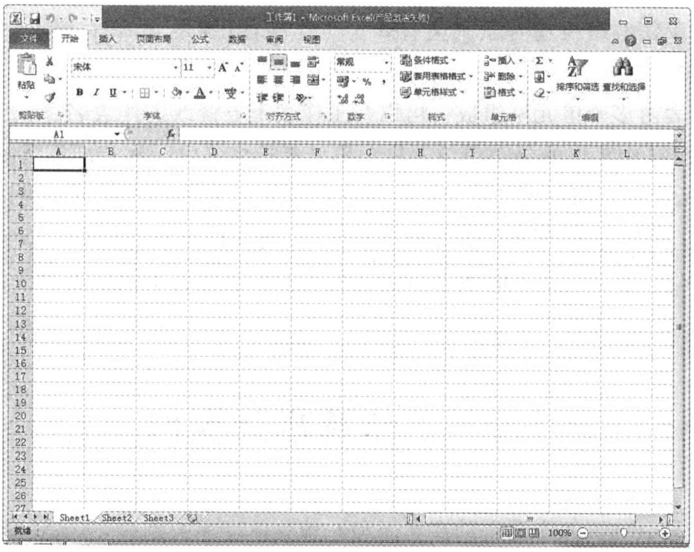

图 4－1　Excel 2010 工作界面

“标题栏”的模式与 Word 2010 一样，包括 Excle2010 图表、保存按钮、撤销、重复、自定义快速访问工具栏，文档标题，最小化、最大化(还原)、关闭按钮。

“文件”按钮在功能区左边，涉及 Excel 文档相关信息、保存、打开、退出、打印。

Excel 中包括了“开始”“插入”“页面布局”“公式”“数据”“审阅”“视图”七个功能区。

“开始”：Excel 2010 最常用的功能区，涉及其常规操作，如文字格式设置、单元格格式、数据简单计算。

“插入”：Excel 2010 用这一功能区来进行自我修饰，可以插入图形图像、图表、艺术字、科学公式等众多内容来丰富补充表格信息的表述。

"页面布局"：与 Word 2010 一样，Excel 2010 也可以设置成页，添加页眉页脚等信息。

"公式"：这一功能区是专门用来进行计算的，并将不同类型的函数进行了分类，力求使操作更加简便。

"数据"：该功能区用来从外部获取数据，并对数据进行整理分析。

"审阅"：是对 Excel 2010 进行校对、更改，添加批注，并对其产生相应的保护。

"视图"：对 Excel 2010 窗口设置个性的显示方式，方便操作。"地址栏"包括单元格"名称框"和"编辑栏"，用来显示目标单元格名称及内容。"工作区"由一个一个单元格构成，每个单元格由行列交叉构成，用行和列名称组合成单元格名称，列标在前行标在后。行按照数字递增 1、2、3……，列按照英文字母递增 A、B、C……AA、AB、AC……BA、BB、BC……。如第一行第一列的单元格即为 A1。

"滚动条"包括水平和垂直。其中水平滚动条左边是工作表名。"状态栏"显示是否就绪以及视图方式和显示比例。

4. 1. 2　工作簿、工作表和单元格

学习 Excel，必须要了解三个概念，工作簿、工作表、单元格。

每次新建一个 Excel 其实就是新建一个 Excel 工作簿，它像一本本子一样，里面包含很多的工作表。一个工作簿在新建时默认会有 3 个工作表，分别是 Sheet1、Sheet2、Sheet3，如果多余可以删除，缺少可以添加。

每一张工作表由多个单元格组成。可以在工作表下方修改工作表名。

单元格是 Excel 中工作的最小单位。每个单元格的名称由行标和列标组成，列标在前行标在后，如 A1，表示第一行第一列的单元格。行标可以从 1 到 1047567，列标可以从 A 到 XFD。

注意：除了这三个概念，还要区分表格的概念，所谓表格，一般用来说 Excel 或 Word 中的表，为了做一个区分，在 Excel 中的表格指的是在某一张工作表中根据需求制作的不同的单独的表。

4.2　工作簿基础操作

安装 Office 2010 后，程序会自动在桌面和开始菜单程序中创建 Excel 2010 的快捷方式。

4. 2. 1　新建工作簿

工作簿的创建方式非常多，这里介绍 4 种。

(1)桌面快捷方式

双击桌面快捷方式，会自动生成一个默认名为"工作簿 1"的 Excel 文档，其中包含 3 张工作表分别为"Sheet1""Sheet2""Sheet3"。默认的当前工作表为"Sheet1"。扩展名为 xlsx。

(2)程序中的快捷方式

单击打开"开始"按钮，单击点开"所有程序"，选择"Microsoft Office"，单击"Microsoft Excel 2010"，也会自动创建一个默认名为"工作簿 1"的 Excel 文档。

(3)“文件”按钮

在已打开 Excel 2010 的前提下，单击“文件”按钮，选择“新建”命令，在可用模板如图 4－2 中选择“空白工作簿”，然后单击创建命令。

图 4－2　BackStage 视图

(4)鼠标右键

将鼠标移当前文件夹工作区空白处，单击鼠标右键，弹出下拉菜单，在其中选择“新建”命令，单击“Microsoft Excel 工作表”，在当前文件中会创建一个名为“新建 Microsoft Excel 工作表”，扩展名为 xlsx 的 Excel 文档。

4.2.2　工作表

工作表是 Excel 文档中最基本操作对象，所有的 Excel 对象都必须存在于工作表中，那么如何去操作工作表显得尤为重要。

工作表的基本操作包括插入，删除，移动，重命名。

插入：右键单击某一工作表名，会弹出下拉菜单，选择“插入”命令，会在选中工作表右侧新建一个工作表。或者在按下“Ctrl”键的同时，选择某一工作表名拖动到目标位置释放，会复制一个工作表。

删除：选中工作表，右键单击选择“删除”命令。

移动：选中目标工作表，按住鼠标左键不放，移动到目标位置。

重命名：右键单击目标工作表，选择“重命名”命令。或者双击目标工作表名，进行修改。

4.2.3　保存

用快捷方式和“文件”按钮创建的 Excel 文档一定要保存才能生效。保存文档的方式有多种，以下介绍 4 种。

(1)“保存”按钮

在对 Excel 更改后选择，选择标题栏中“保存”按钮。首次保存时会弹出“另存为”对话框，如图 4－3。选择保存位置，设置文件名和文件类型。

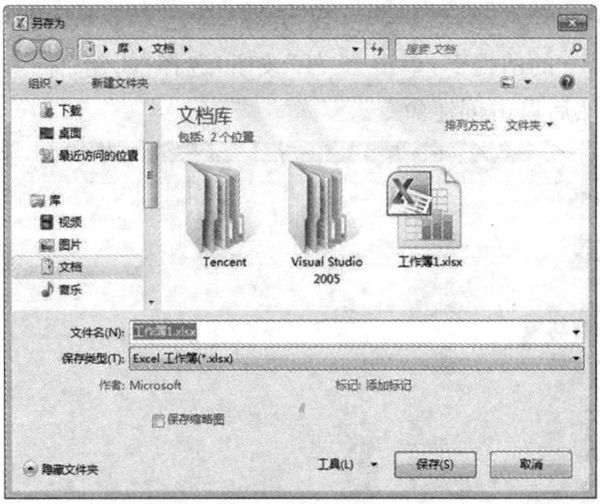

图 4-3　另存为对话框

注：保存文件时除了默认的“Excel 工作簿(＊.xlsx)”外，还可以选择其他 Excel 类型，如“97—2003 工作簿”以兼容早期版本的使用。

(2)快捷键

更改文档后，用“Ctrl”和“S”两个快捷键。

(3)“文件”按钮

更改文档后，选择“文件”按钮中“保存”命令。

(4)自动保存

选择“文件”按钮“选项”命令，弹出“Excel 选项”对话框如图 4-4，在其中选择“保存”命令，设置保存自动恢复信息时间间隔，那么即使在操作过程中忘记保存，也不会丢失太多更改信息。

图 4-4　Excel 选项对话框

注：在更改文档后，如果没有保存，关闭文档时，会弹出，如图 4-5 对话框，也可以保存。

图 4-5　Microsoft Excel 提示

4.2.4 退出

(1)双击 Excel 图标退出文档。

(2)“文件”按钮

选择“文件”按钮“退出”命令退出文档或者“文件”按钮“关闭”命令退出文档。

(3)关闭按钮。

(4)“Alt”+“F4”。

4.2.5 打开

打开一篇文档,既可以通过双击文档名打开,或者利用“文件”按钮“打开”命令打开相应文档。

4.2.6 视图

在 Excel 中文档的显示方式有四种:普通视图,页面视图,分页预览和全屏。一般使用的都是普通视图。同时,还可以设置自定义视图。

4.3 单元格基础操作

单元格是 Excel 文档工作的最小单位,它的基本操作仅是要向工作表中添加数据,而且可以完善工作表的内容。

4.3.1 编辑单元格数据

数据是表格中最重要的组成部分,其正确性直接关系着整个表格的存在意义。在编辑单元格时首先要保证单元格处于编辑状态,然后才可以添加或修改单元格中的内容。

双击单元格或者选择单元格后按“F2”键都可以使单元格处于编辑状态,然后进行数据修改,此时鼠标显示为“Ⅰ”型。也可以选择单元格后单击“编辑栏”,在“编辑栏”中修改单元格数据。

注:鼠标图标的不同,代表着不同的意义。

①当鼠标显示为空心十字,说明单元格被选中,可进行复制、剪切操作。

②当鼠标显示为锚型,说明单元格被选中,可进行移动。

③当鼠标显示为Ⅰ型,说明可以在单元格中添加数据和内容。

4.3.2 单元格的选择

选择单个单元格:单击单元格,鼠标显示为空心十字。

选择多个连续的单元格:将鼠标置于要选择单元格区域的左上角,鼠标显示为空心十字,按住鼠标左键拖动到要选择单元格区域的右下角。或者按住“shift”键分别选择首尾单元格。

选择不相邻的单元格：按住“Ctrl”键分别选择需要的单元格。

选择整行或整列：将鼠标移到行左的行标处单击，或者列上的列表上单击。

选中相邻的行和列：选中第一行后向下拖动鼠标，或选择第一列后向后拖动鼠标直至最后。

选择不相邻的行和列：按住“Ctrl”键选择要选择的行和列。

选中整张工作表：把鼠标单击工作表行列交叉处，即可选中。

4. 3. 3 编辑单元格内容

编辑单元格内容包括输入，删除。

向单元格中输入内容时要注意当时的插入状态，可以用“Insert”键来切换为“插入”和“改写”。

删除单元格中内容时，用“BackSpace”键删除光标前的内容，用“Delete”键删除光标后的内容。也可以用右键下拉菜单中“清除内容”命令来清除单元格中的内容。

注：在单元格中输入内容时，按“Enter”键是不能强制换行的，需要“Alt”+ “Enter”键。也可以用“开始”功能区“对齐方式”组中“自动换行”命令来设置单元格进行自动换行。

4. 3. 4 移动和复制单元格

在 Excel 中移动和复制单元格，可以通过鼠标拖动来完成，也可以通过剪贴板来完成。移动单元格数格，首先选择目标单元格，光标变成锚点后，按住鼠标左键将单元格移到目标位置即可。

复制单元格，首先选择目标单元格，当光标变成锚型，按住“Ctrl”后按住鼠标左键将单元格移到目标位置。

用剪贴板完成，则首先选中目标单元格，利用“开始”功能区“剪贴板”组中“复制”或“剪切”命令，然后再用“粘贴”命令粘贴到目标位置。当然，目标位置的复制和剪切也可以用快捷键“Ctrl”+“C”和“Ctrl” +“X”，或者右键下拉菜单进行操作。

另外，复制单元格后，还可以进行选择“粘贴”命令“选择性粘贴”子命令如图 4-6 对话框，根据具体要求个性化设置粘贴内容。

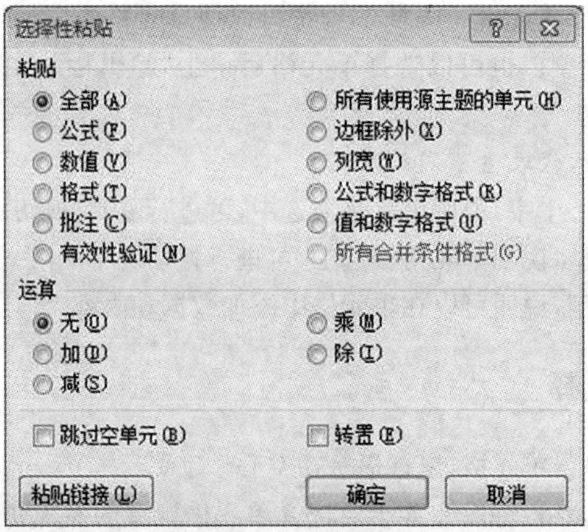

图 4-6 选择性粘贴

4.3.5 插入单元格

当表格中数据中出现错位和混乱，可以在出错的地方插入单元格来弥补这一问题。如下图有一表将性别写入了班级列，则需要在班级列的对应这一位置插入一个单元格来完成。

选中目标位置，点击“开始”功能区“单元格”组中“插入”命令中的“插入单元格”会打开“插入”对话框如图 4－7，设置要求，确定即可。

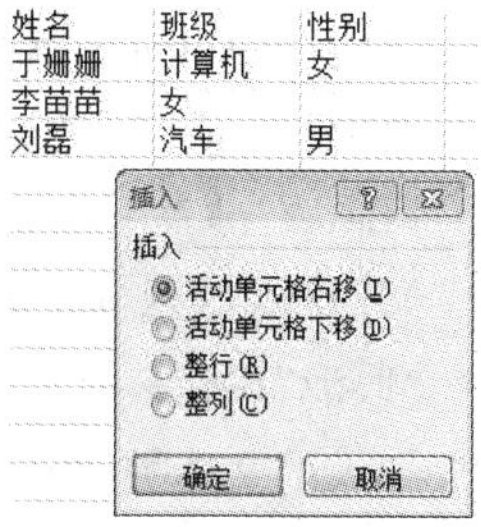

图 4－7　插入单元格对话框

若要将性别列和班级列进行调换，首先剪切性别列内容，然后选中班级列所有内容，到“插入”命令中选择“插入已剪切单元格”，则性别列被插入到班级列前。

除了插入单元格，在表格中还可以插入行和列。

选中某一行或某一列后，单击“插入”命令中“插入工作表行”或“插入工作表列”，会在选中的行上或列左插入 一行或一列。

4.3.6 行高和列宽

行高和列宽的设置方法是一样的。

设置行高时，首先选择要设置行高的单元格或者单元格区域，单击“单元格”组“格式”命令中“行高”，弹出“行高”对话框如图 4－8，如下，在其中设置。设置列宽时，则选择“列宽”，也会弹出“列宽”对话框。

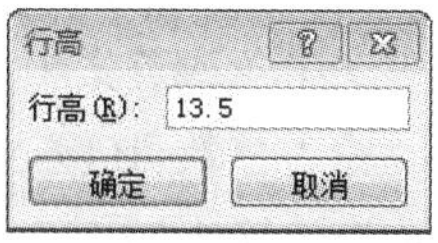

图 4－8　行高对话框

也可以将光标移到行与行之间或列与列之间，用鼠标拖动。若要设置多行同高或多列同宽，则首先选中要操作的行或列，然后将移到选中位置的行与行之间或列与列之间，再用鼠标进行拖动。

4.3.7 合并和拆分单元格

某一单元格无法显示单元格中的全部内容时，除了重设单元格行高列宽，还可以用合并单元格的方式。合并单元格即将一行或一列中多个连续的单元格合并成一个单元格。

首先选择要合并的单元格，然后选择“开始”功能区“对齐方式”组中“合并后居中”命令，即可完成。

“合并后居中”命令中包括合并后居中、跨越合并、合并单元格三项。跨越合并指的是行与行之间相互合并，而上下单元格之间不参与合并。

合并过单元格后，再次单击“合并后居中”命令则会被拆分，且单元格中的信息都会出现在左上角的单元格中。

4.4 输入表格数据

向单元格中输入数据，需要确定单元格是编辑状态。当单元格设置为编辑状态以后，则可以输入数据。表格中可以输入的数据不仅有文本，还可以接受数值、日期、时间、逻辑值和错误值等。它们在输入时都有不同之处，需要注意。

4.4.1 文本

输入文本，指输入以字母或字母开头的字符和汉字等字符型数据。

首先选中目标单元格，并设置其为编辑状态，值得注意的是输入文本后要输入其他按钮或者快捷键，表示不同的含义。

“Enter”键表示确定输入，并将下方单元格设置为活动单元格。

“Tab”键表示确定输入，将右方单元格是指为活动单元格。

“取消”按钮表示取消输入。“BackSpace”键表示清除单元格内容，重新输入。

输入的文本数据在单元格默认的对齐方式是左对齐。

4.4.2 数值

数值一般由整数、小数等组成。输入数值型数据时，Excel 会自动将数据沿单元格右对齐。

想要在单元格中直接输入数值数据，对于不同情况要进行不同处理。

输入负数，要在数字前加“－”号或者给数字加上“()”，值得一提的是这两个符号都必须是在中文半角或英文半角状态下输入的才可以。例如：－50，(50)。

输入分数，在输入分数前要输入“0”和一个空格，再输入分数。例如：想输入 1/3，则在单元格内应该输入“01/3”。

输入百分数，直接在数字后加上％号即可。

输入小数，直接输入，可以通过“数字”组中“增加/减少数字位数”按钮调整小数位数。

输入长数字，直接输入，单元格会自动将其转换成科学计数法显示。

注：在操作过程中有些数字，比如电话号码，学号等虽然看似数值，实为文本。再输入之前要先输入一个“’”，该符号输入时必须为英文半角状态。

4.4.3 日期和时间

若在单元格中按照 Excel 提供的格式，输入日期和时间，则单元格会将数据转换成对应的日期或时间格式，而不需要设定单元格为日期或者时间格式。

输入日期，按照“年月日”的顺序，中间用“/”或者“－”隔开，如“2015/1/1”“2015－1－1”。如果需要快速输入日期，则需要按住“Ctrl”＋“;”键。

输入时间，按照“时分秒”的顺序，中间用“:”隔开，当输入时缺省秒时，会显示为 00。如若输入“12:56”则显示为“12:56:00”。若需要快速输入当前时间，则按“Ctrl”＋ “Shift” ＋“;”键。

同时输入时间和日期时，先输入日期，然后输入一个空格，再输入时间。

注：时间和日期在 Excel 工作表中均按数字处理，日期被保存为序列数，表示距 1900 年 1 月 1 日的天数，而时间被保存为 0－1 之间的小数，在显示时再被转换给需要的格式。

时间在 Excel 中按照 24 小时处理，如果要按照 12 小时来输入时间和日期，则在时间后加一个空格，然后输入 AM 或者 BM。

4.4.4 自动填充

Excel 处理的数据信息量很大，而如何保证数据输入的正确和快速是一个非常重要的问题。当在输入过程遇到有规律的数据时，可以使用自动填充功能开提高工作效率。

自动填充的第一个方法就是用填充柄填充数据，选中单元格后，光标移到单元格右下角变成黑色实心的十字，此时可以向上下左右四个方向进行填充。

数字填充，如果只选中一个单元格，此时的填充就是一种复制。想完成填充，一般需要在相邻的两个单元格中输入数字，选中这两个单元格，向需要方向填充。如在第一列中填充数字“1、2、3、4……”。

文字填充，填充即相当复制。若是以文本形式存储的数字，选中一个单元格，沿目标方向填充，会形成序列。

日期时间填充，日期会按照日的递增填充，时间会按时的递增填充。

除了使用填充柄填充还可以使用“开始”功能区“编辑”组中“填充”命令来填充完全相同的数据，从结果来看更像复制。在该命令中可以选择填充的方向左右上下，还可以按住“Shift”键选中两个工作表，然后选择命令中的“组成工作表”，则在任何一张表中输入数据后，另一张表的相同位置也会出现该内容。同时还选择命令中的“序列”打开如下对话框如图 4-9，设置序列填充。

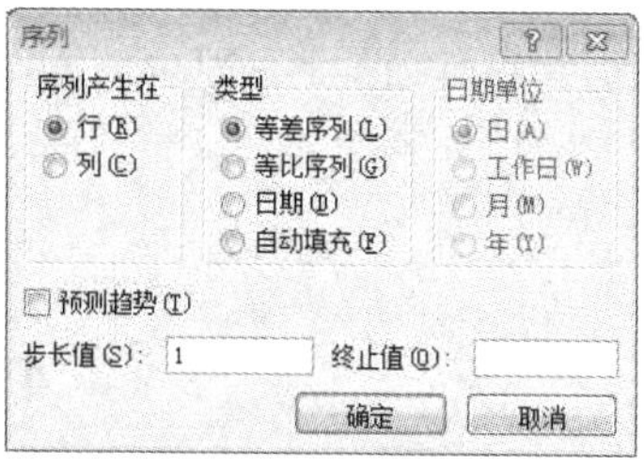

图 4-9 序列对话框

在实际输入中除了数值数据和文本，还会出现如“一月、二月……”“甲、乙……”等序列，如果该序列已经存在 Excel 选项中，选择自动填充时会填充出来。如果尚未存在于 Excel 选项中，可以先自定义数据序列填充，然后在进行填充。

假设需要反复填充“篮球、足球、乒乓球、羽毛球”这样一个序列，则首先选择“文本”按钮单击 “选项”命令打开“Excel 选项”对话框如图 4-10，在其中选择“高级”“常规”。

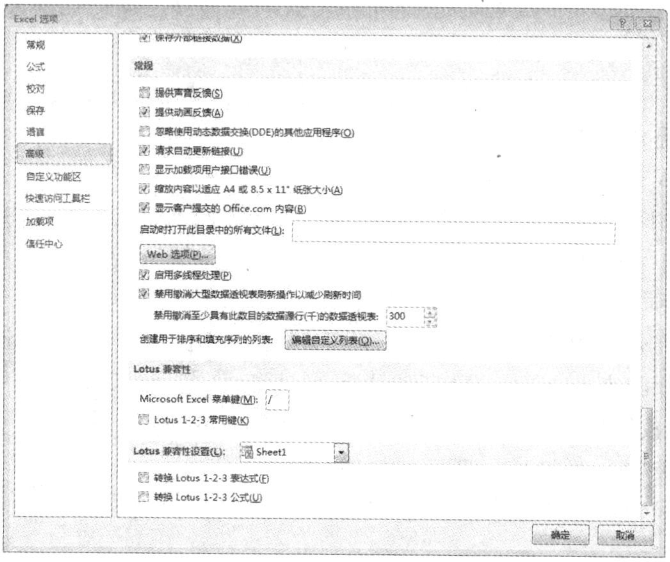

图 4-10 Excel 选项

随后单击“编辑自定义列表”,弹出对话框如图 4－11,来添加新序列。添加完成后如下,在自定义列表中就有了所需要的序列。

然后到工作表进行填充。(图 4－12)

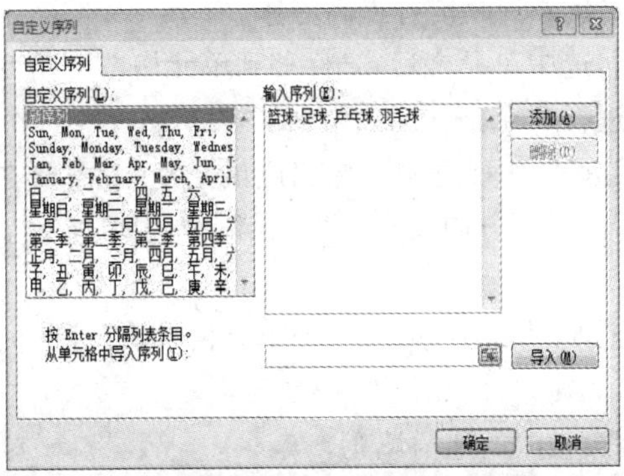

图 4－11　自定义序列对话框(1)

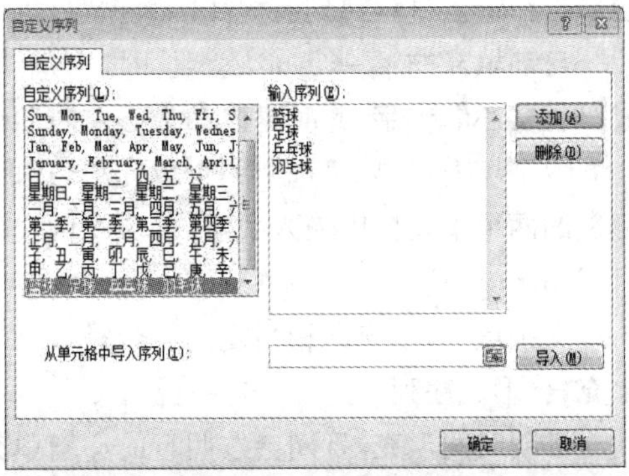

图 4－12　自定义序列对话框(2)

4.5　设置表格格式

表格的格式不仅包含了对表格边框底纹的设置,还包括单元格的格式化。单元格的格式化内容非常丰富,包括了单元格数字格式设置、文字格式设置、单元格对齐方式、合并及拆分、行高列宽的设置,还有文字的方向设置等。其中很多内容在前面已经交代,在本节中只介绍单元格的数字格式设置和单元格文字的方向设置。

4. 5. 1　数字格式

Excel 中提供了多种数字显示格式,默认情况下数字格式为常规格式。在操作过程中可以针对不同数据情况来设置数字格式。

设置数据格式,首先选择目标单元格或单元格区域,单击“开始”功能区“数字”组,点开“对话框启动器”打开“设置单元格格式”对话框。在“数字”选项卡,选择需要设置的格式。其中数值、货币、百分比、文本是常用到的。

有如图 4－13 的表格,需要设置班级号为文本格式,成绩位数值格式。

首先选中班级号,然后打开“设置单元格格式”对话框图 4－14,在“数字”选项卡中选择“文本”并确定。

	A	B	C	D
1	姓名	班级	语文	数学
2	刘丹丹	3121	88	78
3	李梅	3131	90	67
4	石亚伟	3121	67	99
5	吴健	3131	87	89
6	葛佳佳	3131	76	78
7	褚秀	3121	58	89
8	江南	3121	78	85
9	何小军	3121	90	78

图 4－13　班级成绩表

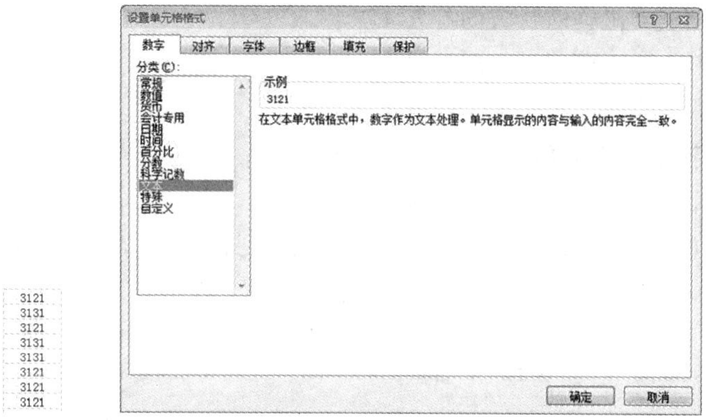

图 4 - 14　设置单元格格式对话框　文本格式设置

随后选择成绩，然后打开“设置单元格格式”对话框图 4 - 15，在“数字”选项卡中选择“数值”。在其中设置小数位数等其他内容，然后确定。

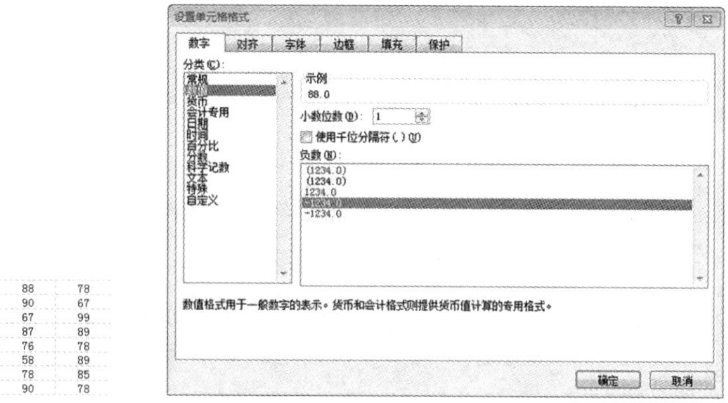

图 4 - 15　设置单元格格式对话框　数值格式设置

数值型数据除了用数值格式，还可以使用分数或百分比格式；在处理财务数据时，要使用货币格式；处理日期和时间时要使用日期、时间格式。

4. 5. 2　文字格式

所谓文字格式也就是给单元格中的数据设置字体、字形、字号，这些在“开始”功能区“字体”组中设置。操作起来与 Word 2010 中文字格式设置是大体相同的。

4. 5. 3　文字的方向

在 Word 2010 中文字可以设置为横向和纵向，它可以设置的方向更加丰富。这一处理是为了突出显示在 Excel 中的数据。

选中要操作的单元格后，单击“开始”功能区“对齐方式”组中“方向”按钮。取消操作只需再单击一次选中按钮即可。

其中包括“逆时针角度”“顺时针角度”“竖排文字”“向上旋转文字”“向下旋转文字”五项内容。

“逆时针角度”：文字沿逆时针方向旋转 45°。

“顺时针角度”：文字沿顺时针方向旋转 45°。

“竖排文字”：将文字按一行一个竖向排下去。

“向上旋转文字”：文字沿逆时针方向旋转 90°。

“向下旋转文字”：文字沿顺时针方向旋转 90°。

除此之外，还可以选择“设置单元格对齐方式”按钮，打开“设置单元格格式”对话框对齐选项卡如图 4－16 所示。

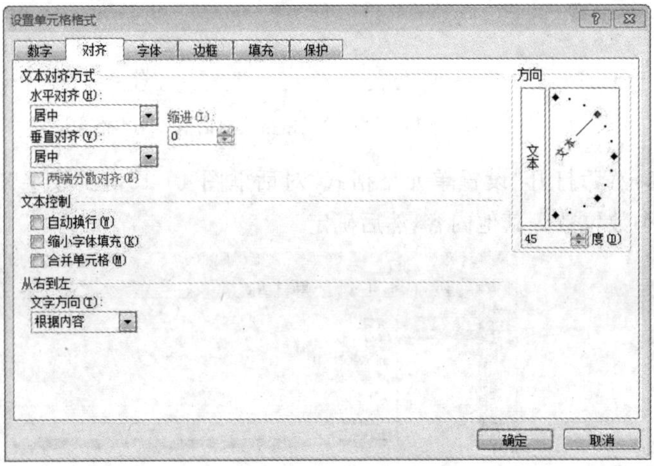

图 4－16　设置单元格格式对齐选项卡

在“对齐”选项卡右上角有“方向”设置区，在其中更可以设置需要旋转的度数。

4.5.4　边框

在 Excel 中，看到的单元格外侧线条其实不是表格的边框线，而是网格线，在打印过程中是不会显示出来的。为了增加表格的视觉效果，并且是打印出来的表格鱼油边框线，还可以为表格增加边框。

如何添加表格边框？

首先选择需要添加边框的单元格或单元格区域。然后在“开始”功能区“字体”组中选择“框线”命令 ▾ 中的相应选项即可。

在“框线”命令的下拉菜单中包含边框和绘制边框。边框中包含 13 种框线：上边框、下边框、左边框、右边框，无边框、所有边框、外侧边框、粗匣边框，双底框线、粗低框线、上下框线、上框线和粗下框线、上框线和双下框线。单击为选定区域加上其中一种。

绘制边框中包括“绘制边框”“绘制边框网格”“擦除边框”“线条颜色”“线型”“其他边框”。

“绘制边框”：选中以后，光标会变成铅笔，可以到用自己画边框。

“绘制边框网格”：选中后，光标变成铅笔加田子格的形式，可以一个单元格一个单元格的画边框。

“擦除边框”：选中后，光标变成橡皮擦形状，擦除不必要的边框线。

“线条颜色”：可以为边框设置颜色，设置颜色后，选中单元格或单元格区域，再为其选择一种边框。

“线型”:可以为表格边框线设置不同线型。也是要在选中单元格或单元格区域前设置好。

单击“其他边框”,可以打开“设置单元格格式”对话框“边框”选项卡,如图 4-17 所示。

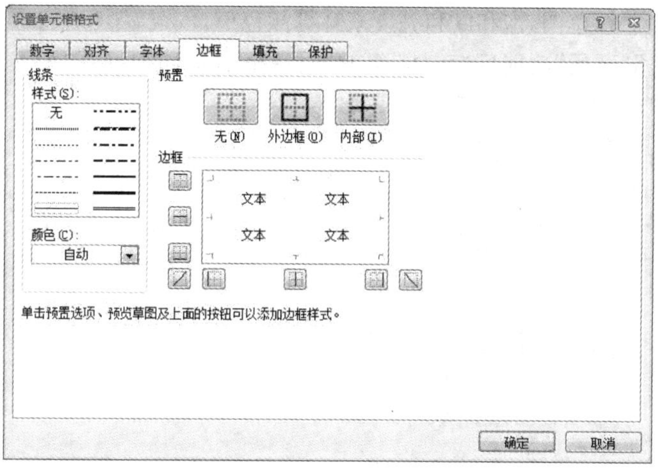

图 4-17　设置单元格格式边框选项卡

用“边框”选项卡可以设置边线的线型、颜色,还可以在预览中看到效果。操作时,选中目标单元格或者目标单元格区域,再打开“设置单元格格式”对话框“边框”选项卡。在选项卡中,先设置线型和线条颜色,再选择边框线,框线包括预置中的 3 种和预览中的 8 种。顺序不可错。

4.5.5 底纹

单元格的默认的底纹色为白色,可以利用“填充颜色”命令为其设置其他底纹颜色。首先选中要操作的单元格或单元格区域,然后“开始”功能区“字体”组“填充颜色”命令。其中包括“主题颜色”“标准色”“无填充颜色”“其他颜色”。

“主题颜色”:其中有 10 个主题色,每个主题色都包含了该主题色下的 5 个子颜色: 5%,15%,25%,35%,50%。

“标准色”:包含 10 个标准色。

“无填充颜色”:可以用来取消已经设置好的底纹颜色。

“其他颜色”:单击后会弹出“颜色”对话框如图 4-18、图 4-19 所示。其中包括“标准”和“自定义”两个选项卡。

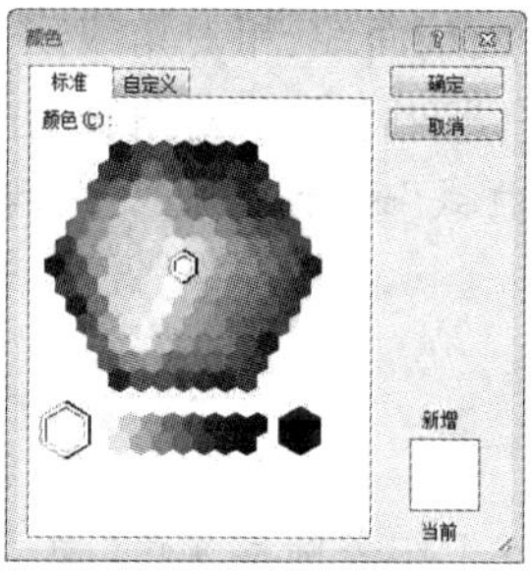

图 4-18　颜色对话框　标准选项卡

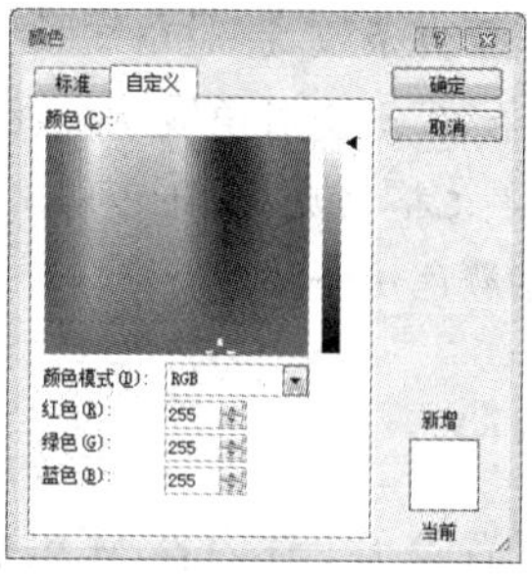

图 4-19　颜色对话框　自定义选项卡

自定义中可以选择用“RGB”或者“HSL”颜色模式去执行。

“RGB”颜色模式中是以光源色红绿蓝作为基础，R 为红色，G 为绿色，B 为蓝色，设置值从 0 到 255，值越大代表该光源越强。

“HSL”颜色模式以色调，饱和度和亮度来计算颜色值。

此外，还可以用“开始”功能区“字体”组的“对话框启动器”，打开“设置单元格格式”对话框，选择“填充”选项卡如图 4－20，来设置底纹。

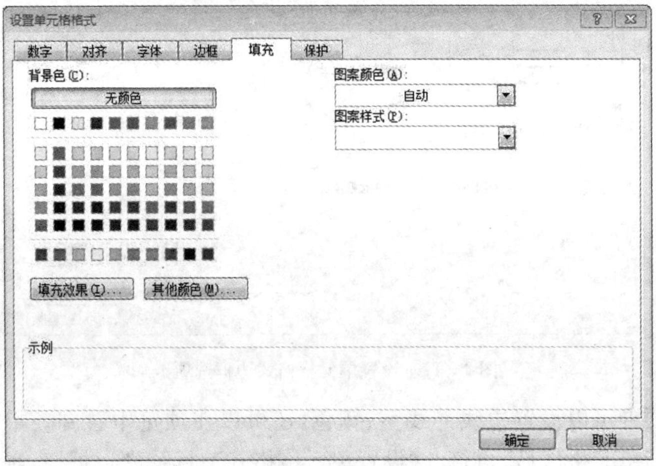

图 4－20　设置单元格格式填充选项卡

可以在背景色中选择“主题色”和“标准色”，“填充效果”“其他颜色”“图案颜色”“图案样式”。

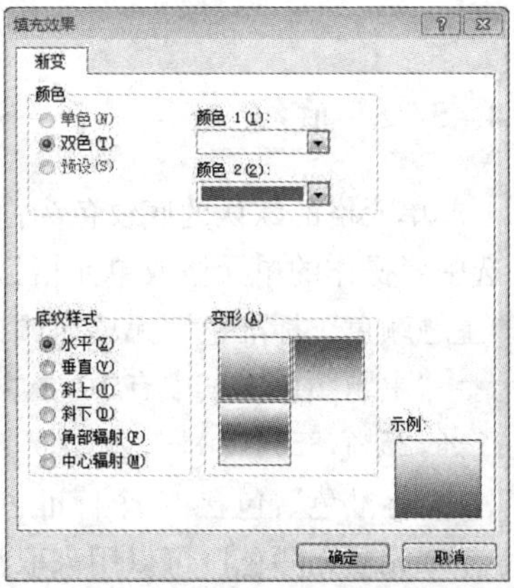

图 4－21　填充效果对话框

其中“主题色”“标准色”“其他颜色”在之前皆已介绍过，不再赘述。

单击“填充效果”可以打开如图 4－21 对话框，可将底纹色设置成渐变，并设置底纹样式。底纹样式包括“水平”“垂直”“斜上”“斜下”“角部辐射”“中心辐射”6 种。每种底纹样式也均有不同的变形，非常丰富。

“图案颜色”和“图案样式”联合一起用，指的是在底纹颜色上加上某一种颜色的图案。“图案颜色”可选范围包括“主题色”“标准色”和“其他颜色”。“图案样式”共有 18 种，分别是：实心、75％ 灰、50％ 灰、25％ 灰、12.5％ 灰、6.25％ 灰，水平条纹、垂直条纹、逆对角线条纹、对角线条纹、对角线剖面线、粗对角线剖面线，细水平条纹、细垂直条纹、细逆对角线条纹、细对角线条纹，细水平线剖面线、细对角线剖面线。

注：关于单元格的底纹，还可以用“样式”组中“单元格样式”进行设置。这一操作会将单元格底纹和文字颜色统一修改。

4. 5. 6　其他

表格的设置除了上述内容，还包括添加表格标题、更改工作表标签颜色、隐藏或显示单元格、隐藏显示工作表。

(1)添加表格标题

有如下表格，没有标题，想为它添加标题“学生成绩表”。

首先在表格上方插入一行，选中第一行单击“单元格”组“插入”命令中的“插入工作表行”子命令。

随后选中单元格 A1 至 D1，选择“对齐方式”组中“合并后居中”命令，将其合并并设置文字居中。

输入文字“学生成绩表”，设置文字为“黑体”“24”号，调整行高为 45。最终形成如图 4-22、图 4-23 效果。

	A	B	C	D
1	姓名	班级	语文	数学
2	刘丹丹	3121	88.0	78.0
3	李梅	3131	90.0	67.0
4	石亚伟	3121	67.0	99.0
5	吴健	3131	87.0	89.0
6	葛佳佳	3131	76.0	78.0
7	褚秀	3121	58.0	89.0
8	江南	3121	78.0	85.0
9	何小军	3121	90.0	78.0

图 4-22 学生成绩表(1)

	A	B	C	D
1	学生成绩表			
2	姓名	班级	语文	数学
3	刘丹丹	3121	88.0	78.0
4	李梅	3131	90.0	67.0
5	石亚伟	3121	67.0	99.0
6	吴健	3131	87.0	89.0
7	葛佳佳	3131	76.0	78.0
8	褚秀	3121	58.0	89.0
9	江南	3121	78.0	85.0
10	何小军	3121	90.0	78.0

图 4-23 学生成绩表(2)

(2)工作表标签颜色的更改

选中工作表标签，单击鼠标右键，选择“工作表标签颜色”修改工作表标签的背景色，如右图所示。

(3)隐藏显示行和列

选中要隐藏的行/列，选择“单元格”组“格式”命令“可见性”中“隐藏和取消隐藏”中选择“隐藏行/列”。取消隐藏则单击“取消隐藏行/列”。

(4)隐藏显示工作表

选中要隐藏的工作表，选择“单元格”组“格式”命令“可见性”中“隐藏和取消隐藏”中选择“隐藏工作表”。取消隐藏则单击“取消隐藏工作表”。

4.6 Excel 2010 高级应用

4.6.1 使用公式

公式是一个包含了运算符、常量以及单元格引用等元素的数学方程式，也是单个或多个函数的结合运用，可以对数值进行加、减、乘、除等各种运算。

在 Excel 中工作表中输入公式时，必须以“＝”号开始，然后在输入参与运算的元素和运算符。

1. 输入公式

要在单元格中输入公式，首先将光标置于该单元格中，输入“＝”号，再输入公式的其他元素，或者在“编辑栏”中输入公式，输入完成时单击任何其他单元格或者按“Enter”键确定输入。

2. 显示公式

公式输入后，在单元格中显示的是公式的计算结果。如果需要在单元格中显示公式，则可以选中目标单元格或目标单元格区域后，选择“公式”功能区“公式审核”组中的“显示公式”命令。若取消公式显示则，再单击一次该命令。

3. 公式计算

有如下表格“学生成绩表”，需要计算每一位学生的总分和每个科目的均分。下面以“刘丹丹”同学的总分的计算为例来介绍公式的用法。（图 4－24）

学生成绩表

姓名	班级	语文	数学	总分
刘丹丹	3121	88.0	78.0	
李梅	3131	90.0	67.0	
石亚伟	3121	67.0	99.0	
吴健	3131	87.0	89.0	
葛佳佳	3131	76.0	78.0	
褚秀	3121	58.0	89.0	
江南	3121	78.0	85.0	
何小军	3121	90.0	78.0	
均分				

图 4－24　学生成绩表(3)

首先确定“刘丹丹”同学的总分要记录的位置，即单元格“E3”。将光标单元格“E3”中，输入“＝”。

“刘丹丹”同学的总分等于数学和语文成绩的总和，在用到“刘丹丹”同学的“数学”和“语文”，不直接用数据，而是引用它们所在的单元格来代替。因此在“E3”单元格中输入“＝ C3＋D3”，按“Enter”键显示总分“166”。其他的依照此例来输入。

注：虽然在计算过程中，单元格“E3”中输入“＝88＋78”再按“Enter”键可以得到总分为“166”。但一般不这么做。

另外引用单元格时，单元格列表不区分大小写。

计算班级均分时，语文均分的结果显示在单元格“C11”中，将光标移入，输入内容“＝(C3＋C4＋C5＋C6＋C7＋C8＋C9＋C10)/8”，得到均分。数学均分，用同样的方式计算。

这样直接使用单元格名称，称为对单元格的相对应用。

4. 自动填充公式

当如上例一样，要使用相同的表达式，可先计算一个结果，其他的使用自动填充功能，快速复制公式来完成。

首先选择“E3”单元格，输入“＝C3＋D3”，按“Enter”键得到总分。随后选中“E3”，将鼠标移到单元格右下角，使光标变成黑色实心十字，按住鼠标左键，向下自动填充单元格“E4”至“E10”。填充过程，公式中相对引用的“C3”和“D3”的行标，随着目标单元格所在的行变化。

注：如果是水平填充，则公式中引用的单元格的列表会随着列的改变而改变。

5. 复制公式

除了可以使用“填充”功能来复制公式外，还可以使用“复制粘贴”功能来复制公式。选中要复制公式的单元格，单击“开始”功能区“剪切板”组“复制”命令；然后选择目标单元格，选择“粘贴”命令中“公式”子命令。

除此之外还可以用快捷键“Ctrl”＋“C”和“Ctrl”＋“V”来完成公式的复制。

注：复制公式后，引用的单元格会根据引用类型而产生变化。而如果是移动公式，则公式

内引用的单元格是不会改变的。

6. 单元格的绝对引用

如若表格中有一个单元格在每次计算中都需要用到，如图 4－25，那么在自动填充时就要对英语成绩进行绝对地址引用。所谓的绝对地址引用就是在单元格行标和列表前分别加上“＄”符号。如英语成绩 80 的绝对地址引用就是“＄D＄11”。

首先计算“刘丹丹”的总分，在“E3”中输入“＝C3＋D3＋ ＄D＄11”，按“Enter”表示完成。随后选中“E3”向下自动填充至“E10”。

选中“E3”至“E10”用“显示公式”命令显示如图 4－26 则结果正确。

学生成绩表				
姓名	班级	语文	数学	总分
刘丹丹	3121	88.0	78.0	
李梅	3131	90.0	67.0	
石亚伟	3121	67.0	99.0	
吴健	3131	87.0	89.0	
葛佳佳	3131	76.0	78.0	
褚秀	3121	58.0	89.0	
江南	3121	78.0	85.0	
何小军	3121	90.0	78.0	
		英语成绩	80	

图 4－25 学生成绩表(4)

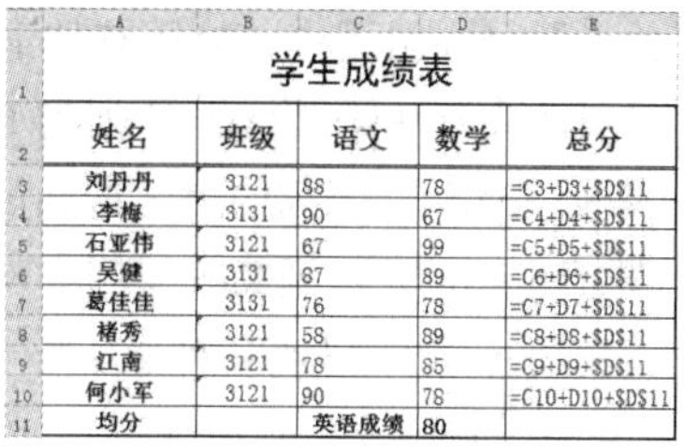

学生成绩表				
姓名	班级	语文	数学	总分
刘丹丹	3121	88	78	=C3+D3+$D$11
李梅	3131	90	67	=C4+D4+$D$11
石亚伟	3121	67	99	=C5+D5+$D$11
吴健	3131	87	89	=C6+D6+$D$11
葛佳佳	3131	76	78	=C7+D7+$D$11
褚秀	3121	58	89	=C8+D8+$D$11
江南	3121	78	85	=C9+D9+$D$11
何小军	3121	90	78	=C10+D10+$D$11
均分		英语成绩	80	

图 4－26 学生成绩表(5)

7. 多个工作表中数据的操作

当在计算公式时如果遇到要计算的数据在两个不同的工作表中，如图 4－27、图 4－28 所示。

学生成绩表(第一学期)					
姓名	班级	语文	数学	总分	学年均分
刘丹丹	3121	88.0	78.0	166.0	
李梅	3131	90.0	67.0	157.0	
石亚伟	3121	67.0	99.0	166.0	
吴健	3131	87.0	89.0	176.0	
葛佳佳	3131	76.0	78.0	154.0	
褚秀	3121	58.0	89.0	147.0	
江南	3121	78.0	85.0	163.0	
何小军	3121	90.0	78.0	168.0	

图 4－27 学生成绩表(第一学期)

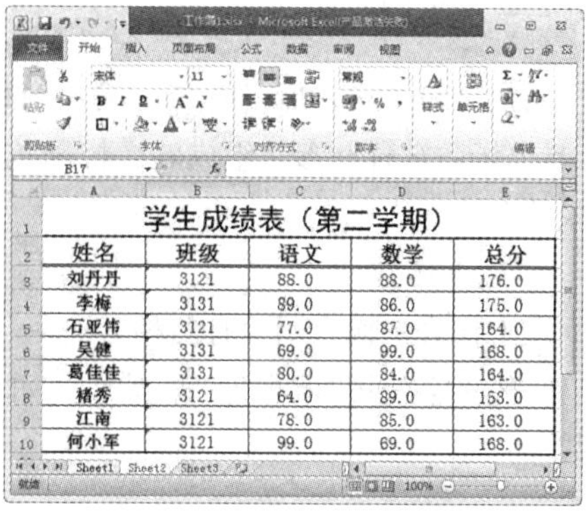

学生成绩表（第二学期）				
姓名	班级	语文	数学	总分
刘丹丹	3121	88.0	88.0	176.0
李梅	3131	89.0	86.0	175.0
石亚伟	3121	77.0	87.0	164.0
吴健	3131	69.0	99.0	168.0
葛佳佳	3131	80.0	84.0	164.0
褚秀	3121	64.0	89.0	153.0
江南	3121	78.0	85.0	163.0
何小军	3121	99.0	69.0	168.0

图 4－28 学生成绩表(第二学期)

计算“学年均分”时需要将“Sheet1”中的总分和“Sheet2”中的总分求平均。涉及多张工作表单元格引用时，引用时需在单元格名称前加“工作表名!”。

首先计算“刘丹丹”同学的“学年均分”。将光标移到“Sheet1”工作表“F3”单元格中，向其中输入内容“＝Sheet1！E3＋Sheet2！E3”，按“Enter”键表示结束。然后选中“F3”往下填充至“F10”。

8. 公式中的运算符

运算符是公式中的基本元素，一个运算符就是一个符号，它代表对公式中元素进行特定类型的运算。另外，由于公式中运算符的位置决定了运算符的种类，会产生不同的效果。

算术运算符可以完成基本的数字运算，包括加(＋)、减(－)、乘(×)、除(/)、百分比(%)和求幂(^)。

比较运算符可以比较两个数值，并产生逻辑值 TRUE 和 FALSE，条件相符则为 TRUE，不相符则为 FALSE。比较运算符包括等号(＝)、大于号(＞)、小于号(＜)、大于等于(＞＝)、小于等于(＜＝)、不等于(＜＞)。

文本运算符只有一个“&”，可以用来连接文本、单元格和文本。

引用运算符可以将不同单元格区域合并计算，包括冒号(:)、逗号(,)和空格。冒号运算符是一个区域运算符，如“C3:F3”，表示从 C3 到 F3 的区域。逗号运算符是联合运算，表示将多个引用合并为一个引用，如“C3:F3,C4”。

注：默认的样式为单元格名称引用，如 A1,B13。

关于冒号在引用中的使用有如下一些：

C3:F3 表示从第 3 行的 C 列到 F 列。

C3:C9 表示从 C 列的第 3 行到第 9 行。

C3:F9 表示从 C 列第 3 行到 F 列第 9 行。

C:F 表示从 C 列到 F 列。

3:9 表示从第 3 行到第 9 行。

C:C 表示 C 列全部单元格。

公式中的运算符，在计算过程中有一定的优先顺序。它们从高到低分别是引用运算符、符号、数字百分比、求幂、乘除、加减、连接、比较。

4.6.2 使用函数

函数是每个输入值对应唯一输出值的一种对应关系，Excel 中函数就是一些预定义的公式，是由函数名称和参数组成的。将函数引用到计算中，换件了公式，并实现了凄然方法无法完成的运算。

1. 输入函数

在工作表中输入函数有两种方法，一种是直接手动输入，另一种是用“函数库”来输入。

一般多会使用“函数库”来操作。如计算图 4－29 表中学生的总分时，需要用的是求和函数。

学生成绩表				
姓名	班级	语文	数学	总分
刘丹丹	3121	88.0	78.0	
李梅	3131	90.0	67.0	
石亚伟	3121	67.0	99.0	
吴健	3131	87.0	89.0	
葛佳佳	3131	76.0	78.0	
褚秀	3121	58.0	89.0	
江南	3121	78.0	85.0	
何小军	3121	90.0	78.0	
均分				

图 4－29 学生成绩表(6)

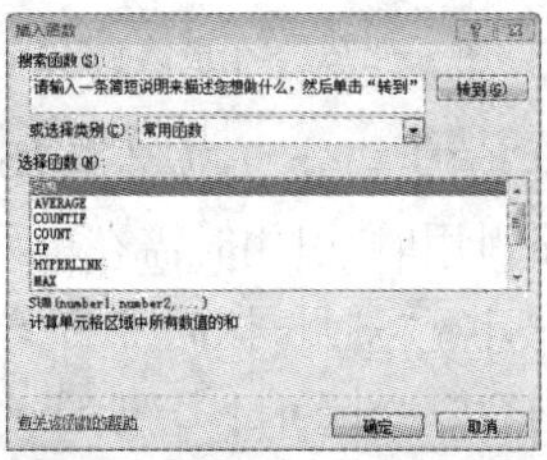

图 4－30 插入函数对话框

首先选择目标单元格“E3”，然后选择“公式”功能区“函数库”组中的“插入函数”命令，弹出“插入函数”对话框，如图 4－30 所示。

在类别中选择“常用函数”，然后在选择函数中选择“SUM”，确定后弹出“函数参数”对话框如图 4－31 所示。

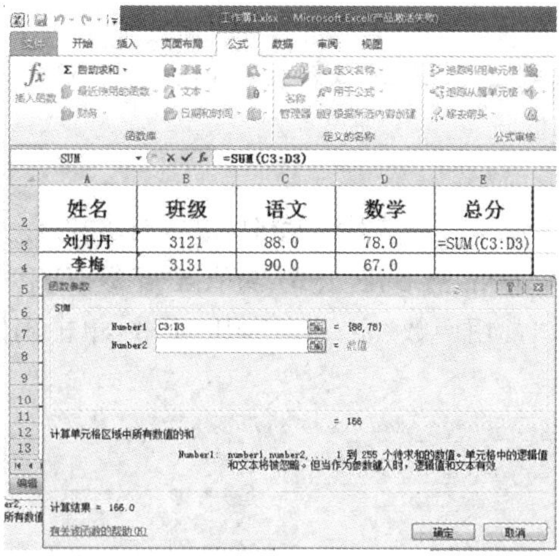

图 4-31　SUM 函数

Number1 和 Number2 分别表示一个单元格引用。现在要求和对象就是 C3 和 D3，已经以“C3:D3”的形式显示出来了，确定即可。随后选中“E3”向下填充至“E10”。

如果对函数非常熟悉也可以直接在“E3”单元格中输入“=SUM(C3:D3)”。单元格中表示参数。

注：①函数前的等号不可缺少；②各参数之间用逗号隔开；③参数可以是对单元格的相对或者绝对引用，也可以是具体的数值。

2. 函数

函数作为处理数据的一个重要工具，在生活和工作中，很多人并没有充分发挥他们的功能。

Excel 函数一共有 12 类，分别是兼容性函数、多维数据集函数、数据库函数、日期和时间函数、工程函数、财务函数、信息函数、逻辑函数、查找和引用函数、数字和三角函数、统计函数以及文本函数。

数据库函数：用来分析数据清单中的数据是否符合条件。

日期和时间函数：在公式中分析和处理日期和时间值。

工程函数：用于工程分析。

财务函数：对数值进行各种财务运算。

信息函数：用于确定保存在单元格中数据类型。

逻辑函数：用于判断真假，或者进行复核检验。

查询和引用函数：对指定的单元格、单元格区域返回各种信息或运算。

数学和三角函数：用于数学计算。

统计函数：对数据区域进行统计分析。

文本函数：处理公式中的字符串。

3. 常用函数

在函数类别中还有一类叫作常用函数，其实常用函数并不是一种分类，而是把工作和生活中使用较为频繁的函数集合到一起来，方便操作处理。

常用函数有：求和、条件求和、求平均值、计数、条件计数、条件函数、最大值、超级链接等。

(1)求和函数 SUM

求和函数，是用来求算制定单元格区域数值之和，在前面的输入函数示例中已经较为详细地介绍过。在此就不做赘述了。

(2)条件求和 SUMIF

条件求和函数根据一个或多个条件对单元格区域进行求和。

首先将光标移入目标单元格，然后在“公式”功能区“函数库”组中选择“插入函数”命令，选择“数学和三角函数”或者“常用函数”中的 SUMIF 函数，单击确定。在弹出的对话框如图 4-32中设置函数参数即可。

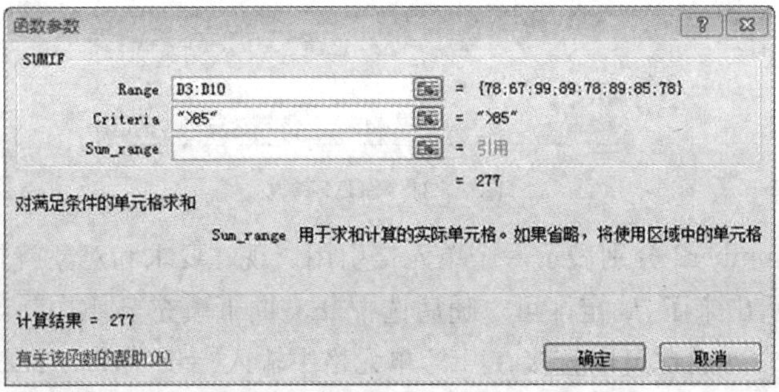

图 4-32 SUMIF 函数

其中 Range 表示要进行计算的单元格区域，Criteria 表示计算条件，Sum_range 表示用于求和计算的实际单元格。若省略，则使用区域中的单元格。

(3)求平均值 AVERAGE

平均值函数返回指定单元格的平均值。

将光标移入目标单元格，然后在“公式”功能区“函数库”组中选择“插入函数”命令，选择“统计”中的 AVERAGE 函数如图 4-33，单击确定。

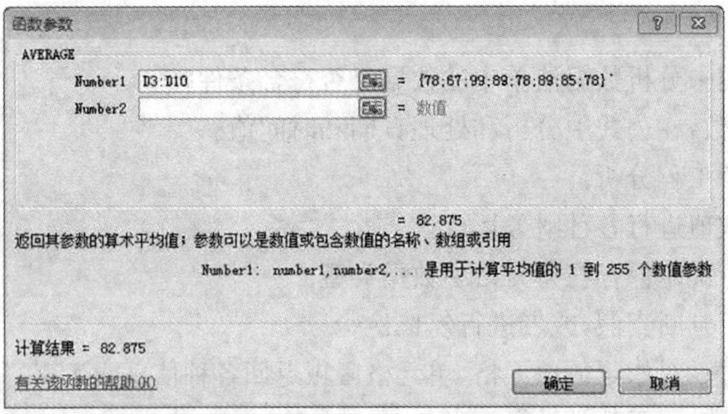

图 4-33 AVERAGE 函数

Number1 和 Number2 中写入引用的单元格、数值。

(4)计数 COUNT

计算引用区域中包含数字的单元格个数。

将光标移入目标单元格，然后在“公式”功能区“函数库”组中选择“插入函数”命令，选择“统计”中的 COUNT 函数如图 4-34，单击确定。

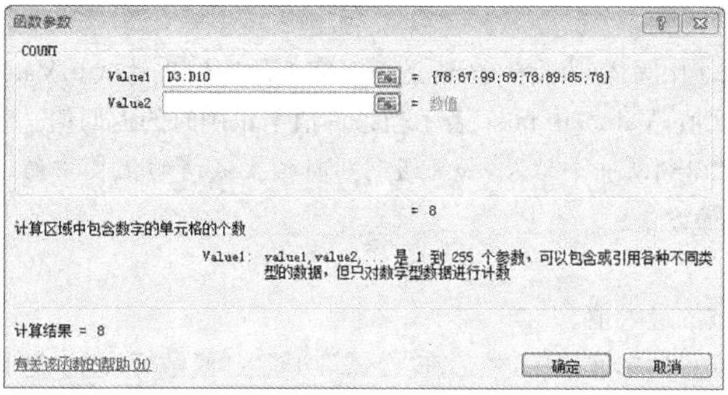

图 4-34　COUNT 函数

Value1、Value2 中输入引用单元格。

(5)条件计数 COUNTIF

条件计算是某个区域中满足条件的单元格的数目。

先把光标移到目标单元格中，然后在“公式”功能区“函数库”组中选择“插入函数”命令，选择“统计”中的 COUNTIF 函数如图 4-35，单击确定。

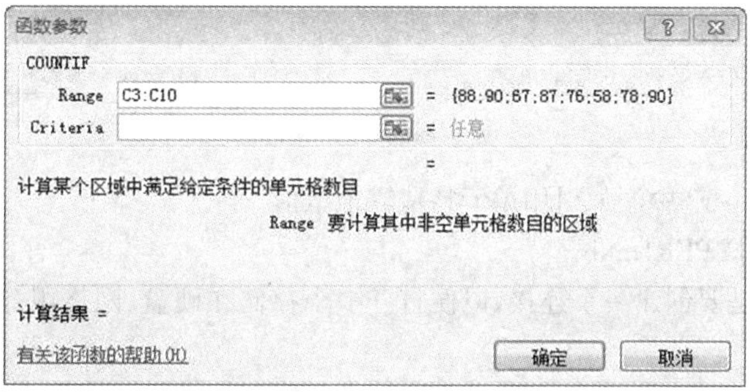

图 4-35　COUNTIF 函数

Range 表示引用的单元格区域，Criteria 表示需满足的条件。

(6)条件函数 IF

判断条件是否满足，满足则给出正确的返回值，不满足给出不正确的返回值。

首先将光标移到目标单元格中，然后在“公式”功能区“函数库”组中选择“插入函数”命令，选择“逻辑”中的 IF 函数如图 4-36，单击确定。

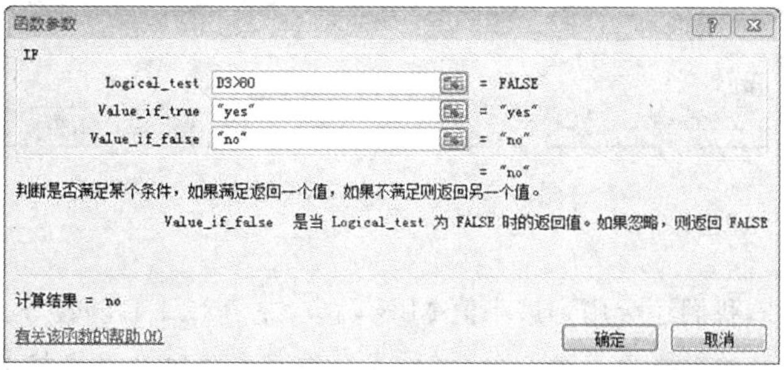

图 4-36　IF 函数

其中 Logical_test 中写入判断条件，要是一个完整的逻辑表达式。Value_if_true 表示当条件值为正确时的返回值，Value_if_false 表示当条件值不正确时的返回值。

注：IF 函数只可以判断一个结果，如果遇到判断学生成绩的优良中的这种条件判断，就需要使用 IF 函数嵌套的方法。

(7)最大值 MAX

选择单元格区域的最大值。

首先将光标移到目标单元格中，然后在“公式”功能区“函数库”组中选择“插入函数”命令，选择“统计”中的 MAX 函数如图 4-37，单击确定。

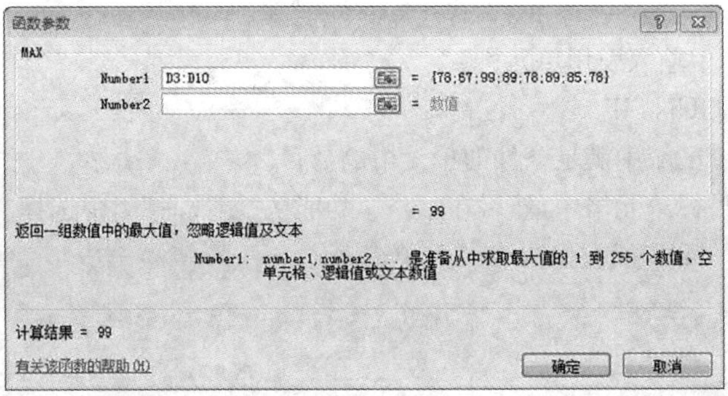

图 4-37 MAX 函数

Number1、Number2 中添加引用单元格或其他数值。

(8)超级链接 HYPERLINK

超级链接函数是要创建一个连接，以便打开一个存储在硬盘、网络服务器或 Internet 上的文档。

首先将光标移到目标单元格中，然后在“公式”功能区“函数库”组中选择“插入函数”命令，选择“查找和引用”中的 HYPERLINK 函数如图 4-38，单击确定。

其中 Link_location 中填入要打开文件的具体路径。Friendly_name 显示在单元格中数字或者字符串，若忽略则显示 Link_location 的文本。

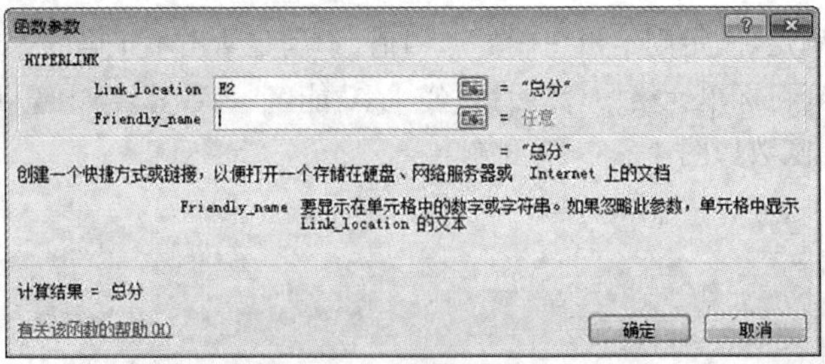

图 4-38 HYPERLINK 函数

(9)其他

除了上述函数外，我们还会用到最小值 MIN 函数，左值 LEFT 函数等。

注：当函数要操作的数据跨多个工作表时，在引用单元格时在单元格名称前要加上“工作表名!”。

4.6.3 数据管理

Excel 2010 除了制作电子表格外，还可以对表格中数据进行管理，如数据排序、数据筛选和汇总，以便从工作表中获取相关数据，重新整理数据，更好的显示工作表中的明细，发现数据反应的变化规律，从而为用户使用数据提供决策依据。

另外条件格式也是 Excel 中非常重要的功能之一，通过设置条件，可以以指定的颜色显示数据所在单元格。数据有效性具有限制重复值的输入、限制输入电话号码与身份证号码，以及制作下拉列表等多种用途。

1. 数据排序

对数据排序有助于快速直观地显示、理解数据、查找所需数据等，有助于做出有效的决策。在 Excel 中可以对文本、数字、时间等对象进行排序操作。Excel 有默认的排序顺序，也可以进行要求自定义设置。

(1)文本排序

在工作表中，选择需要排序的文本格式单元格，单击“开始”功能区“编辑”组“排序和筛选”命令“升序”子命令，会弹出以下对话框如图 4-39，然后确定。

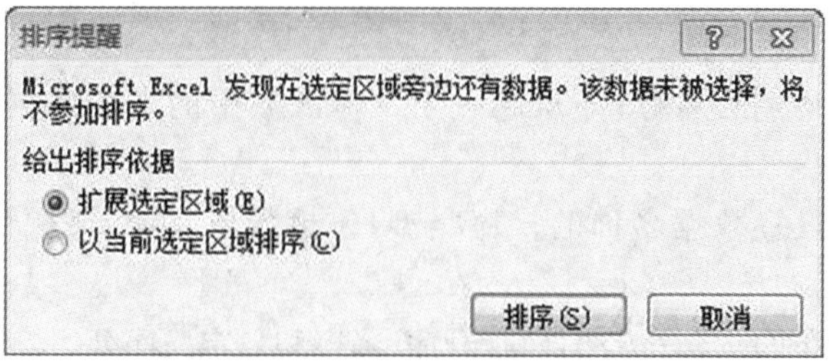

图 4-39　排序提醒

表格内容会按照选中部分的升序方式进行排序。

注：在对汉字进行排序时，先按照汉字拼音的首字母进行排序。如果第一个汉字相同时，则按照第二个汉字拼音的首字母排序。

操作时可以在“排序选项”对话框中，启用或者禁止“区分大小写”复选框，来区分排序列中字母的大小写。

(2)对数字进行排序

选择单元格区域中搞得一列数值数据，或者确保当选择单元格在包含数值数据的列中。然后选择“开始”功能区“编辑”组“排序和筛选”命令中“升序”命令，同样会弹出上述对话框，然后确定。

注：在对数字列排序时，监察所有数字是否都存储为“数值”格式。如果排序结果不正确，往往是因为该列包含“文本”格式。

(3)对日期和时间排序

选择单元格区域中的一列日期或时间，或者保证活动单元格在包含日期或者时间的列表中。然后选择“开始”功能区“编辑”组“排序和筛选”命令中“升序”命令，同样会弹出上述对话框，然后确定。

(4)自定序列排序

Excel 提供内置的排序顺序,也可以创建自己的自定义序列。

先选中序列所在的单元格区域,然后选择“开始”功能区“编辑”组“排序和筛选”命令中“自定义排序”子命令。会弹出如图 4-40 对话框。

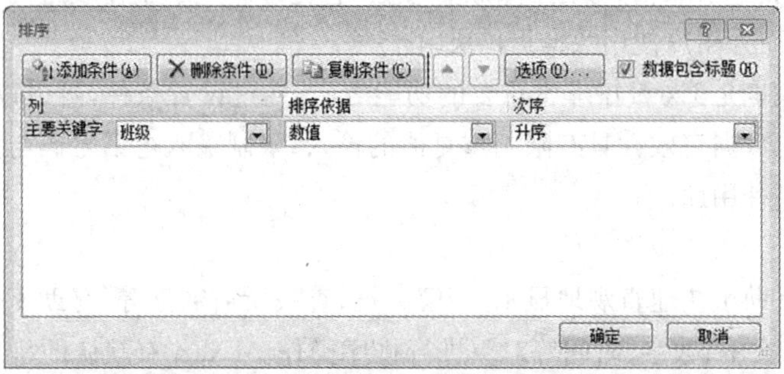

图 4-40 排序对话框

在“排序”对话框中,如果禁用“数据包含标题”复选框,“主关键字”的列表框中将显示列标识,如列 A、列 B 等。并且标题也会参与排序。

设置“主关键字”就是在设置排序的条件。对“主关键字”的设置内容包括“列”“排序依据”“次序”。

“列”用来设置关键字的名称,即从同一个工作区域中的多个数据名称选择一个,作关键字。

“排序依据”用来设置数据名称的排序类型,包括数值、单元格颜色、字体颜色、单元格图标。

“次序”设序列置数据的排序方法,包括升序、降序和自定义序列。

另外用户可以单击“添加条件”按钮来添加“次关键字”条件,然后设置该条件的“列” “排序依据”“次序”。同样的方式可以添加“第三关键字”条件,“第四关键字”条件等等。也可以用“删除条件”来删除这些关键字条件,用“复制条件”来复制当前的关键字条件。

单击“选项”按钮,会弹出如图 4-41 对话框“排序选项”。可以设置排序按行或者列,也可以设置排序方法是按字母或者笔画,还可设置是否区分大小写。

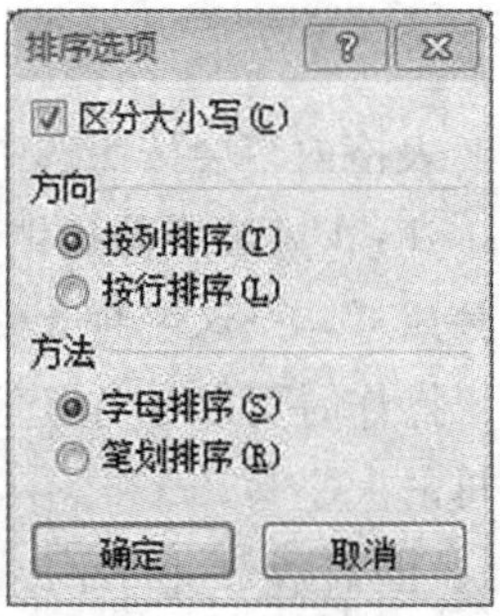

图 4-41 排序选项

“复制条件”会把上一个条件再复制一遍,形成在下一行。Excel 中默认按照字母顺序排序和按列排序。之于汉字的字母排序则是比对拼音中首字母。

除了上述方法,还可以直接使用“数据”功能区“排序和筛选”组中的命令“升序”、“降序”,进行相关设置。

注:如果在“排序选项”中启动了“区分大小写”复选框,则字母字符的排序次序是:aAbBcCdD……xXyYzZ。

在排序过程中,对不用数据的排序,Excel 的默认处理如下(以升序为例,降序刚好想法):

对于数字,从最小负数到最大正数。

对于日期,从最早日期到最晚日期。

对于文本，因为其中包含内容丰富，既有文字、字母还有数字符号，按如下顺序从左到右进行：数字 0—9 空格!”# $ %() * ,. /:;? @[\]^{|}～＋＜＝＞A～Z。

对于逻辑值，先 FALSE 后 TRUE。

对于错误值，优先级相同。如#NUM!，#REF。

对于空白单元格，无论是升序还是降序，空白单元格总是放在最后。

2. 数据筛选

筛选数据是从庞杂的数据中挑选所需的内容并删除无用内容，即从数据清单的众多数据中选择某种符合条件的数据。Excel 具有很强的数据筛选功能，用户可以使用自动筛选功能，也可以使用高级筛选来完成复杂的内容。

(1)自动筛选

①文本筛选

文本筛选是自动筛选中的一种方式，使用自动筛选可以创建 3 种筛选类型：按列表值、按格式、按条件。对于每个单元格区域或者列表来说，这三种方式是互斥的。

首先选择要筛选的单元格区域，然后单击“数据”功能区“筛选和排序”组中“筛选”命令，选中区域每个字段名后都会被添加下拉按钮。如图 4-42 所示。

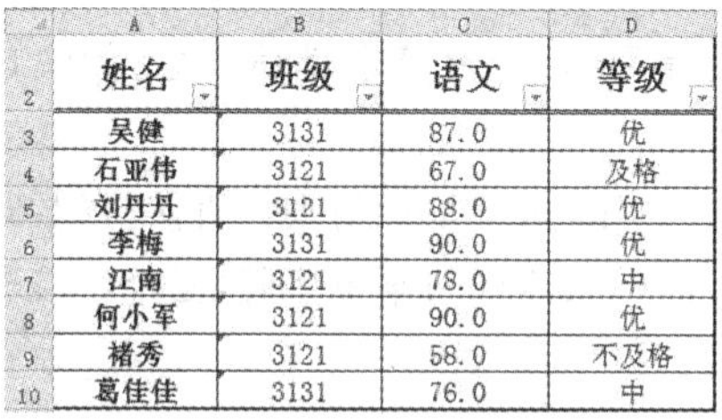

	A	B	C	D
2	姓名	班级	语文	等级
3	吴健	3131	87.0	优
4	石亚伟	3121	67.0	及格
5	刘丹丹	3121	88.0	优
6	李梅	3131	90.0	优
7	江南	3121	78.0	中
8	何小军	3121	90.0	优
9	褚秀	3121	58.0	不及格
10	葛佳佳	3131	76.0	中

图 4-42 学生成绩表做筛选

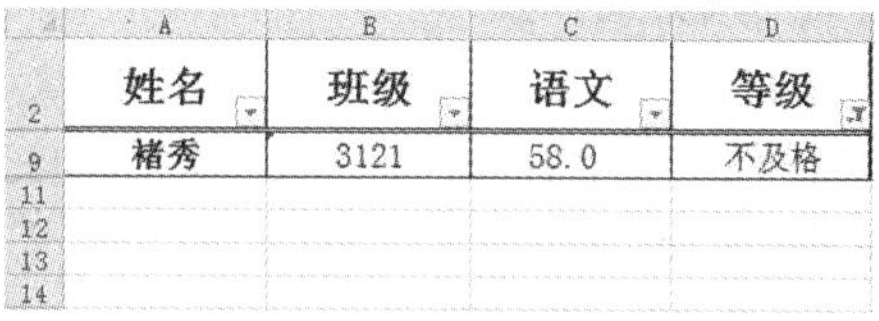

	A	B	C	D
2	姓名	班级	语文	等级
9	褚秀	3121	58.0	不及格
11				
12				
13				
14				

图 4-43 筛选结果(1)

单击字段名“等级”的下拉按钮，弹出文本值列表，包括“全部”“不及格”“及格”“优”“中”五个复选框，通过选择或取消复选框作为筛选依据。例如，只查看“不及格”学生信息，则取消掉其他复选框的，只保留“不及格”，结果如图 4-43 所示。

取消筛选则点开下拉按钮，选择全部。

在单击字段名“等级”的下拉按钮后，弹出的下拉菜单中，除了文本值列表，还有排序方式和文本筛选，排序方式包括升序、降序、按颜色排序。

文本筛选有一个级联列表，其中包括：等于、不等于、开头是、结尾时、包含、不包含、自定义筛选，每单击其中一个都会弹出“自定义自动筛选方式”对话框如图 4-44 所示。

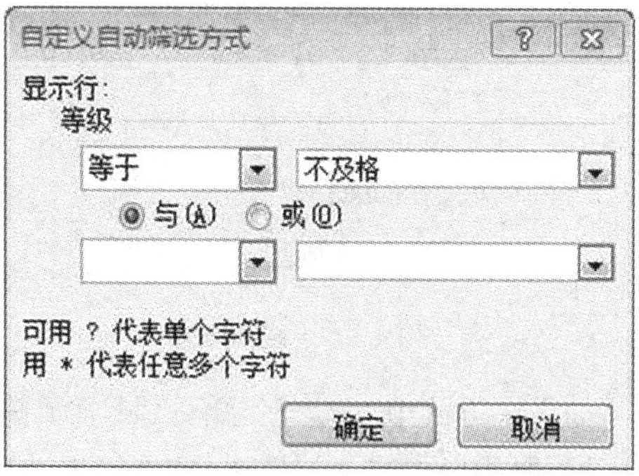

图 4-44 自定义自动筛选方式对话框

通过“自定义自动筛选方式”对话框，可以设置按照多个条件进行筛选。如果用户需要同时满足两个条件，需选择“与”单选按钮，若用户只需满足两个条件之一，则选择“或”单选按钮。

注：文本之列表可以达到 1000，如果列表很大，可禁用顶部的全部复选框，然后选择作为筛

选依据的特定文本值。

②数字筛选

筛选数字和筛选文本的方式基本相同。首先选择要筛选的单元格区域，然后单击“数据”功能区“筛选和排序”组中“筛选”命令。得到如图 4－45 所示的结果。

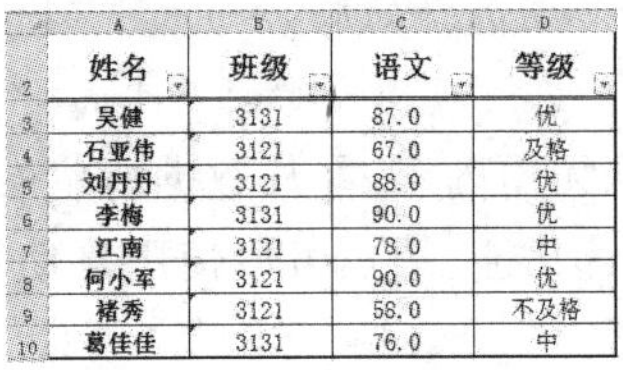

姓名	班级	语文	等级
吴健	3131	87.0	优
石亚伟	3121	67.0	及格
刘丹丹	3121	88.0	优
李梅	3131	90.0	优
江南	3121	78.0	中
何小军	3121	90.0	优
褚秀	3121	58.0	不及格
葛佳佳	3131	76.0	中

图 4－45　筛选结果(2)

图 4－46　自动筛选前 10 个

单击字段名“语文”的下拉按钮，会弹出下拉菜单，其中也会出现“文本值列表”，排序方式，另外还会出现“数字筛选”。

点开“数字筛选”的级联列表，内容更加丰富，有等于、不等于、大于、大于或等于、小于、小于或等于、介于、10 个最大值、高于平均值、低于平均值以及自定义筛选。

对于数字筛选，一般使用“数字筛选”级联列表。

对于等于、不等于、大于、大于或等于、小于、小于或等于、介于及自定义筛选会打开“自定义自动筛选方式”对话框。

单击 10 个最大值会弹出如图 4－46 对话框。若选择高于/低于平均值则会直接得到结果。

注：以下通配符可以作为文本筛选的比较条件。问号(?)表示任何单个字符，星号(＊)表示任何多个字符。

(2)高级筛选

如果需要更加复杂的条件来筛选单元格区域数据，则需要用高级筛选。选择“数据”功能区“排序和筛选”组，单击“高级”命令，弹出如图 4－47 对话框。

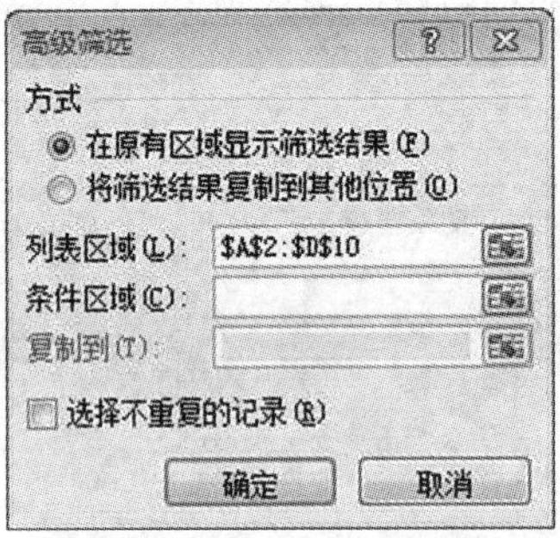

图 4－47　高级筛选(1)

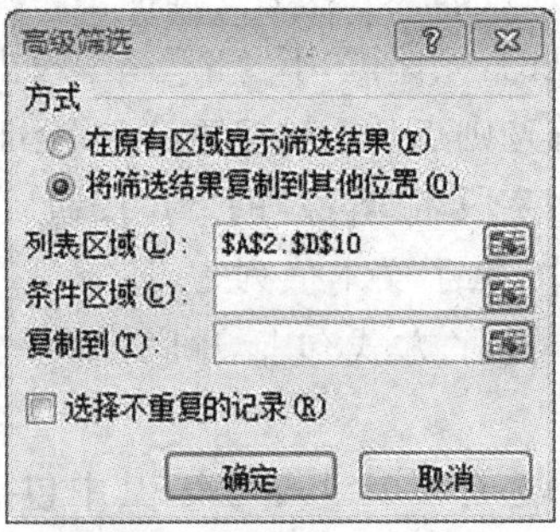

图 4－48　高级筛选(2)

如果在方式中选择“在原有区域显示筛选结果”则“复制到”变灰，因为结果将会出现在列表区域，取代原内容。如果选择“将筛选结果复制到其他位置”则“复制到”可用。(图 4－48)

在“高级筛选”对话框中除了方式外，还有三个文本框：列表区域、条件区域、复制到。

“列表区域”中填入被操作的单元区域的引用，即被操作对象。

“条件区域”中填入对列表区域引用单元格筛选的条件所在的单元格区域，即条件对象。

“复制到”中填入筛选结果要放置的单元格区域左上角单元格名称。

注：在进行高级筛选前，要先定好筛选条件，筛选条件也需要列字段名，并且与表格列字段名必须完全相同。

例：用高级筛选筛选出 3131 班 75 分以上学生信息。

首先选中被操作区域，然后设置筛选条件。(图 4－49)

	班级	语文
12	班级	语文
13	3131	>75

图 4－49　筛选条件

注：在同一行输入两个筛选条件，则筛选结果必须同时满足这两个条件；如果在不同行输入两个条件进行筛选时，则筛选结果只需满足其中任意一个条件。

选择“数据”功能区“排序和筛选”组，单击“高级”命令，结果如图 4－50 所示筛选结果(1)。在弹出的“高级筛选”对话框中选择“将筛选结果复制到其他位置”，在列表区域、条件区域和复制到中设置单元格引用。

筛选结果如图 4－51 所示。

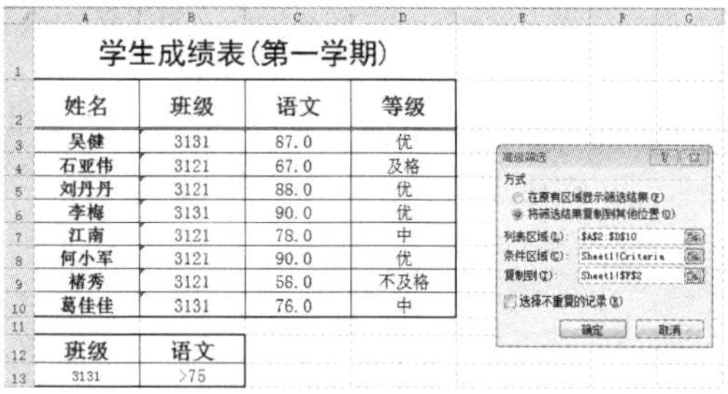

图 4－50　筛选结果(1)

姓名	班级	语文	等级
吴健	3131	87.0	优
李梅	3131	90.0	优
葛佳佳	3131	76.0	中

图 4－51　筛选结果(2)

3. 分类汇总

在数据管理过程中，有时需要对数据进行统计和汇总，Excel 中提供了分类汇总功能来解决这一问题。分类汇总是数据处理的另一种重要工具，它可以在数据清单中汇总数据，灵活应用能够大大提高工作效率。

(1)创建分类汇总

选择表格中的任何一个单元格，选择“数据”功能区“分级显示”组中“分类汇总”命令。在弹出的“分类汇总”对话框中，其中包括“分类字段”“汇总方式”“选定汇总项”及复选框“替换当前分类汇总”“每组数据分页”“汇总结果显示在数据下方”。

“分类字段”就是指以什么进行分类标准。

“汇总方式”指汇总什么信息，包括求和、平均值、计数、最大值、最小值、乘积、数值计数、标准偏差、总体标准偏差、方差、总体标准方差，在实际操作中根据数据及要求的不同选择不同汇总方式。

“选定汇总项”是指对于按分类字段分类过的信息，每一个分类中依据什么来进行汇总。“替换当前分类汇总”指如果在分类汇总基础上再进行分类汇总操作，则清除前一次汇总结果，然后按本次分类要求进行汇总。

“每组数据分页”指在打印工作表示，每一类分别打印。

“汇总结果显示在数据下方”指将分类汇总结果显示在本类最后一行，若不选，默认放在本类第一行。

例：对如图 4－52 表格按班级进行分类，在按语文成绩的总和进行汇总。

选择表格中的任何一个单元格，选择“数据”功能区“分级显示”组中“分类汇总”命令，弹出如图 4－53 对话框。

	姓名	班级	语文	等级
3	吴健	3131	87.0	优
4	李梅	3131	90.0	优
5	葛佳佳	3131	76.0	中
6	石亚伟	3121	67.0	及格
7	刘丹丹	3121	88.0	优
8	江南	3121	78.0	中
9	何小军	3121	90.0	优
10	褚秀	3121	58.0	不及格

图 4－52　学生成绩

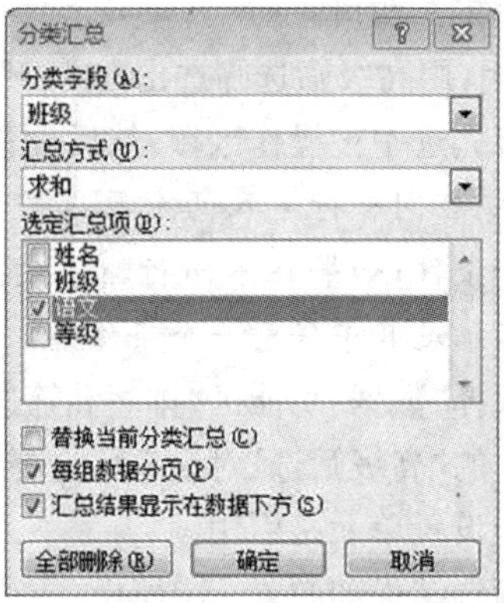

图 4－53　分类汇总对话框

设置“分类字段”为班级，“汇总方式”为求和，“选定汇总项”为语文，并勾“选每组数据分页”“汇总结果显示在数据下方”。得到如图 4－54 结果。

A1　学生成绩表(第一学期)

	A	B	C	D
2	姓名	班级	语文	等级
3	吴健	3131	87.0	优
4	李梅	3131	90.0	优
5	葛佳佳	3131	76.0	中
6		3131 汇总	253.0	
7	石亚伟	3121	67.0	及格
8	刘丹丹	3121	88.0	优
9	江南	3121	78.0	中
10	何小军	3121	90.0	优
11	褚秀	3121	58.0	不及格
12		3121 汇总	381.0	
13		总计	634.0	

图 4－54　分类汇总结果(1)

注：图 4－54 中一”表示折叠细节，单击可以隐藏分级显示信息，若出现“＋”表示展开细节，单击可以显示分级显示信息。

“1”表示级别，单击此按钮只显示总的汇总结果，即总计数据。

“2”表示级别，单击则显示部分数据及其汇总结果。

“3”表示级别，单击显示全部信息。

“|”表示级别条，单击可隐藏分级显示信息。

如果在明细数据处于隐藏状态时删除了分级显示，则明细数据行或列可能仍然隐藏。要显示数据，需要拖动与隐藏的行和列相邻的可见的行标和列标。在“开始”功能区“单元格”组中，单击“格式”下拉按钮，执行“取消隐藏行/列”命令。

(2)嵌套分类汇总

所谓潜逃分类汇总，就是对某项数据汇总后，再将汇总后的数据进一步细化，或者在保存前一次分类汇总数据的基础上，对数据再进行一次分类汇总，并且新的汇总数据不会替换上一次汇总数据。

例:在上次汇总的基础上继续按等级分类汇总不同等级学生数。

选择表格中的任何一个单元格,选择“数据”功能区“分级显示”组中“分类汇总”命令,弹出对话框。

设置“分类字段”为等级,“汇总方式”为计数,“选定汇总项”为等级,并勾“选每组数据分页”“汇总结果显示在数据下方”。

注:此操作产生了级别“4”。

得到结果如图 4－55 所示:

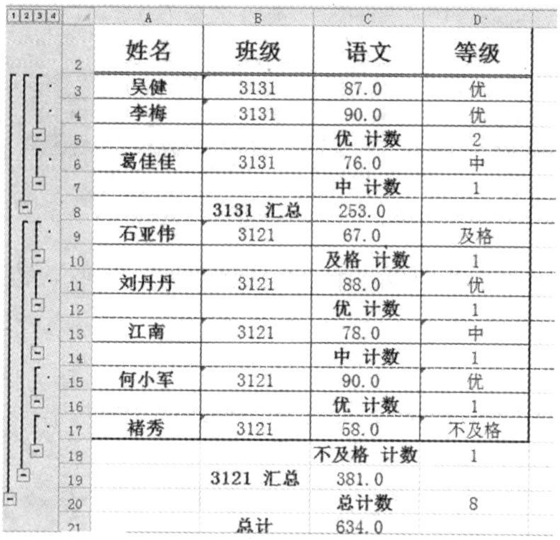

	A	B	C	D
2	姓名	班级	语文	等级
3	吴健	3131	87.0	优
4	李梅	3131	90.0	优
5			优 计数	2
6	葛佳佳	3131	76.0	中
7			中 计数	1
8		3131 汇总	253.0	
9	石亚伟	3121	67.0	及格
10			及格 计数	1
11	刘丹丹	3121	88.0	优
12			优 计数	1
13	江南	3121	78.0	中
14			中 计数	1
15	何小军	3121	90.0	优
16			优 计数	1
17	褚秀	3121	58.0	不及格
18			不及格 计数	1
19		3121 汇总	381.0	
20			总计数	8
21		总计	634.0	

图 4－55　分类汇总结果(2)

注:在嵌套分类汇总时,需要禁用“分类汇总”对话框中的“替换当前分类汇总”对话框。

(3)创建行分级显示

在 Excel 2010 中,还可以通过 “数据”功能区“分级显示”组“创建组”命令分别创建行分级显示和列分级显示。其中,组合是将某个范围的单元格关联起来,可以将其折叠和展开。

选择需要分级显示的行,即需要组合的行,单击“创建组”命令,弹出如图 4－56 对话框,选择“行”,然后“确定”。

如需要取消行组合,则选择需要取消组的行中的任一单元,单击“取消组合”,在弹出的对话框中,选择“行”,然后“确定”。

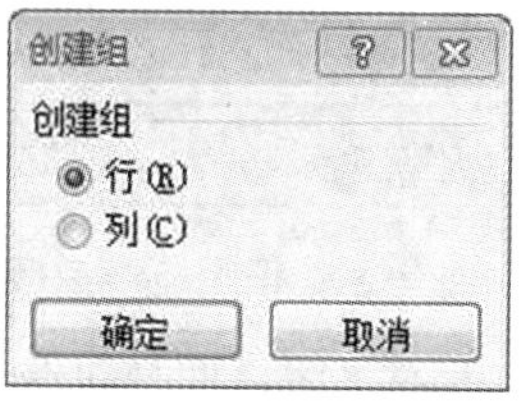

图 4－56　创建组对话框

(4)创建列分级显示

列分级显示的操作方法与行分级操作相同,在此不再赘述。

注:按住“Shift”键,单击改组的展开细节按钮(＋)或折叠细节按钮(－),然后单击“取消组合”按钮。可以对分级显示的各个部分取消组合,而不需要删除整个分级显示。

4. **数据有效性**

数据的有效性是制定单元格中输入数据的权限范围。在编辑工作表示,为了避免输入的单元格数据错误,可对单元格数据设置有效性。

(1)设置整数或小数类型

选择需要设置的单元格,选择“数据”功能区“数据工具”组“数据有效性”命令中“数据有效性”子命令，打开如图 4－57 对话框。

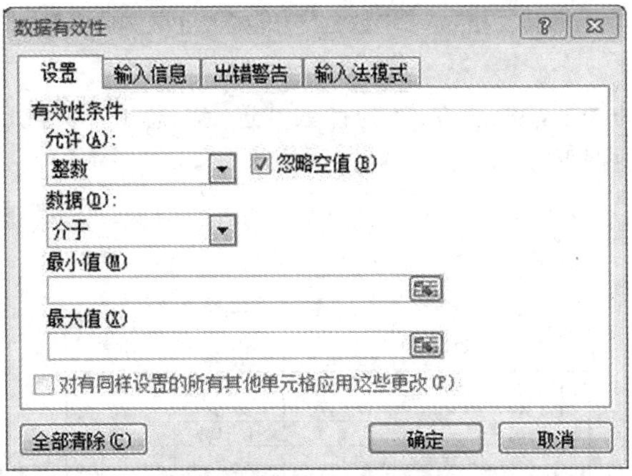

图 4－57　数据有效性(1)

在“设置”选项卡中，设置“允许”为整数或小数，依次根据要求设置“数据”“最小值”“最大值”。

(2)设置序列类型

选择需要设置的单元格，在“数据有效性”对话框如图 4－58 中，设置“允许”为序列，然后再“来源”文本框中设置数据来源。

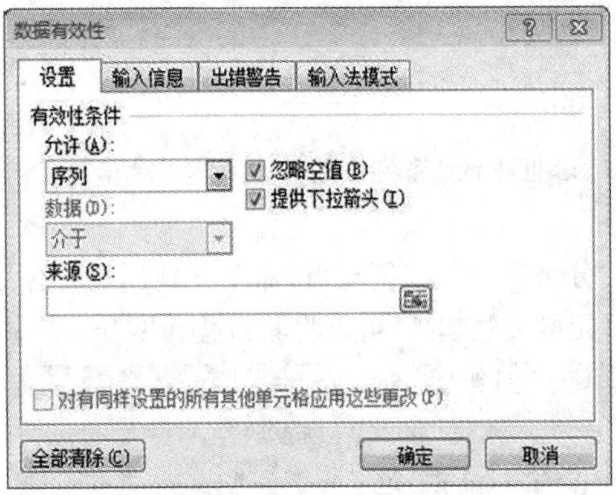

图 4－58　数据有效性(2)

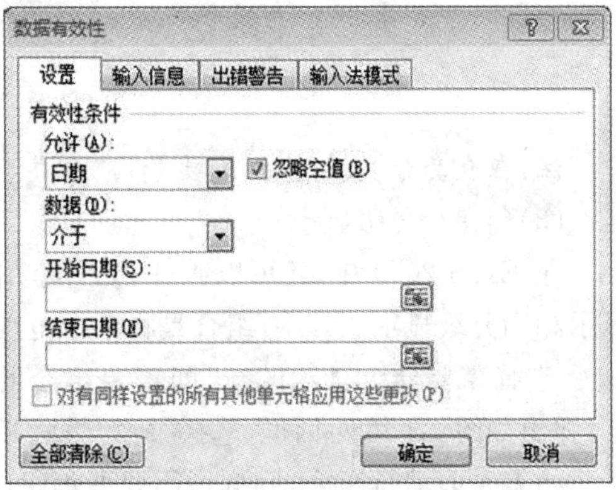

图 4－59　数据有效性(3)

(3)设置日期时间类型

在“允许”中选择日期或者时间，再设置数据、开始时间、结束时间。(图 4－59)

也可以选择对话框中“全部清除”删除数据有效性条件，恢复到默认状态。

注：若指定设置数据有效性的单元格为空白单元格，需要启动“数据有效性”对话框中的“忽略空值”复选框。

(4)设置出错警告

在“数据有效性”对话框中选择“出错警告”选项卡，设置在输入无效数据时系统所显示的“警告样式”和“错误信息”。

5. 应用条件格式

使用条件格式可以突出显示单元格中的数值，以及制作漂亮的背景条纹。另外，还可以使用数据条、色阶和图标集来区别显示不同的数据，帮助用户分析数据的分布状况。

(1)突出显示单元格规则

选中目标单元格区域，选择“开始”功能区“样式”组“条件格式”命令的“突出显示单元格规则”子命令。该子命令会打开一个级联菜单，包括大于、小于、介于、等于、文本包含、发生日期和重复值等命令，来突出显示满足条件的单元格。(图 4-60)

图 4-60　条件格式设置举例(1)

(2)项目选取规则

选择目标单元格区域，再选择“开始”功能区“样式”组“条件格式”命令的“项目选取规则”子命令，其中包含值最大的 10 项、值最大的 10%项，值最小的 10 项、值最小的 10%项、高于平均值、低于平均值。(图 4-61)

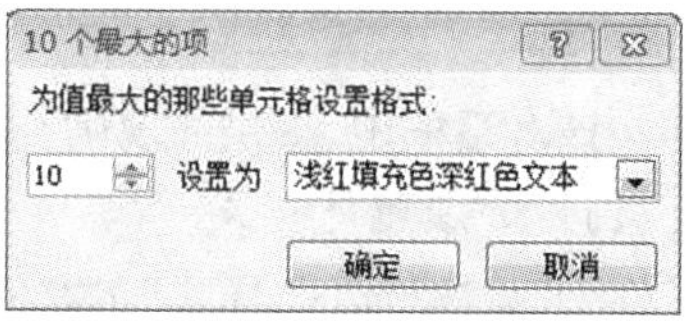

图 4-61　条件格式设置举例(2)

注：项目选取规则可以根据指定的截止值查找单元格区域中的最高值和最低值。

(3)数据条

选择目标单元格区域后，选择“条件格式”命令的子命令“数据条”。该子命令中包括渐变填充、实心填充，每个填充中都有：蓝、绿、红、橙、浅蓝、紫。

注：数据条可以方便查看单元格中数据的大小，颜色条越长，数值越大。

(4)色阶

色阶是运用颜色来区分数值段的一种表现样式，可以作为一种直观的指示来了解数据的分布和变化情况。色阶分为双色和三色两种类型。

选择目标单元格区域后，选择“条件格式”命令的子命令“色阶”。其中共有 12 中预置色阶。

(5)图标集

使用图标集可以对数据进行注释，并可以按阈值将数据分为 3 至 5 个类别。每个图标代表一个值的范围。

选择目标单元格区域后，选择“条件格式”命令的子命令“图标集”。包括方向、形状、标识、等级 4 个类别。

6. 条件规则

规则是在用条件格式功能查看数据、分析数据时的准则。通过规则可以筛选所选单元格区域中的数据，并突出显示。

(1)新建规则

选择单元格区域后，在“开始”功能区“样式”组“条件格式”命令的“新建规则”子命令。在弹出的“新建格式规则”对话框中如图 4-62 设置“选择规则类型”和“编辑规则说明”。

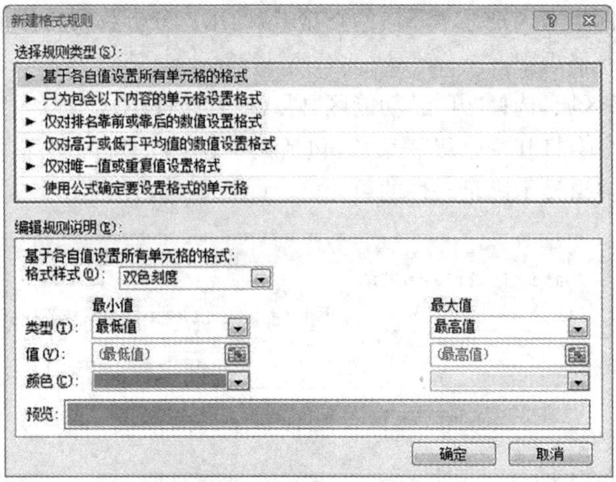

图 4-62　新建格式规则对话框

在该对话框中,提供的规则类型包括 6 种,每一种类型对应一种编辑规则说明。

(2)管理规则

在“开始”功能区“样式”组“条件格式”命令的“管理规则”子命令。在弹出的“条件格式规则管理器”对话框图 4-63 中,可新建规则、编辑规则和删除规则。

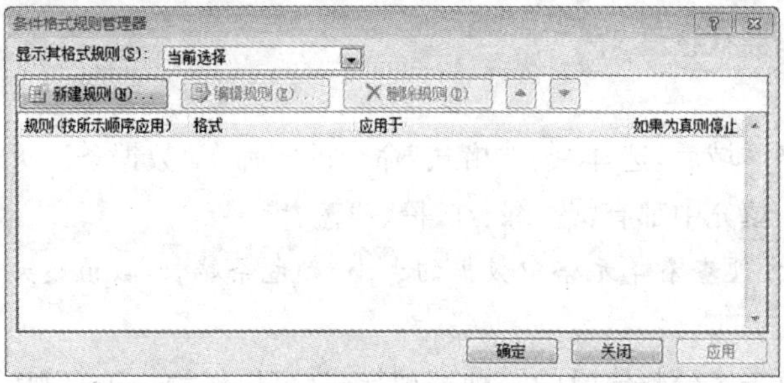

图 4-63　条件格式规则管理器对话框

4.6.4 插入图表

在 Excel 2010 中,不仅可以使用函数计算数据,还可以使用图表对表格中的数据进行分析。

图表可以将数据图形化,并且能够增强表格的视觉效果,使表格数据层次分明、条理清楚且容易理解,从而更加了解数据之间的关系和变化趋势。Excel 2010 创建的图表具有专业水准。

1. 创建图表

创建图表,首先选择目标单元格区域,再选择“插入”功能区“图表”组中图表命令或者“对话框启动器”。工作表中的每一个单元格数据在图表中都有与之相对应的数据点。

图表主要有图表区域及区域中的图表对组成。其中包括标题、图例、垂直(值)轴、水平(分类)轴以及绘图区组成。绘图区中又包括:横网格线、纵网格线和数据序列。如图 4-64 是一个柱形图图表。

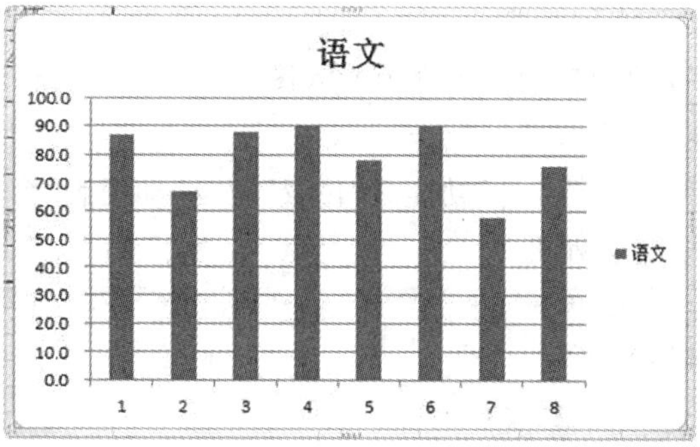

图 4-64　柱形图图表

Excel 2010 中提供了多种图表类型，用户在创建图标时，只需选择系统提供的图表即可方便快捷的创建图表。在“插入”功能区“图表”组中列出了“柱形图”“折线图”“饼图”“条形图”“面积图”“散点图”这 6 种以及“其他图表”。

也可以使用“插入”功能区“对话框启动器”打开“插入图表”对话框如图 4-65，其中列出了 11 种图表大类：“柱形图”“折线图”“饼图”“条形图”“面积图”“散点图”“股价图”“曲面图”“圆环图”“气泡图”和“雷达图”。每个大类中又包含了多个小类。

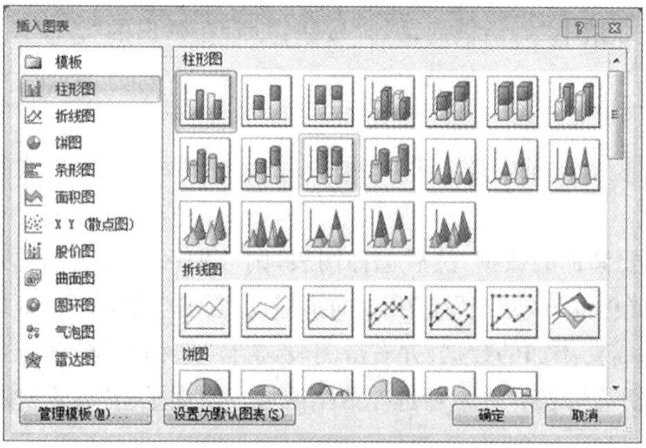

图 4-65　插入图表对话框

注：若需要基于默认图表类型快速创建图表，先选择要用于图表的数据，然后按“Alt+F4”键或者按“F11”键即可。按“Alt+F1”键，则图表显示为嵌入图表，按“F1”，则图标显示在单独的图表工作表上。

在上面的对话框中除了图表类型和子类型外，还包括管理模板和设置为默认图表。“管理模板”可在弹出的对话框中对 Microsoft 提供的模板进行管理。“设置为默认图表”可将选择的图表样式设置为默认图表。

当然在“图表”组中，单击任意一种图表类型的下拉按钮执行“所有图表类型”命令，也可以打开“插入图表”对话框。

同时在 Excel 中除了这种单一类型的图表，也可以创建组合图表，即由两种及以上类型的单一类型图表组成的图表。

2. 图表编辑

编辑图表前，首先要单击图表，使其处于工作状态。

(1)调整图表位置

默认情况下,在 Excel 中创建的图表都为嵌入图表。如果想要将图表放在单独的工作表中,则可以更改它的位置。

选择图表,选择“图表工具”“设计”功能区“位置”组“移动图表”命令打开“移动图表”对话框如图 4－66,选择图表的位置即可。

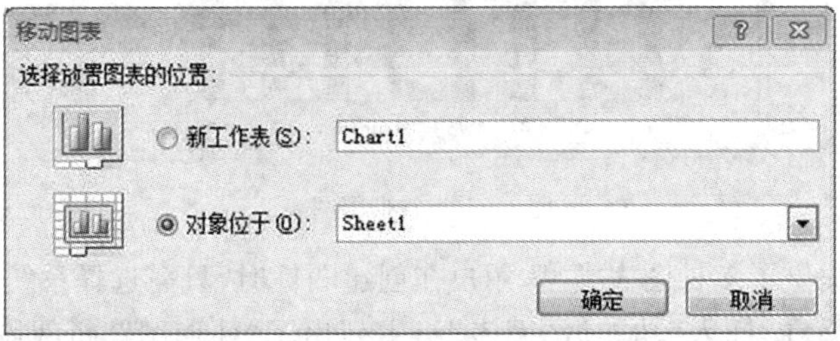

图 4－66 移动图表对话框

(2)调整图表大小

选择图表,在“图表工具”“格式”功能区“大小”组中设置“形状高度”和“形状宽度”文本框中,分别输入数值,以改变图表大小。

也可以单击“大小”组中“对话框启动器”按钮,然后在弹出的“设置图表区格式”对话框设置大小。

(3)添加数据

若用户需要在图表中添加数据,可以通过 Excel 表格中添加数据,从而实现在图表中添加数据的目的。

在 Excel 中输入要添加的数据,然后选择图表,则数据区域被自动选定。然后将鼠标置于数据框的右下角,当光标变成“双向”箭头时,向下拖动数据区域即可添加数据。

用户也可以输如需要添加的数据,并右击图表,执行“选择数据”命令。然后在弹出的对话框如图 4－67,单击“折叠”按钮,并重新选择数据区域。依次单击“确定”按钮,即可将数据添加到图表中。

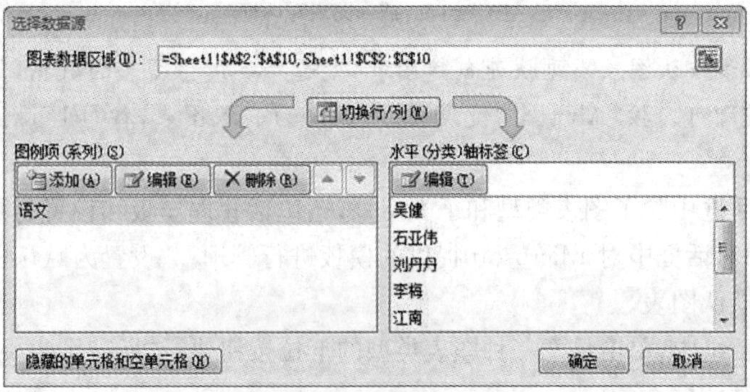

图 4－67 选择数据源对话框

另外,还可以输如需要添加的数据,选择“图表工具”“设计”功能区“数据”组“选择数据”命令。在弹出的“选择数据源”对话框中,单击折叠按钮,重新选择数据区域,再单击展开按钮,然后单击确定。

(4)删除数据

选择表格中需要删除的数据区域，按“Delete”键，即可删除工作表和图表中的数据。若用户选择图表中数据，进行删除，只能删除图表中数据，不能删除工作表中的数据。

选择图表，则工作表中的数据将自动被选中，将鼠标置于被选定数据的右下角，向上拖动，就可以减少数据区域的范围即删除图表中的数据。

(5)更改图表文字

对图表中文字的更改，主要是对图表标题、水平轴以及图例文字的更改。

修改图表标题，则单击标题，将光标定位于其中，删除要修改的标题文本，然后输入替换文本即可。

另外，更改水平轴与图例文字时，选择图表。选择“图表工具”“设计”功能区“数据”组“切换行/列”命令，即可将水平轴与图例进行切换。

(6)显示模拟运算表

图表中可以显示数据表格，想要将表格加入图表中，选择“图表工具”“布局”功能区“标签”组“模拟运算表”命令“显示模拟运算表”子命令，系统会自动将数据表显示到图表下方。

3. 设置图表类型

Excel 2010 提供了 11 种标准图表类型，每一种大类型又包含多个子类型。在分析不同问题时应该需要不同的图表。

(1)更改图表类型

创建图表后，可以在多种图表类型之间进行相互转换。选择要更改类型的图表，然后选择“插入”功能区“图表”组中的某一个图表类型命令中的子类型。则可以将当前图表类型改为选择类型。

也可以使用“图表工具”“设计”功能区“类型”组“更改图表类型”命令，在弹出的对话框中选择某一图表类型，并继续向下选择其某一子类型。

除此之外，选择要更改类型的图表，右击执行“更改图表类型”命令，然后在弹出的“更改图表类型”对话框中进行设置即可。

(2)设置默认图表类型

打开“更改图表类型”对话框中选择一种图表类型，如选择某一图表类型，并选择它的子类型。然后，单击“设置为默认图表”按钮。当再一次执行插入刚才类型的图表操作时，系统会设置图表类型为刚才设置的子类型。

4. 布局与样式

图表布局和样式代表图表的整体显示效果。

(1)设置图表布局

Excel 2010 中预定义了多种不同的布局样式。选择图表，选择“图表工具”“设计”功能区“图表布局”组“其他”命令，在其列表中选择所需的布局方式。

注：根据图表类型的不同，Excel 所提供的预定义图表布局方式也会有所不同。

(2)修改图表布局元素

除了使用 Excel 预定义的图表布局样式，也可以自行设定。

首先选择目标图表，在“图表工具”“布局”功能区中对“标签”组操作，选择在图表中显示或隐藏图表标题、图例、数据标签、横纵坐标轴、横纵网格线、数据序列等。

例:隐藏图表坐标轴。在“图表工具”“布局”功能区中对“标签”组操作“坐标轴”命令,选择“主要横坐标轴”为无即可。

注:坐标轴中包括主要横坐标轴和主要纵坐标轴,主要横坐标轴又包括无、显示从左向右坐标轴、显示从右向左坐标轴,主要纵坐标轴包括无、显示默认坐标轴、显示千单位坐标轴、显示百万单位坐标轴、显示十亿单位坐标轴、显示对数刻度坐标轴。

(3)设置图表样式

选择图表,在“图表工具”“设计”功能区中选择“图标样式”组中“其他”命令,在其类表中选择所需的图表样式。

5. 图标的格式

完成对图表数据和布局样式编辑后,可以对图表进一步格式化,达到美观的效果。

(1)设置图表区格式

选中图表区,右击,执行“设置图表区域格式”命令,弹出对话框如图4-68。在其中设置图表的格式。

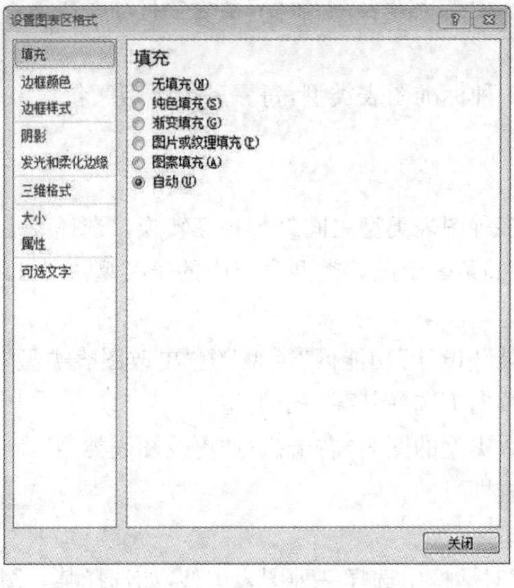

图4-68 设置图表区格式对话框

例如,设置图表区背景,则选择“填充”,在列表中选择所需内容。除此之外还可以设置图表区的“边框颜色”“边框样式”“阴影”“发光和柔化边缘”“三维格式”“大小”“属性”“可选文字”等内容。

(2)设置绘图区格式

选中绘图区后,重复以上步骤即可。

(3)设置图表标题格式

选择图表,在“图表工具”“布局”功能区“标签”组中选择“图表标题”命令中“其他标题选项”子命令,弹出“设置图表标题格式”对话框,进行设置。

注:设置标题字体格式的方法:选中标题文字,在“开始”功能区“字体”组中进行。

(4)设置图表坐标轴格式

选中图表,在“图表工具”“布局”功能区“坐标轴”组中选择“坐标轴”命令中“主要横坐标轴”或“主要纵坐标轴”子命令，打开“其他主要横坐标轴选项”或“其他主要纵坐标轴”，打开“设置坐标轴格式”对话框如图 4－69。

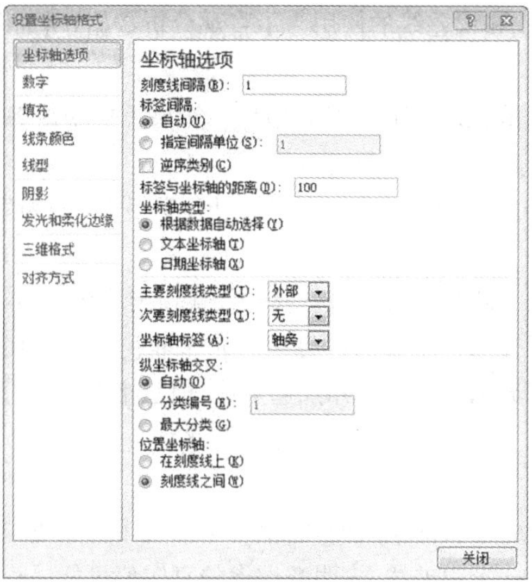

图 4－69　设置坐标轴格式对话框

(4)设置图表数据序列的格式

选择图表数据，右击，选择“设置数据序列格式”命令，在弹出的对话框如图 4－70 中，进行设置。如只选择图表中某一数据序列，右击，则选择“设置数据点格式”，在弹出的对话框中，进行设置。

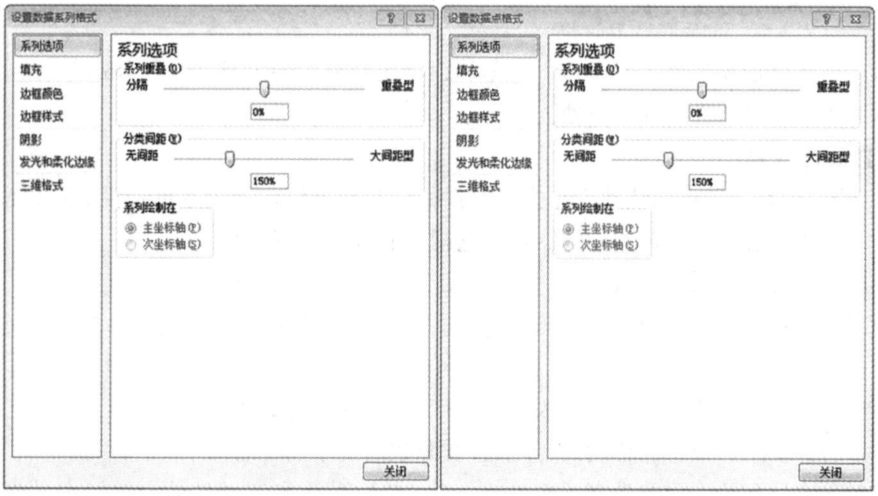

图 4－70　设置数据点和数据系列格式

(5)设置图例格式

选择图表，在“图表工具”“布局”功能区“标签”组中选择“图例”命令的子命令“其他图例选项”命令，在弹出的对话框中进行设置。

(6)设置三维图表视图

选择图表，在“图表工具”“设计”功能区“类型”组中选择“更改图表类型”命令，在弹出的对话框中选择一种三维图表即可。

6. 趋势线和误差线

Excel 图表中的趋势线和误差线的使用为了直观分析数据，增加图表的对比性。

(1)趋势线

趋势线通常被用于显示各系列中数据的趋势。如果历史中的各值一直保持递增或递减，就可以使用趋势线来进行趋势分析和预测。

如要添加，先选择图表，在“图表工具”“布局”功能区选择“分析”组“趋势线”命令，选择趋势线类型。

趋势线的类型包括线型趋势线、指数趋势线、线性预测趋势线、双周期移动平均。

并不是所有类型的图表都可以添加趋势线。如非堆积型二维面积图、条形图、柱形图、折线图、股价图、气泡图和 XY 散点图可以添加趋势线，但三维图表、堆积型图表、雷达图、饼图或圆环图则不能。

(2)误差线

误差线是从数据点延伸出去的短线段，它指出了图表中数据的某种不确定性，也就是误差值。每个数据点可以显示一个误差线，表明数据点的真实值可能是误差范围中的任何一点。

与趋势线不同的是，误差线是和系列相关的，每个数据点都会显示一个误差线。

添加时，先选择图表，然后在“图表工具”“布局”功能区选择“分析”组“误差线”命令的子类型。

其子类型包括标准误差线、百分比误差线、标准偏差误差线。

4. 6. 5 插入数据透视表

Excel 中数据透视表是汇总、分析、浏览和提供摘要数据的工具，通过直观方式显示数据汇总结果，为查询和分类数据提供方便。

1. 数据透视表

数据透视表是一种可以快速汇总大量数据的交互式方法。使用数据透视表可以深入分析数据，并且可以呈现出一些数据问题。数据透视表有以下作用：

(1)以多种方式查询大量数据。

(2)对数值数据进行分类汇总和聚合，按分类和子分类对数据进行汇总，创建自定义计算和公式。

(3)展开或折叠重要结果的数据级别，查看区域摘要数据的明细。

(4)将行移动到列或将列移动到行，已查看源数据的不同汇总。

(5)对最有用和最重要的数据子集进行筛选、排序、分组和有条件的设置格式，是重要信息更为突出。

(6)提供简明、突出并且带有批注的联机报表或打印报表。

如果要分析相关汇总值，尤其是在要合计较大的数字列表并对每个数字进行多种比较时用到。

2. 插入数据透视表

首先选择有列表的单元格区域中的一个单元格。在“插入”功能区“表格”组中选择“数据透视表”命令中“数据透视表”子命令。在弹出的“创建数据透视表”对话框如图 4－71 中，选择要分析的数据和透视表的位置。进行设置，确定。

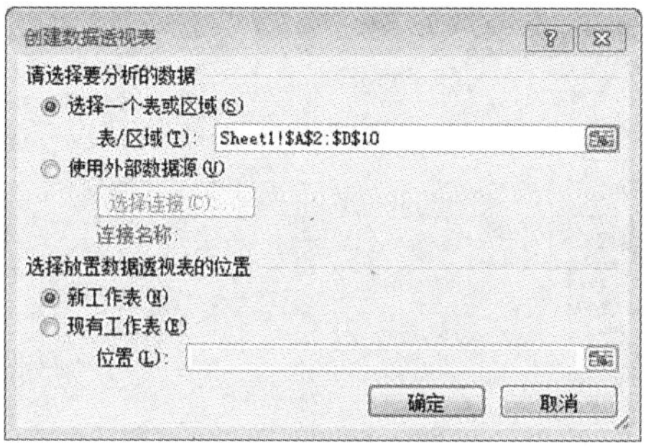

图 4－71　创建数据透视表

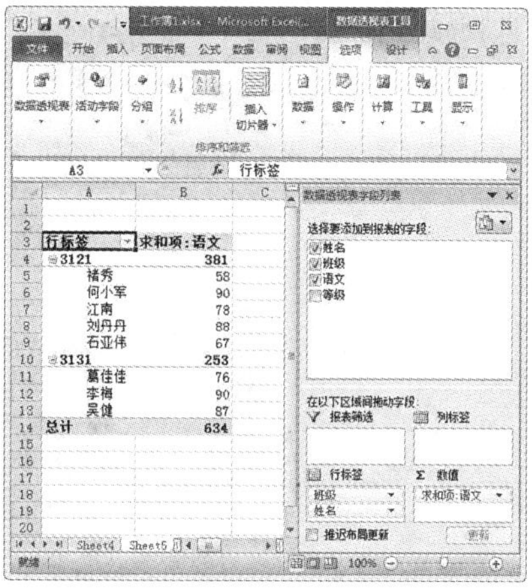

图 4－72　数据透视工具选项子功能区

注：对话框中参数的意义如下：

选择一个表或区域，在当前工作簿中选择创建数据透视表数据。

使用外部数据源，配合选择连接按钮，可以在打开的现有链接对话框中，选择连接到的其他文件中的数据。

新建工作表，则是要将创建的数据透视表以新工作表呈现。

现有工作表，可以将创建的透视表插入到现有工作表的指定位置。

得到结果如图 4－72：

4.6.6　添加修饰元素

1. 批注

选中目标单元格或目标单元格区域，在“审阅”功能区“批注”组中选择“新建批注”命令，得到如图 4－73。在批注框中加入信息。

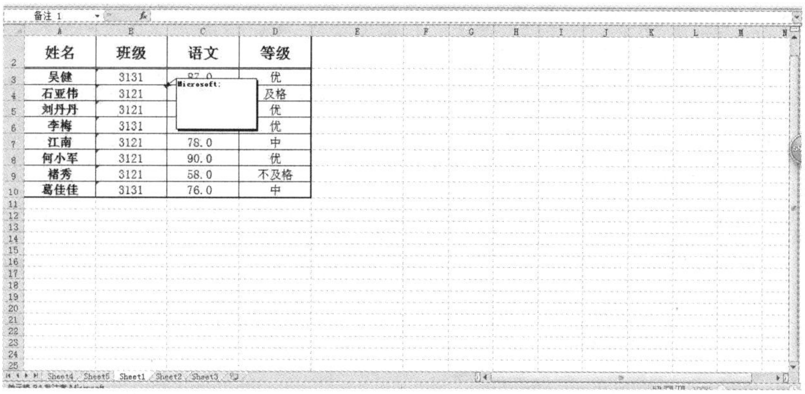

图 4－73　新建批注

单击无批注处，则批注被隐藏。点击单元格右上方的红色，会显示批注。

2. 页眉页脚

不仅 Word 2010 可以设置页眉页脚，Excel 中也可以。选择“插入”功能区“文本”组中“页眉和页脚”单击，弹出如图 4－74 结果。

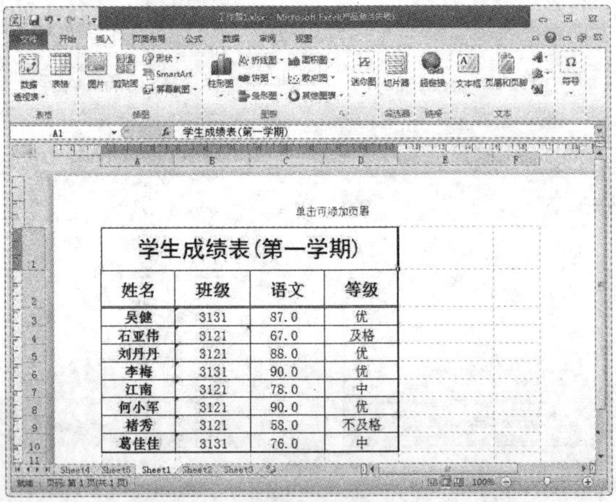

图 4－74　学生成绩表(第一学期)(2)

可以在其中添加页眉和页脚。

3. 插图

选择“插入”功能区“插图”组中命令单击，可以添加图片、剪贴画、形状、SmartArt、屏幕截图等。具体步骤参照 Word 插图操作。

【巩固练习】

一、单选题

1. 表格中绝对地址引用正确的是________。

A. $AQ$13　　B. AQ$1$3　　C. AQ13　　D. AQ$13

2. Excel2010 的默认文档名为________。

A. Book1　　B. 新建 Excel 文档

C. 新建 Microsoft Excel 工作表　　D. 工作簿 1

3. Excel 中默认的数值对齐方式为________。

A. 左对齐　　B. 居中　　C. 右对齐　　D. 分散对齐

4. Excel 工作表中，单元格 C4 中有公式“＝A3＋$C$5”，在第三行之前插入一行之后，单元格 C5 中的公式为________。

A. ＝A4＋$C$6　　B. ＝A4＋$C$5　　C. ＝A3＋$C$6　　D. ＝A3＋$C$5

5. 为了区别“数字”和“数字字符串”数据，在输入时，要加________符号加以区分。

A. ”　　B. ’　　C. #　　D. @

6. 新建 Excel 文档时，一个工作簿中默认有________张工作表。

A. 1　　B. 3　　C. 5　　D. 100

7. 单元格显示内容为“#REF”，表示________。

A. 公式引用无效的单元格　　B. 某个参数不正确

C. 公式被零除　　　　　　　　　D. 单元格太小

8. 在 Excel 2010 中，下面描述正确的是________。

A. Excel2010 中可以隐藏某个单元格，也可以将其展开

B. Excel 2010 中可以隐藏整行

C. Excel 2010 中不可以隐藏整列

D. Excel 2010 中不可以隐藏工作表

9. 在 Excel 2010 中用来插入图表的功能区是________。

A. 开始　　B. 插入　　C. 视图　　D. 页面布局

10. 对 Excel 2010 中的数据进行筛选的方式有________。

A. 显示和隐式　　B. 一般和复杂　　C. 自动和高级 D.　按行和按列

11. COUNTIF 函数的作用是________。

A. 统计　　　　　　C. 统计数值所在单元格数

B. 按条件统计　　　D. 按条件统计数值所在单元格数

二、操作题

1. 制作如下课程表：

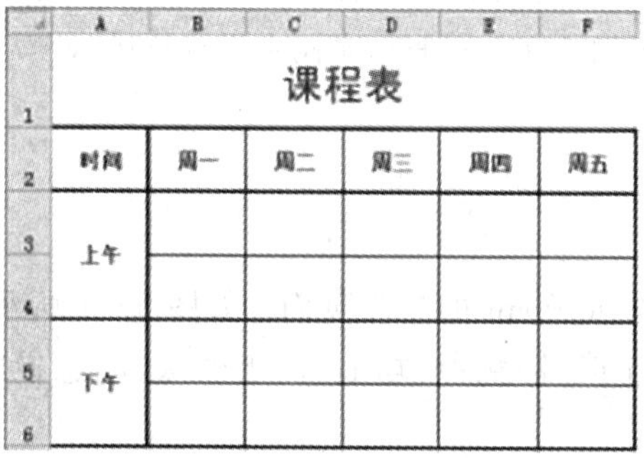

	A	B	C	D	E	F
1	课程表					
2	时间	周一	周二	周三	周四	周五
3	上午					
4						
5	下午					
6						

(1)设置单元格 A1 至 F1，合并及居中，输入课程表，蓝色，黑体，22 磅。

(2)合并“A3，A4”“A5，A6”，并输入文字，蓝色，居中，宋体，11 磅，加粗。

(3)设置黑色边框，如上图所示。

2. 按要求制作表格。

(1)新建工作簿，命名为成绩表. xlsx，保存在桌面上。

(2)输入学生姓名、班级、语文、数学成绩，并添加标题“学生成绩表”。

(3)对表格按照班级升序排序，班级相同者按语文成绩降序排序。

(4)在第五列中用函数计算学生的平均成绩，第六列中用公式计算学生的总成绩。

(5)在第七、八列中统计学生各科成绩的等级：大于 85 为优，大于 80 为良，大于 70 为中，大于 60 为及格，其余不及格。

(6)在“Sheet2”中筛选出所有学科优秀学生及相关信息。

部分习题参考答案

一、单选题

1～10. ADCABBABBC　11. B

第 5 章 PowerPoint 2010 基础操作

5.1 认识 PowerPoint 2010

PowerPoint 2010 较之前的版本工作界面有所更改，与 Word、Excel 采用一致的功能区形式来设计处理，使命令的集成更科学有效，使操作更加方便。

PowerPoint 2010 制作的演示文稿，在投影、幻灯片中播放效果生动有趣，直观明了，如一张张胶片组合成一个短小的电影，简明的阐述要点，突出中心，有的应用很是广泛。比如：课堂上教师用演示文稿不仅可以突出重点，还可以增加课堂教学的趣味性；新产品介绍中用演示文稿可以简述产品特点及操作步骤，生动形象；在工作汇报中，用演示文稿可以提炼中心意思，直观表达。

5.1.1 PowerPoint 简介

在制作 PowerPoint 演示文稿前，首先学习 PowerPoint 的工作页面。如图 5 - 1 所示，是 PowerPoint 2010 的工作界面，包括 PowerPoint 标识、标题栏、功能区、工作区、状态栏和滚动条。

其中 PowerPoint 的界面与 Word、Excel 是大致相同的，不同之处就是功能区和工作区。PowerPoint 中有“开始”“插入”“设计”“切换”“动画”“幻灯片放映”“审阅”“视图”8 个功能区。PowerPoint 工作区在不同的视图和浏览方式下，呈现不同的格式。

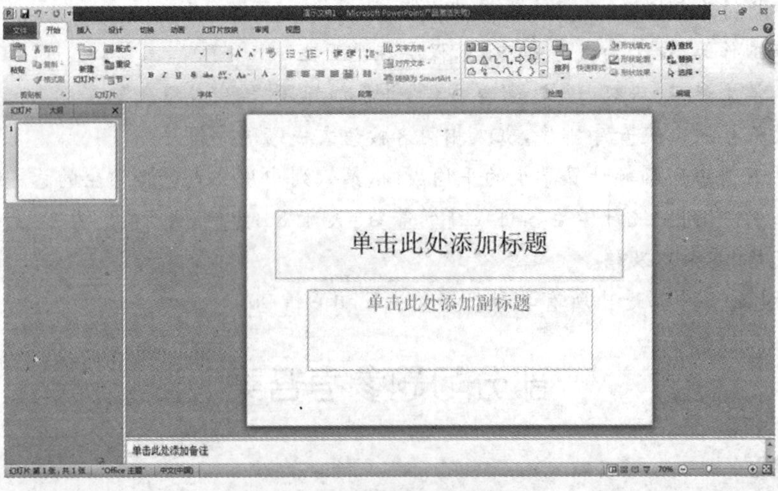

图 5 - 1 PowerPoint 工作界面

5. 1. 2 视图

PowerPoint 演示文稿的一共有四种视图，分别是“普通视图”“幻灯片浏览”“备注页”“阅读视图”。

(1)“普通视图”

PowerPoint 打开时默认的视图方式就是“普通视图”。这一视图方式将演示文稿的界面分成两个部分，左边为幻灯片浏览区，右边为幻灯片编辑区。“普通视图”有两种浏览方式，一种是幻灯片式，另一种是大纲式。

在幻灯片浏览区中所有制作好的幻灯片按次序排列，可以在该区域中选择某一张幻灯片作为当前幻灯片。

在幻灯片编辑区中只显示被选中的当前幻灯片，此时可以在编辑区中对当前幻灯片进行编辑，同时可以为当前幻灯片添加备注信息。(图 5－2)

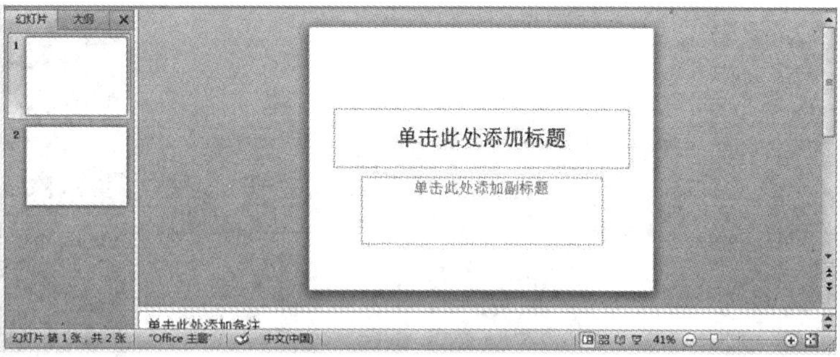

图 5－2　普通视图

(2)“幻灯片浏览”视图

“幻灯片浏览”视图如下图所示，将所有的幻灯片以从左到右的顺序排列在工作区内，可以选中幻灯片，对幻灯片进行插入、删除和移动，但是不能够对幻灯片进行内容进行编辑。(图 5－3)

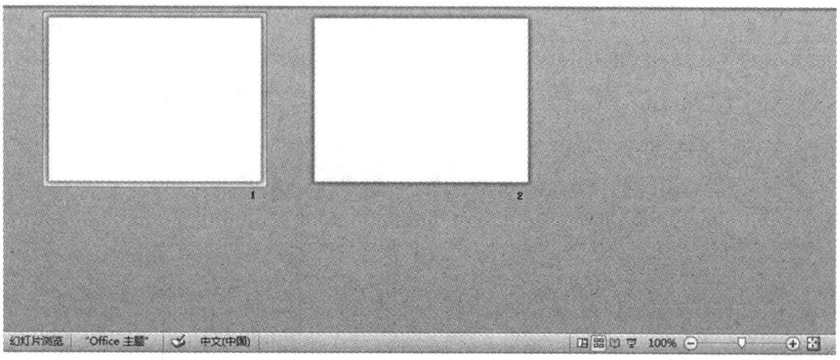

图 5－3　幻灯片浏览视图

(3)备注页

“备注页”视图中主要用来编写备注内容，因此备注编辑区比较大，在该视图下不可以修改幻灯片内容。该视图方式下只显示当前幻灯片，可以用滚动条来选择幻灯片。(图 5－4)

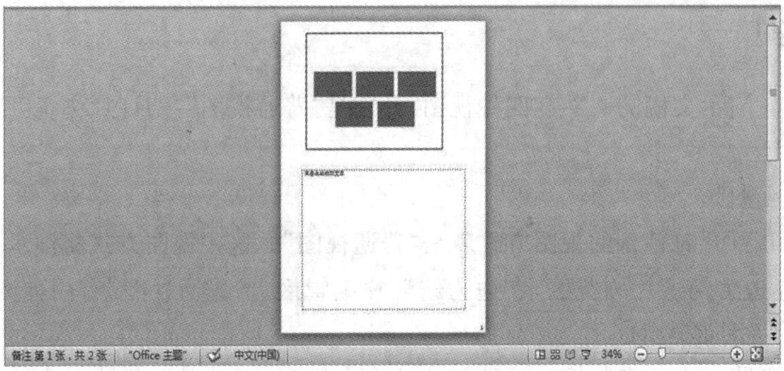

图 5-4　备注页视图

(4)阅读视图

“阅读视图”是为了方便阅读，在该视图下可以对幻灯片顺序阅读，但不可以进行修改。幻灯片之间切换用“Enter”键进行。（图 5-5）

图 5-5　阅读视图

5. 1. 3　其他浏览方式

幻灯片放映是对幻灯片效果的直接浏览，不仅可以看到其中的文字效果，还包括其中文字及其他对象的进入及退出的其他效果，幻灯片的切换效果。

5.2　创建演示文稿

在安装 Office 组件时，会自动为 PowerPoint 在桌面和开始菜单建立起快捷方式。在应用演示文稿之前，首先要创建它，其中非常重要的方法就是利用快捷方式。

5. 2. 1　用桌面快捷方式

双击 PowerPoint 桌面快捷方式，会自动创建一个默认名为“演示文稿 1”，扩展名为 pptx 的演示文稿。

5. 2. 2 用开始菜单

单击开始菜单，选择所有程序，找到 Microsoft Ofice，在其中选择 Microsoft PowerPoint 2010，并单击，会自动创建一个默认名为“演示文稿 1”，扩展名为 pptx 的演示文稿。

5. 2. 3 鼠标右键

在窗口空白处，右键单击鼠标，在弹出的快捷方式中选择新建，打开级联菜单在其中单击 Microsoft PowerPoint 演示文稿，在目标位置自动创建一个默认名为“新建 Microsoft PowerPoint · 演示文稿”，扩展名为 pptx 的演示文稿。

5. 2. 4 文件按钮

单击“文件”按钮，在打开的 Backstage 视图中选择“新建”命令，会弹出如图 5 - 6 所示的级联信息，在其中展示了演示文稿的各种模版。

图 5 - 6 Backstage 视图

在可用模板和主题中包括：空白演示文稿、最近打开模板、样本模板、主题、根据现有内容新建以及 Office. com 模板。

其中空白演示文稿在学习过程中最需要掌握的。

样本模板包括系统中内置的所有演示文稿模板。

主题中包括系统中内置的所有主题的演示文稿。

根据现有内容新建可以利用已将建立好的演示文稿为模板去建立新的演示文稿。

Office. com 模板是指 Office 中设置好的一些模板，使用前需要下载。

5.3 幻灯片基本操作

5.3.1 演示文稿的基本操作

演示文稿是一组幻灯片的集合，就如同幻灯片组合成的一个工作簿。对它的基本操作包括，创建，在上一节中已经提及，另外还包括复制、粘贴、移动和删除。

这些操作与其他文档的复制、粘贴、移动和删除是非常相似的。在此不作赘述。

5.3.2 幻灯片的基本操作

幻灯片是演示文稿的基本组成单位，是演示文稿编辑的画布。关于它的基本操作包括新建也即插入、移动、复制、粘贴、剪切。

(1)幻灯片的插入

向演示文稿中插入幻灯片的方法较多，下面进行介绍。

方法一：选中一张幻灯片，单击鼠标右键，单击新建幻灯片命令。会在选定幻灯片后加入一张幻灯片。

方法二：选中一张幻灯片，在“开始”功能区，选择“幻灯片”组中的“新建幻灯片”命令，并单击，会在选定幻灯片后加入一张幻灯片。

方法三：将光标置于某两张幻灯片之间，右键单击鼠标，单击新建幻灯片命令，会在光标位置加入一张幻灯片。

方法四：将光标置于某两张幻灯片之间，右键单击鼠标，选择“幻灯片”组中的“新建幻灯片”命令，并单击。会在光标位置加入一张幻灯片。

(2)幻灯片移动

选中幻灯片，按下鼠标左键，将选中幻灯片移动到目标位置即另一张幻灯片所在位置，释放鼠标。

(3)幻灯片复制

选中幻灯片，复制该幻灯片，将光标置于某两张幻灯片之间或最后一张幻灯片之后，粘贴该幻灯片。

(4)幻灯片删除

选中幻灯片，右键鼠标，选择删除幻灯片命令或者按下“Delete”键。

5.4 编辑文本

在普通视图下，选中幻灯片后，就可以在该幻灯片中进行编辑。编辑幻灯片的第一步就是向幻灯片中添加文字，并对文字进行编辑。

5. 4. 1　添加文字

在 Word 中直接向工作区中输入文本内容，在 Excel 中向工作区中的表格输入文本内容，而在 PowerPoint 中，文本内容要输入在幻灯片中，但是与之前两个 Office 组件不同的是，幻灯片中是不可以直接输入内容的。若想在 PowerPoint 中添加文本信息，必须要在幻灯片中添加文字占位符或者文本框才可以。

首先确定该幻灯片中有文字占位符，单击该占位符，然后输入文字。若该幻灯片中没有文字占位符，则需要插入幻灯片，选择“插入”功能区“文本”组“文本框”命令，然后打开文本框，在文本框中输入文字。

5. 4. 2　设置文字字体

选中要操作的文字，然后在使用个“开始”功能区“字体”组对文字的字体进行设置。在“字体”组中可以设置的文字格式除了设置“字体”“字号”，还可以设置字形“加粗”“倾斜”，另外还可以设置文字颜色、加“下划线”、加“阴影”、加“删除线”、设置字符间距、更改大小写等。

注：对文字字体的修改也可以在“开始”功能区“字体”组中选择单击“对话框开启按钮”，在“字体”对话框中进行字体设置。

5. 4. 3　设置项目符号和编号

(1)设置项目符号

选择要设置项目符号的文字，单击“开始”功能区“段落”组中项目符号命令，设置一种默认的项目符号。或者单击项目符号右侧的下拉按钮，弹出下拉菜单，在其中选择系统内置的项目符号。另外还可以单击下拉菜单中的“项目符号和编号”命令，在弹出的“项目符号和编号”对话框图 5 - 7 中选择一种系统内置项目符号，或者对选中的项目符号进行颜色和大小的更改。

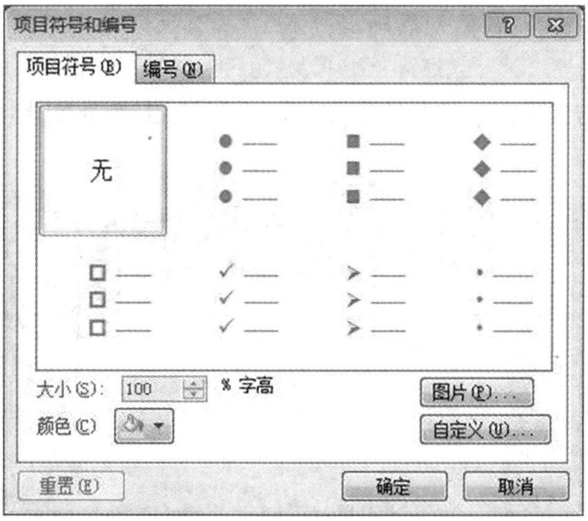

图 5 - 7　项目符号和编号框

设置红色实心菱形项目符号，结果如图 5 - 8 所示：

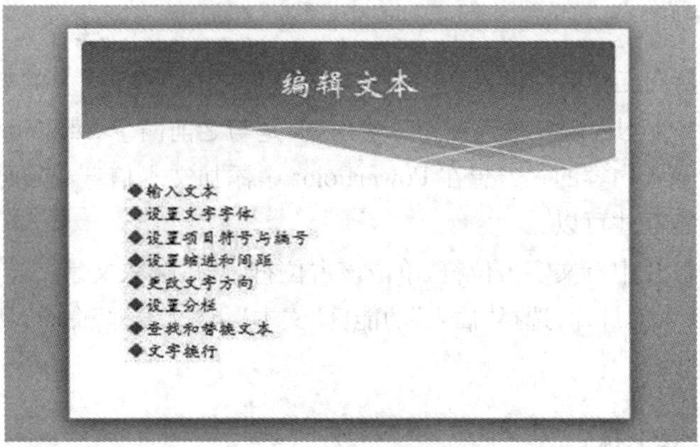

图 5 - 8　加项目符号结果

如果想要设置特别的项目符号，可以单击“自定义”按钮，在弹出的对话框如图 5 - 9 中进行选择设置，然后单击确定。

图 5 - 9　符号对话框

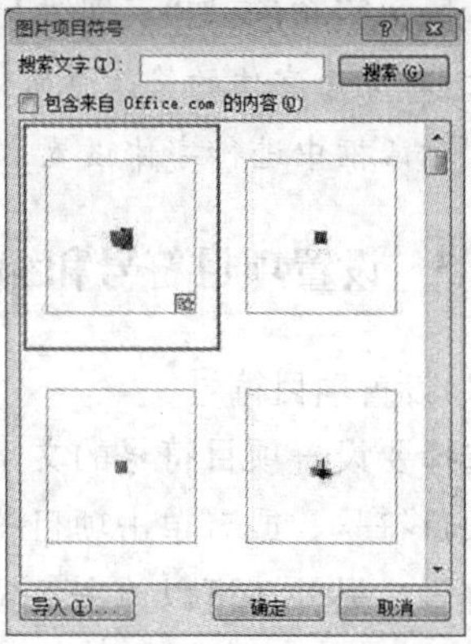

图 5 - 10　图片项目符号

如果想要设置图片项目符号，可以单击“项目符号和编号”对话框中的“图片”按钮，在弹出的对话框如图 5 - 10 中进行选择，然后确定。

(2)设置编号

选择要设置编号的文字，单击“开始”功能区“段落”组中编号命令，添加默认编号，得到如图 5 - 11 的效果。

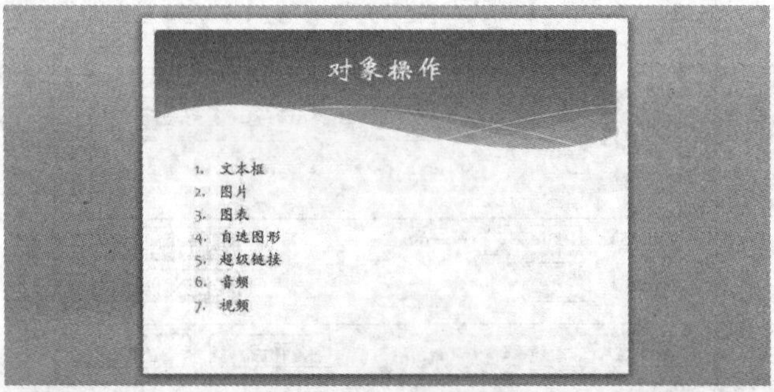

图 5 - 11　设置编号

或者单击编号命令右侧下拉按钮，在弹出的下拉菜单中选择系统内置编号。也可以单击下拉菜单中“项目符号和编号”按钮，打开“项目符号和编号”对话框编号选项卡。如图 5-12 所示。

在其中可以选择系统内置的编号，然后设置编号的起始，大小和颜色。

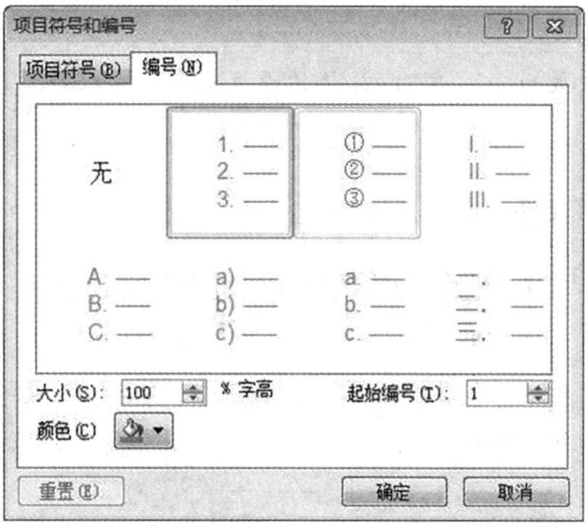

图 5-12　设置编号

5.4.4　设置缩进和间距

选中要设置缩进的文字段落，单击“开始”功能区“段落”组“对话框开启按钮”，打开如图 5-13 对话框。在“缩进和间距”选项卡的“缩进”中设置缩进。

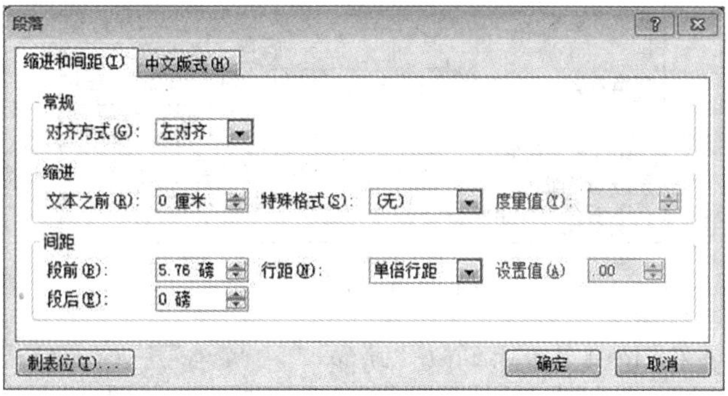

图 5-13　段落对话框缩进和间距选项卡

同时可以在该选项卡间距中设置段落的段前段后距和段落文字之间的行距。

5.4.5　更改文字方向

选中要设置文字方向的文字，单击“开始”功能区“段落”组中文字方向命令，弹出下拉菜单，其中包括 5 项，分别是：横排、竖排、所有文字旋转 90 度，所有文字旋转 270 度和堆积，选择其中的一种作为文字的方向。

注：文字方向一旦设置，不仅只针对被选中的文字，而是该文字所在的占位符或者文本框都会呈现为该文字方向。

5.4.6 设置分栏

选中要设置分栏的文字，单击“开始”功能区“段落”组中分栏命令，在弹出的下拉菜单，其中可选的有一栏、两栏、三栏，也可以单击“更多栏”命令，打开如图 5－14 对话框。在其中设置栏数和栏与栏间的间距。

注：栏数最多可以设置为 16。同时，分栏的设置也会以占位符和文本框为同一整体。

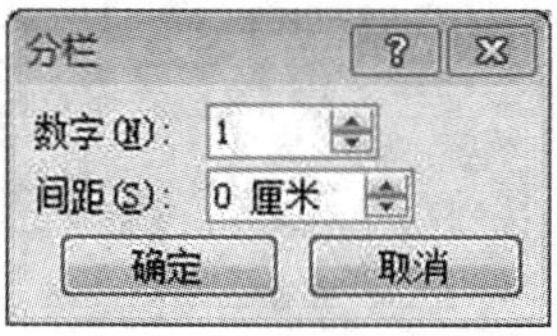

图 5－ 14 分栏对话框

5.4.7 查找和替换文本

选中要替换的文字，单击“开始”功能区“编辑”组中查找命令，弹出查找对话框，如图 5－15 所示。

图 5－15 查找对话框

若单击其中替换按钮，会切换为替换对话框，如图 5－16 所示。

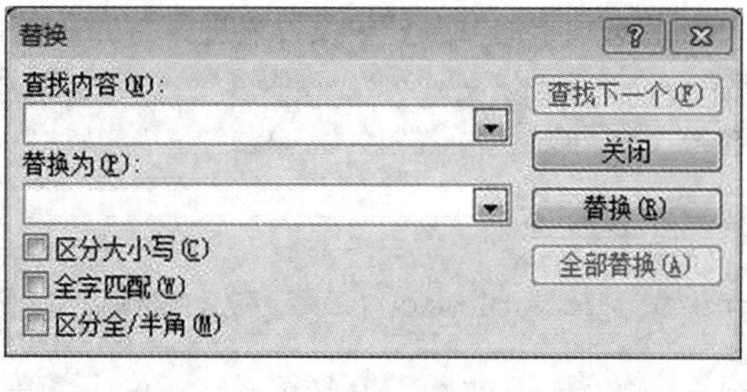

图 5－16 替换对话框

要想进行替换操作，也可以单击“开始”功能区“编辑”组中替换命令，打开如上对话框。

5.4.8 设置文字自动换行

选择要进行自动换行的文字，单击“开始”功能区“绘图”组“对话框开启按钮”，打开如图 5－17 对话框。在其中选择“文本框”标签，在标签中勾选“形状中的文字自动换行”。就可以对选中文字设置文字自动换行，再关闭。如需要取消，则取消勾选。

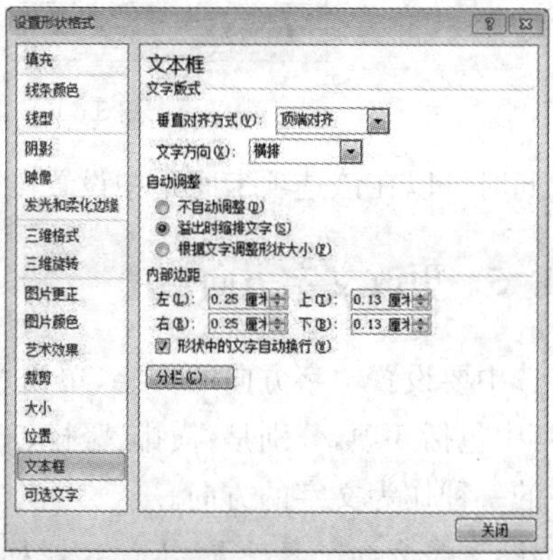

图 5－ 17 设置形状格式对话框

5.5 插入其他元素

PowerPoint 中除了文字以外，还可以插入很多其他元素，来增强演示文稿的说明性和趣味性。

包括文本框、图形图像、图表，还包括在其中添加声音、短片或动画。

5.5.1 文本框

PowerPoint 处于空白版式的状态，如果想要加入文字，则需要插入文本框，其步骤是如下：

单击“插入”菜单“文本”组文本框命令下方按钮弹出下拉菜单，在其中选择“横排文本框”或者竖排文本框，到幻灯片中用鼠标拖动出一个选定方向的文本框，即可在文本框光标处输入文字。

对文本框的操作除了包括对文字的设置，还可以对文本框本身进行设置。操作之前，首先要选中文本框。

注：选中文本框时，要单击它的边框线，但边框显示，边框内未出现光标，说明文本框被选中。

选中文本框后，可以设置文本框的边框的宽度、线型和文本框背景颜色。

(1)文本框宽度

选中文本框，单击“开始”功能区“绘图”组中形状轮廓，在弹出的下拉菜单中选择“粗细”命令，在其中选择线宽。或者单击“其他线条”命令，打开“设置图片格式”对话框的“线型”标签中进行设置。

(2)文本框线型

选中文本框，单击“开始”功能区“绘图”组中形状轮廓，在弹出的下拉菜单中选择“虚线”命令，在其中选择线型。或者单击“其他线条”命令，打开“设置图片格式”对话框的“线型”标签中进行设置。

(3)文本框背景颜色

选中文本框，单击“开始”功能区“绘图”组中形状填充命令，在弹出的下拉菜单中可以选择主题色、标准色、其他渐变颜色、图片、渐变和纹理，选择一种作为文本框背景。如果想要取消文本框背景，就在选中的状态下，选择形状填充命令中“无填充颜色”可以取消文本框背景。

5.5.2 图片

单击“插入”功能区“图像”组中“图片”命令，选择一张图片插入其中。然后选中该图片，可打开“图片工具”“格式”功能区，可以对图片进行修改修饰。

5.5.3 图表

单击“插入”功能区“插图”组中“图表”命令，可以插入一张图表。然后会自动弹出“图表工具”“设计”“布局”“格式”子功能区，可以对图表进行修改修饰。

5.5.4 形状

单击“插入”功能区“插图”组中“形状”命令，单击其中某一图形。然后按住鼠标拖动出该形状。单击形状，会自动弹出“绘图工具”“格式”功能区。

5.5.5 音频

在 PowerPoint 中插入音乐声音，可以给演示文稿增加视听效果。

单击“插入”功能区“媒体”组中“音频”命令，可以在幻灯片中插入各种格式的音频。选中插入的音频图标，会弹出“音频工具”“格式”“播放”两个子功能区如图 5-18，可以对音频进行修饰。

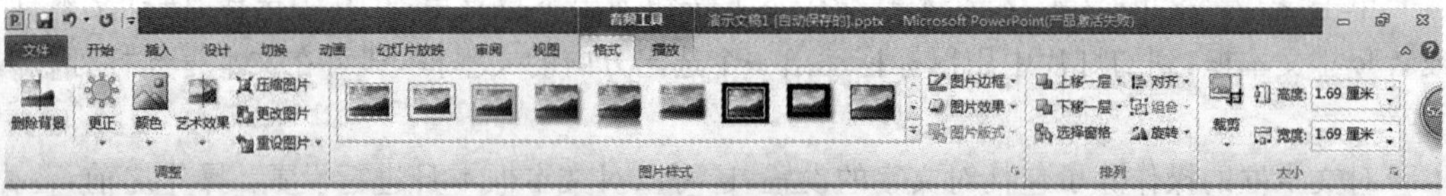

图 5-18 音频工具

“格式”功能区的作用是对音频图标做格式设置。

“调整”组中“更正”“颜色”“艺术效果”可以修饰图标的亮度、对比度、颜色饱和度以及图片的显示效果。还可以用“压缩图片”命令来对图片进行压缩，用“重设图片”命令来取消图片的其他设置，用“更改图片”命令来对图片进行更改，将原先的图标替换成其他图片。

“图片样式”组可以对图片设置系统内置效果，也可以其中“图片边框”和“图片效果”来对图片加边框和设置其他艺术效果。

“排列”组可以对多个图片进行排列组合，也可对图片进行操作以及进行旋转。

“大小”组可以对图片大小进行修改，对图片进行裁剪。“播放”功能区是对音频的播放进行设置。“预览”组中“播放”命令可以播放音频。

“书签”组中“添加书签”命令可以给音频加上书签。可以从书签位置对音频进行播放。也可以用“删除书签”命令来对书签进行删除。

“编辑”组中“剪裁音频”命令可以对音频进行裁剪，截取音频中的某一段。还可以对音频设置淡入淡出效果。

“音频选项”组设置音量、播放方式和循环效果，以及播放时是否对图标进行隐藏。

5.5.6 视频

单击“插入”功能区“媒体”组中“视频”命令，可以在幻灯片中插入一段视频。单击视频会弹出“视频工具”“格式”“播放”两个子功能区。

“格式”功能区的作用和“音频工具”中“格式”功能区作用类似，不同之处是在“调整”组中多了“标牌框架”和“重置设计”命令。

“标牌框架”命令可以给视频加上起始画面，“重置设计”可以回到视频起始位置，或者重置视频起始图标的大小。

“播放”功能区的功能与音频中“播放”功能区。

5.6 PowerPoint 2010 高级应用

5. 6. 1 设置幻灯片母版

1. 母版

母版是用来定义所有幻灯片的统一页面风格。每个演示文稿的关键组件，如幻灯片、标题幻灯片都有一个母版。母版中可加入如文本占位符、图片、动作按钮等一系列元素，加入后该幻灯片母版上的对象将出现在每张幻灯片的相同位置上，随后将母版添加到幻灯片上可以方便地统一幻灯片风格。

2. 制作幻灯片母版

单击“视图”功能区“母版视图”组中“幻灯片母版”，会进入幻灯片母版视图，进入母版编辑模式。其中可以编辑母版标题样式、母版文本样式、页脚、备注和日期占位符，也可在这些占位符中添加内容，或者修改了它们的格式。

也可以通过“插入”组向其中加入内容。

修改过后可以直接对其进行保存，也可以对它进行重命名。

如图 5－19 所示，是对标题幻灯片进行的修改。

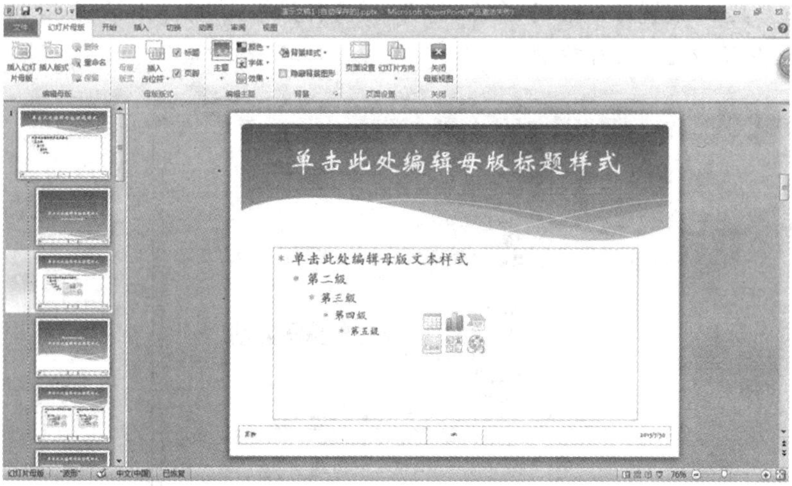

图 5－19　幻灯片母版制作

在母版视图下可以使用“幻灯片母版”功能区对母版进行编辑。

“编辑母版”组可以用来插入母版、插入版式，并对母版进行重命名、删除或者保留。

“母版版式”组可以用来插入占位符，勾选标题和页脚。

“编辑主题”组可以对母版的主题风格、颜色、字体效果等进行编辑。

“背景”组可以设置背景样式，并对背景图形进行隐藏。

“页面设置”组可以对页面设置和幻灯片方向进行操作。

“关闭”组可以关闭母版视图，进入编辑视图。

3. 幻灯片版式

在讲到幻灯片母版时，则不得不提幻灯片版式。所谓幻灯片版式是系统预定义的对幻灯片中的各类对象预设置的位置并留有占位符的样板。

选中幻灯片，单击“开始”功能区“幻灯片”组中“版式”命令，会弹出系统内置的版式，单击即可设定。

也可以通过母版视图，自定义版式。

5. 6. 2 设置幻灯片主题和背景

幻灯片的主题，是 PowerPoint 中已经定义好的对幻灯片颜色、字体、效果的整体显示风格的设置。选择一种主题可以减少设计幻灯片的时间。

幻灯片背景即幻灯片的显示背景，不可对其中文字以及其他效果进行更改和修饰。

1. 选择幻灯片主题

在“设计”功能区“主题”组，有很多内置的幻灯片主题，单击选择一种，会直接加到演示文稿中所有幻灯片上。

如果对已有主题不满意，也可以自定义主题。使用“主题”组中“颜色”“字体”“效果”三个命令，设置一个全新的主题。

2. 设置幻灯片背景

单击“设计”功能区“背景”组中的背景样式命令，在弹出的下拉菜单中选择一种系统内置样式，或者选择其中“设置背景格式”命令，打开“设置背景格式”命令对话框如图 5 - 20 所示。在其中“填充”标签设置幻灯片背景。

图 5 - 20　设置背景格式

5. 6. 3 设置幻灯片切换效果

制作好幻灯片后，可以单击“幻灯片放映”功能区中“开始放映幻灯片”组中“从头开始”命令可以从第一张幻灯片开始对整篇文档进行播放。若单击“从当前幻灯片开始”命令可以从当前幻灯片开始对剩余文档内容进行播放。

同时，可以对整张幻灯片设置播放时的切换效果。

单击“切换”功能区“切换到此幻灯片”组，其中有很多系统内置的幻灯片切换方式。还可以用“效果选项”命令选择横排切换或者竖排切换。

注：切换到此幻灯片，是指从前一张幻灯片切换至本张幻灯片。

可以通过“预览”组中“预览”命令观察切换效果，可以通过“计时”组加上切换声音、设定切换效果时长、设置自动切换时间和切换启动方式。

注：如果单击“全部应用”命令，则可以将设置的切换效果应用到整篇演示文稿。

5.6.4 添加幻灯片动画效果

除了幻灯片可以设置切换效果，也可以对幻灯片中的元素设置动画效果，让整个演示文稿的播放更加生动。

选中某个对象，单击“动画”功能区“动画”组中系统内置的动画效果，可以给该对象加上默认进入动画效果。

然后单击“效果选项”命令，选择进入“方向”和“序列”。在“计时”组中是设置动画的触发方式，持续时间和延迟时间。

也可以单击“高级动画”组中“添加动画”命令，从中选择动画效果。在其中动画效果分为：进入、强调、退出、动作路径。

进入动画效果是播放时该对象并不在幻灯片中，然后通过特定的触发方式，从无到有的显示到幻灯片中。

强调动画效果是指播放时该对象显示在幻灯片中，然后通过特定的方式触发动画突出该对象。

退出动画效果是指在播放时，对幻灯片中已经出现的对象，通过特定的触发方式从幻灯片上退出。

动作路径动画是指在播放幻灯片时，通过特定的触发方式，让对象按照指定的路径进行一定运动。

注：对幻灯片中的多个对象都设置了动画效果，会按照设定的先后顺序进行播放。

5.6.5 制作交互式幻灯片

所谓制作交互式幻灯片就是指幻灯片在播放过程中并不是按照从前到后的顺序播放，而是在播放过程中可以通过特定触发操作，到达更前、更后或者非本演示文稿中的内容，从而达到一个动态效果。

制作交互效果可以通过超级链接、工作、触发器等多种方式实现。

1. 超级链接

超级链接有两个部分内容构成，第一是链接触发对象，第二是被连接对象。

链接触发对象，如：一段文字、文本框占位符、图片、图形、图表等等都可以。被连接对象可以是本文档中的幻灯片，也可以是其他中文档中的幻灯片，设置可以是其他文件、网页等等。

首先选中链接触发对象，单击“插入”功能区“链接”组“超链接”命令，会弹出如图 5－21 对话框。

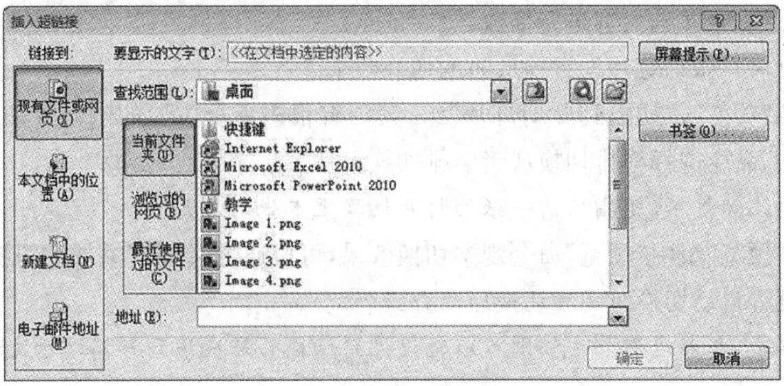

图 5-21　插入超链接对话框(1)

单击链接到“现有文件或网页”,可以连接到指定的本地文件,或者在地址中输入网址,连接到指定的网页中。

若单击连接到“本文档中的位置”,对话框显示内容如图 5-22 所示。

在其中可以选择本篇演示文稿中的某一张幻灯片。

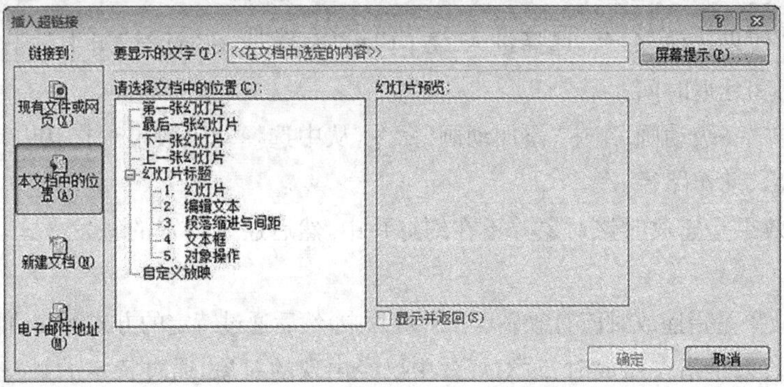

图 5-22　插入超链接对话框(2)

还可以链接到“新建文档”和“电子邮件地址”中,设置其他链接效果。

2. 动作

首先选中动作设置对象,然后单击“插入”功能区“链接”组“动作”命令。随后会弹出“动作设置”对话框如图 5-23 所示。

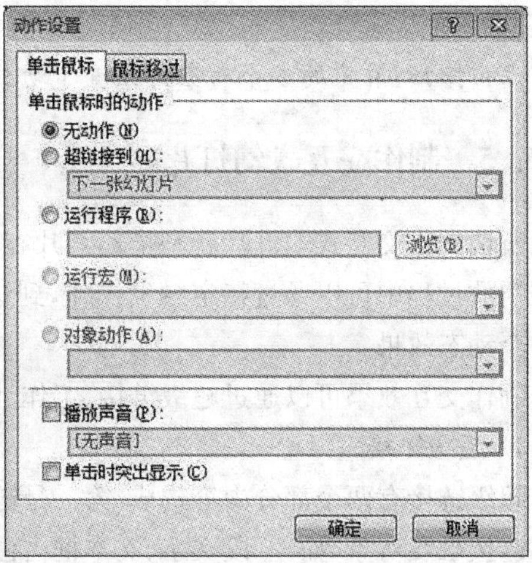

图 5-23　动作设置

在默认情况下,单击鼠标时的动作为无,不会触发任何动作。另外还可以把触发效果从单击鼠标改为鼠标经过,在鼠标经过标签下设置不同的动作。

超级链接到与超级链接效果相同,但是可以添加播放声音和突出显示效果。也可以选择运行程序,在播放演示文稿时触发到该事件则打开程序进行运行。

3. 触发

在“动画”功能区“高级动画”组中开启动画窗格。如图 5-24 所示。

选中动画窗格触发器中的某一项，右键单击在弹出的对话框中选择“计时”，会弹出如图 5-25 所示对话框。

在触发器中可以设置触发效果。

当然除了以上三种方法，演示文稿交互效果还可以有其他方式进行。

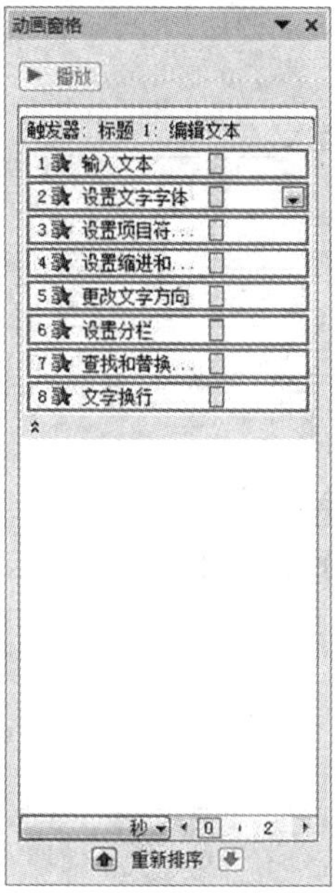

图 5-24 动画窗格

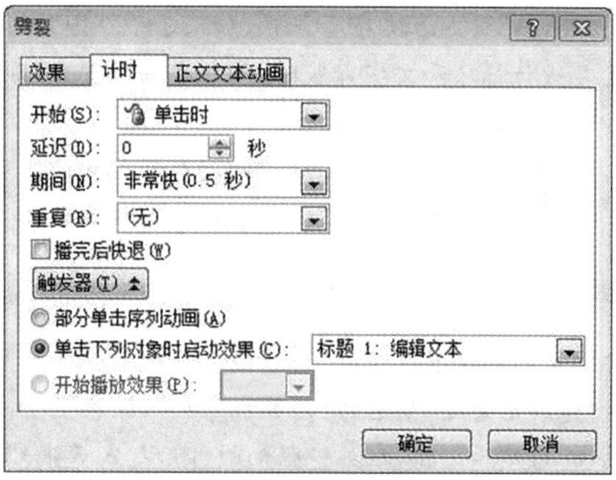

图 5-25 劈裂对话框

【巩固练习】

一、单选题

1. 在________视图下可以编辑幻灯片中的内容。

A. 幻灯片浏览　　B. 备注页　　C. 阅读视图　　D. 普通视图

2. 关于幻灯片中文字文字方向的设置，说法正确的是________。

A. 选中幻灯片中文字占位符中第一段文字，单击“文字方向”命令，选择“竖排”，则只有该段文字变成竖排。

B. 选中幻灯片中文本框中第二段文字，单击“文字方向”命令，选择“竖排”，则只有该段文字变成竖排。

C. 选中幻灯片中文本框中第二段文字，单击“文字方向”命令，选择“竖排”，则所有文字将全部变成竖排。

D. 选中幻灯片中文本框中第二段文字，单击“文字方向”命令，选择“竖排”，则所有第二段之前的文字均变成竖排，之后的保持不变。

3. 单击“幻灯片编号”命令，在弹出的对话框中选择幻灯片选项卡，则在选项卡中不能设置的是幻灯片的________。

A. 日期和时间　B. 页眉　C. 页脚　D. 编号

4. 以下哪种效果不是幻灯片的切换效果________。

A. 切出　B. 分割　C. 门　D. 弹跳

5. 幻灯片中对象的动画效果不包括________。

A. 进入　B. 退出　C. 强调　D. 突出

二、多选题

1. 为了让制作出来的幻灯片更加形象生动，可以向幻灯片中插入________。

A. 声音　B. 图片　C. 图表　D. 表格

2. 关于母版的描述正确的是 ________。

A. 在设计标题和文字母版时，加入了一个图片，则整篇演示文稿都会出现该图片。

B. 在设计标题和文字母版时，加入了一个图片，则整篇演示文稿中版式为标题和文字幻灯片中都会出现该图片。

C. 在母版中添加一张图片，回到幻灯片编辑状态下可以删除该图片。

D. 在母版中添加一张图片，回到幻灯片编辑状态下不可以删除该图片。

三、操作题

1. 按要求完成以下内容：

(1)新建演示文稿，命名为“计算机基础”，保存至 D:\ppt 中。

(2)打开该演示文稿，在第一张幻灯片后插入 5 张幻灯片。

(3)为整篇文档添加主题为“行云流水”。

(4)设置第 1 张幻灯片的版式为“标题幻灯片”，其余每张为“标题和内容”版式。

(5)为第 2 张幻灯片添加切换效果为水平百叶窗。

(6)在第四章幻灯片中任意插入一张图片，为该图片添加进入动画效果为垂直百叶窗。

(7)给第 5 张幻灯片添加标题为“文本框”，并为标题文字添加超级链接到网址：www.sohu.com。

部分习题参考答案

一、单选题

1～5. DCBDD

二、多选题

1. ABCD

2. BD

第6章 计算机网络和 Internet 基础与应用

计算机网络已经成为我们生活的重要组成部分，它的出现正改变和影响着我们的生活。未来将是以计算机网络为主导的信息时代。因特网是全球最大的信息资源库，这些信息资源涉及了人类社会从事的各个领域、各个行业和各种社会服务，成了当代信息社会的重要支柱。我们要紧跟时代的脚步，了解计算机网络的新技术及其发展，学习和掌握计算机网络相关知识和技术是我们的首要任务和目标。

6.1 Internet 基础

6.1.1 计算机网络的概念与结构

1. 计算机网络的概念与结构

(1)计算机网络的概念

计算机网络是现代计算机技术与通信技术密切结合的产物，在当今的信息时代，随着社会对信息共享和信息传递需求的日益增强，网络已经成为信息社会的命脉，计算机网络日益成为现代社会中各行业不可或缺的一部分。计算机网络就是利用通信设备和线路将地理位置不同的、功能独立的多个计算机系统互连起来，以功能完善的网络软件(即网络通信协议、信息交换方式和网络操作系统等)以实现网络中资源共享和信息传递。

(2)计算机网络的发展过程

计算机网络经历了由简单到复杂、由低级到高级的发展过程。纵观计算机网络的发展历史，大致可以划分为四个阶段：

第一阶段是远程终端联机阶段。自 1946 年世界上第一台数字电子计算机问世后，经过了近十年的发展，1954 年伴随着终端的出现，人们将地理位置分散的多个终端通信线路连接到一台中心计算机上，用户可以在自己办公室内的终端上输入程序和数据，通过通信线路传送到中心计算机，通过分时访问技术使用资源进行信息处理，处理结果再通过通信线路回送到用户终端显示或打印。人们将彼此独立发展的计算机技术与通信技术结合起来，逐步完成了计算机通信网络的研究，并为计算机网络的产生做好了技术准备。

第二阶段是以通信子网为中心的计算机网络。1968 年 12 月，美国国防部高级研究计划署(ARPA，Advanced Research Projects Agency)的计算机分组交换网 ARPANET 投入运行。ARPANET 连接了美国加州大学洛杉矶分校、加州大学圣巴巴拉分校、斯坦福大学和犹他大学

4 个节点的计算机。ARPANET 的成功标志着计算机网络的发展进入了一个新纪元。ARPANET 也使得计算机网络的概念发生了根本性的变化。早期的面向终端的计算机网络是以单台计算机为中心的星型网，各终端通过电话网共享主机的硬件和软件资源。用户不但共享通信子网资源，而且还可以共享用户资源子网丰富的硬件和软件资源。

第三阶段是网络体系结构和网络协议的开放式标准化阶段。国际标准化组织（ISO，International Standard Organization）的计算机与信息处理标准化技术委员会 TC87 成立了一个专门研究此问题的分委员会，研究网络体系结构和网络协议国际标准化问题。ISO 在 1884 年正式制订并颁布了"开放系统互连参考模型"OSIRM（Open System Interconnection Reference Model）国际标准。随之，各计算机厂商相继宣布支持 OSI 标准，并积极研制开发符合 OSI 模型的产品，OSI 模型为国际社会接受，成为计算机网络体系结构的基础。

目前的计算机网络发展正处于第四阶段。这一阶段的重要标志是 20 世纪 80 年代的因特网（Internet）的诞生。进入 20 世纪 80 年代，计算机技术、通信技术以及建立在计算机和网络技术基础上的计算机网络技术得到了迅猛的发展，因特网作为覆盖全球的信息基础设施之一，已经成为人类最重要的、最大的知识宝库。当前，各国正在研究发展更加快速可靠的因特网以及下一代互联网。高速、智能计算机网络正成为最新一代的计算机网络的发展方向。

(3)计算机网络的用途

计算机网络使计算机的作用超越了时间和空间的限制，对人们的生活产生着越来越深远的影响。当前计算机网络主要具有以下用途：

① 计算机通信

使不同地区的网络用户可通过网络进行对话，实现终端与计算机、计算机与计算机之间可互相交换数据和信息。

② 资源共享

是指共享计算机网络中所包含的各种类型的计算机及其配套设备、数据和软件等，提高利用率，降低综合费用，增强数据处理能力。

③ 分布式处理

将一个复杂的任务分解，然后放在多台计算机上进行处理，降低软件设计的复杂性，提高效率降低成本。

④ 负载分担

当网络中某一局部负荷过重时，可将某些任务传送给其他的计算机去处理，以均匀负载。

⑤ 集中管理

对地理位置上分散的组织和部门，通过计算机网络实现集中管理。

(4)计算机网络的分类

计算机网络类型的划分方法有许多种，按照计算机网络覆盖区域大小划分，可以划分为局域网（LAN，Local Area Network）、城域网（MAN，Metropolitan Area Network）和广域网（WAN，Wide Area Network）三种。

① 局域网

局域网指覆盖在较小的局部区域范围内，将内部的计算机、外部设备互联构成的计算机网络。一般比较常见于一间房间、一个办公室、一幢大楼、一个小区、一个学校或者一个企业园区等等，总之它所覆盖的范围相对较小。局域网有以太网（Ethernet）、令牌环网、光纤分布式接口网络几种类型，目前最为常见的局域网大多是采用以太网标准的以太网。以太网的传输速率从 10Mb/s 到 10Gb/s。

② 城域网

城域网的规模局限在一座城市的范围内，一般是一个城市内部的计算机互联构成的城市地区网络。城域网比局域网覆盖的范围更广，连接的计算机更多，可以说是局域网在城市范围的延伸。在一个城市区域，城域网通常由多个局域网构成。这种网络连接距离在 10～100km 的区域。

③ 广域网

广域网覆盖的地理范围更广，它一般是由不同城市和不同国家的局域网、城域网互联构成。网络覆盖跨越国界、洲界，甚至遍及全球范围。局域网是组成其他两种类型网络的基础，城域网一般都加入了广域网，广域网的典型代表是因特网。

2. 计算机网络的结构

(1)OSI 参考模型计算机网络的概念

早期计算机网络刚刚出现的时候，很多大型的公司都拥有了网络技术，公司内部计算机可以相互连接。可是却不能与其他公司连接，因为没有一个统一的规范。计算机之间相互传输的信息对方不能理解。为使不同计算机厂家的计算机能够互相通信，以便在更大的范围内建立计算机网络，有必要建立一个国际范围的网络体系结构标准。ISO(国际标准化组织)组织在 1985 年研究的网络互联模型，OSI 是 Open System Interconnect 的缩写，意为开放式系统互联及 OSI 参考模型，该体系结构标准定义了网络互连的七层框架。遵照这个共同的开放模型，各个网络产品生产厂商就可以开发兼容的网络产品，开放系统互连模型的建立，大大推动了网络通信的发展。

OSI 参考模型将计算机网络划分为 7 层，由下至上依次是物理层、数据链路层、网络层、传输层、会话层、表示层和应用层，如图 6-1 所示。

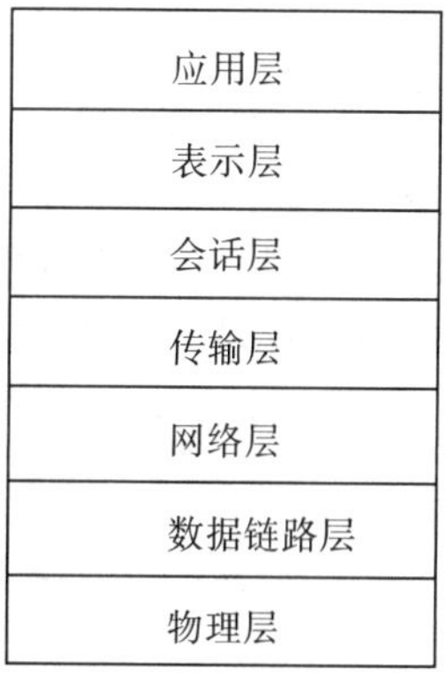

图 6-1　OSI 参考模型

每层完成一定的功能，每层都直接为其上层提供服务，并且所有层次都互相支持。第四层到第七层主要负责互操作性，而一层到三层则用于创造两个网络设备间的物理连接。

(2)OSI 参考模型对各个层次的划分遵循原则

① 网络中各结点都有相同的层次，相同的层次具有同样的功能。

② 同一结点内相邻层之间通过接口通信。

③ 每一层使用下层提供的服务，并向其上层提供服务。

④ 不同结点的同等层按照协议实现对等层之间的通信。

根据以上原则，ISO 制定了开放系统参考模型 OSI RM。

(3)局域网拓扑结构

网络的拓扑结构是抛开网络物理连接来讨论网络系统的连接形式，它反映了网络的整体结构及各模块间的关系，网络中各站点相互连接的方法和形式称为网络拓扑。拓扑图给出网络服务器、工作站的网络配置和相互间的连接，它的结构主要有星型结构、总线结构、树型结构、网状结构等，局域网最基本的拓扑结构有以下几种。

① 星型拓扑结构

星型拓扑结构是通过中心转发设备向四周连接的链路结构，任何两个普通节点之间都只能通过中心转发设备进行转接。它具有如下特点：结构简单，便于管理。控制简单，便于建网。网络延迟时间较小，传输误差较低。但缺点也是明显的：通信线材消耗较多，成本高，中央节点负载较重，中心转发设备出故障才会引起全网瘫痪。如图 6-2 所示。

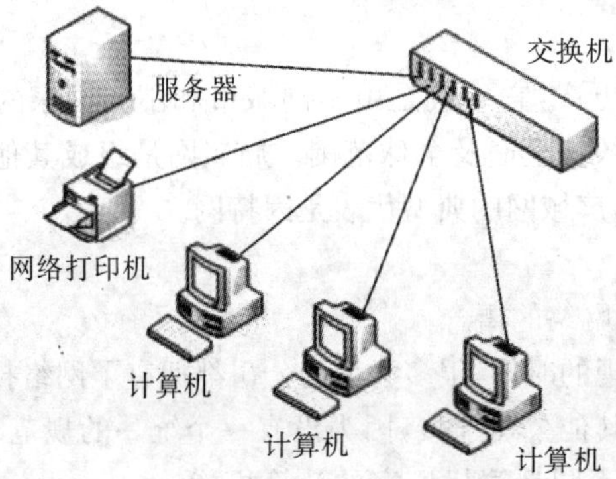

图 6-2 星型结构

② 环型拓扑结构

环型结构由网络中所有节点通过点到点的链路首尾相连形成一个闭合的环，所有的链路都按同一方向围绕着环进行循环传输。信息从一个节点传到另一个节点。特点如下：信息流在网络中是沿着固定方向流动的，其传输控制简单，实时性强，但是可靠性差，不便于网络扩充，某个节点出故障就可以破坏全网的通信。如图 6-3 所示。

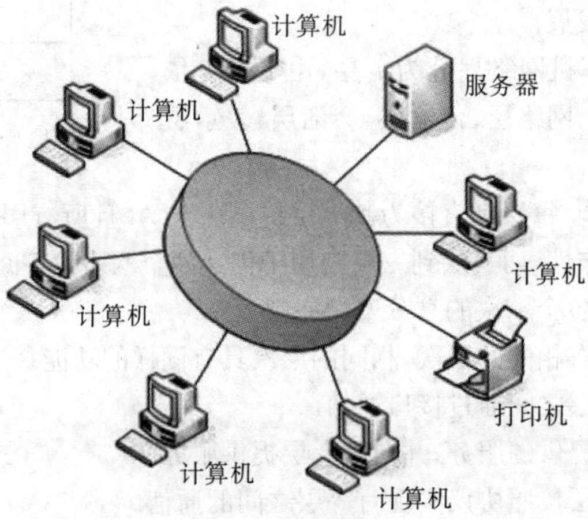

图 6-3 环型拓扑结构

③ 总线型拓扑结构

总线结构是指所有接入网络的设备均连接到在一条公用通信传输线路上，传输线路上的信息传递总是从发送信息的节点开始向两端扩散。为了防止信号在线路终端发生反射，需要在两端安装终结器。总线型结构的网络特点如下：结构简单，可扩充性好，使用的电缆少，且安装容易；缺点是当其中任何一个连接点发生故障，都会造成全线的瘫痪。故障诊断困难、故障隔离困难，一般只被用于计算机数量很少的网络。如图 6 - 4 所示。

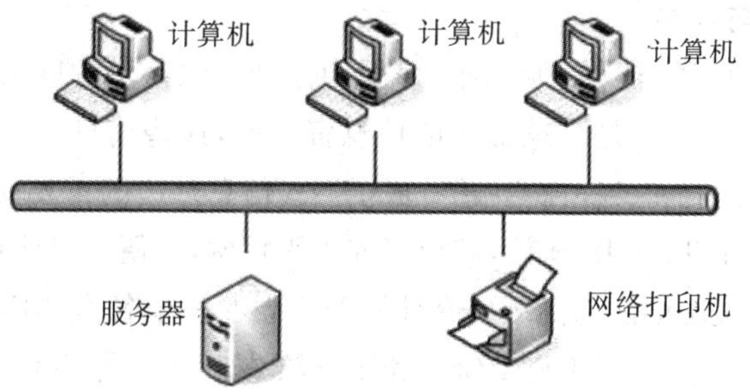

图 6 - 4　总线结构

④树型结构

树型结构是分级的集中控制式网络，与星型相比，它的通信线路总长度短，成本较低，节点易于扩充，寻找路径比较方便，但除了叶节点及其相连的线路外，任意节点或其相连的线路故障都会使系统受到影响。如图 6 - 5 所示。

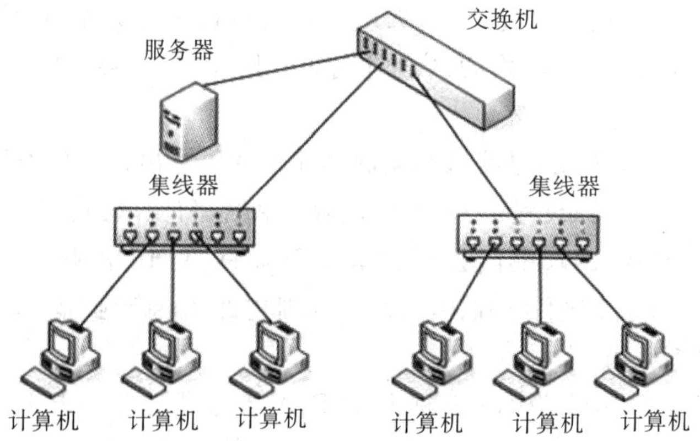

图 6 - 5　树型结构

⑤网状结构

在网状拓扑结构中，网络的每台设备之间均有点到点的链路连接。这种连接安装复杂，成本较高，但系统可靠性高，容错能力强。互联网就是这种网状结构，它将各种结构的局域网连接起来，组成一个大的网络，如图 6 - 6 所示。

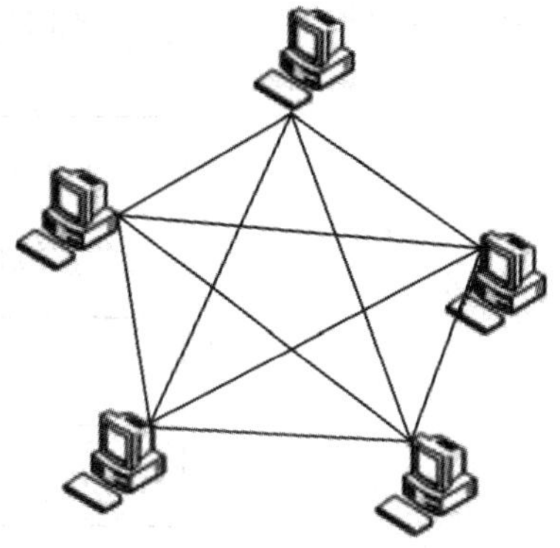

图 6 - 6　网状结构

6.1.2 Internet 基本知识

1. Internet 的产生与发展

因特网(Internet),也译作国际互联网。它是由全球为数众多的网络互联而成的全球最大的开放式计算机网络。因特网是全球最大的信息资源库,这些信息资源涉及了人类社会面对从事的各个领域、各个行业和各种社会服务,成了当代信息社会的重要支柱。任何计算机系统和计算机网络,只要遵守 TCP/IP 协议,就可以连入因特网,方便快捷地获取信息。

Internet 最早源于美国国防部高级研究计划署建立的一个名为 APPANet 的计算机网络,该网络 1969 年投入使用,主要用于科学研究和军事领域。20 年前,Internet 仅涉及几十个站点的研究项目,今天,已经连接着世界上几乎所有国家的亿万人口。美国 IT 调查公司 Jupiter 研究公司公布的研究结果表明,截止 2005 年,全球的 Internet 用户达到 3.4 亿,全球上网人数为 8.06 亿。

20 世纪 90 年代中期以后,Internet 被逐渐地引入中国,回顾其十几年来的发展历程,可以用一句话来概括:Internet 已经改变并且正在改变着我们的生活方式。学生可以接受远程的高等教育,医学专家可以异地会诊,农民可以在春季将本该秋季收获的农作物通过轻点鼠标进行期货交易,科学文化资讯,典藏书籍可以被全球共享,网络交际使我们的社会交往空间成几何级数地扩展,作为网络时代的当代大学生,必须要熟练地掌握 Internet 的使用。

我国现在有 4 大主干网络,是我国与互联网连接的国际出口。分别是中国科学技术网(China Science and Technology Network)、中国教育和科研计算机网络(China Education and Research Computer Network)、中国公用计算机互联网(CHINANET)、中国金桥信息网(CHINAGBN),分别属于中国科学院、国家教育部、邮电部、信息产业部。

2. Internet 的体系结构

Internet 使用分层的体系结构,通常称为 TCP/IP 参考模型或 TCP/IP 协议簇,如图 6-7 所示。TCP/IP 参考模型共有四层:应用层、传输层、互联网层和网络接口层。与 OSI 参考模型相比,TCP/IP 参考模型没有表示层和会话层,将其功能合并到应用层。网际层相当于 OSI 模型的网络层,网络接口层相当于 OSI 模型中的物理层和数据链路层。

应用层Telnet、FTP、SMTP
传输层(TCP、UDP)
网际层(IP)
网络接口层

图 6-7 TCP/IP 参考模型

(1)网络接口层

本层没有具体定义，只是指出主机必须使某种协议与网络连接，以便能在网络上传输分组。网络接口层负责接收分组，并把它们发送到指定的物理网络上。

(2)网际层

本层定义了 IP 协议(Internet Protocol)标准的分组格式和传输过程。它是整个体系结构的关键部分，该层的功能是实现路由选择，把 IP 报文从源端发送到目的端，IP 报文发送采用非面向连接方式，且各报文独立发送到目标网络。TCP/IP 网际层和 OSI 网络层在功能上非常相似。

(3)传输层

传输层的功能是使源主机和目标主机上的对等实体可以进行进程间通信。在这一层定义了两个端到端的协议，一个是传输控制协议 TCP(Transmission Control Protocol)，它是一个面向连接的协议。另一个协议是用户数据报协议 UDP(User Data Protocol)，它是一个不可靠的、无连接的协议，用于不需要传输确认机制或者网络状况很好的情况下。UDP 传输的可靠性不如 TCP，但是它具有更好的传输效率。

(4)应用层

应用层是 TCP/IP 网络系统与用户网络应用程序的接口，它包含所有的高层的协议，有虚拟终端协议 TELNET、文件传输协议 FTP、简单邮件传输协议 SMTP、域名系统服务 DNS 以及超文本传输协议 HTTP 协议等。

6.1.3 传输介质

1. 网络传输介质

网络传输介质是连接网络上各个节点的物理通道，实现网络中发送方与接收方之间的物理通路。网络中常用的传输介质有四种———双绞线、同轴电缆、光导纤维和微波传输和卫星传输。

2. 常用的网络传输介质

(1)双绞线

双绞线(Twisted Pair，TP)是最常用的一种传输介质，它由两条具有绝缘保护层的铜导线相互绞合而成。把两条铜导线按一定的密度绞合在一起，可增强双绞线的抗电磁干扰能力。一对双绞线形成一条通信链路。在双绞线中可传输模拟信号和数字信号。双绞线通常有非屏蔽式和屏蔽式两种。

(2)同轴电缆

同轴电缆由圆柱形金属网导体(外导体)及其所包围的单根金属芯线(内导体)组成，外导体与内导体之间由绝缘材料隔开，外导体外部也是一层绝缘保护套，同轴电缆有粗缆和细缆之分。

无论是由粗同轴电缆还是细同轴电缆构成的计算机局域网络都是总线结构，即一根电缆上连接多台计算机。这种拓扑结构适合于计算机较密集的环境，但当总线上某一触点发生故障时，会串联影响到整根电缆所连接的计算机，故障的诊断和恢复也很麻烦。因此，在某些场合，同轴电缆将被非屏蔽双绞线或光缆取代。

(3)光导纤维

光导纤维(Optical Fiber，简称光纤)是目前发展最为迅速、应用广泛的传输介质。它是一种能够传输光束的、细而柔软的通信媒体。光纤通常是由石英玻璃拉成细丝，由纤芯和包层构成的双层通信圆柱体，其结构一般是由双层的同心圆柱体组成，中心部分为纤芯。

(4)微波传输

地面微波通信常用于电缆(或光缆)铺设不便的特殊地理环境或作为地面传输系统的备份和补充。地面微波通信在数据通信中占有重要地位。

(5)卫星传输

卫星通信实际上是使用人造地球卫星作为中继器来转发信号的，它使用的波段也是微波。通信卫星通常被定位在几万千米高空，因此，卫星作为中继器可使信息的传输距离很远(几千至上万千米)。例如，每个同步卫星可覆盖地球的三分之一表面。卫星通信已被广泛用于远程计算机网络中。如国内很多证券公司显示的证券行情都是通过 VSAT 接收的卫星通信广播信息。而证券的交易信息则是通过延迟小的数字数据网 DDN 专线或分组交换网进行转发的。

卫星通信具有通信容量极大、传输距离远、可靠性高、一次性投资大、传输距离与成本无关等特点。

(6)红外线和激光通信

应用于计算机网络的无线通信除地面微波及卫星通信外，还有红外线和激光通信等。红外线和激光通信的收发设备必须处于视线范围内，均有很强的方向性，因此，防窃取能力强。但由于它们的频率太高，波长太短，不能穿透固体物质，且对环境因素(如天气)较为敏感，因而，只能在室内和近距离使用。

6. 1. 4　通信协议 TCP/IP

1. 通信协议 TCP/IP

(1)通信协议

通过通信信道和设备互连起来的多个不同地理位置的数据通信系统，要使其能协同工作实现信息交换和资源共享，它们之间必须具有共同的语言。交流什么、怎样交流及何时交流，都必须遵循某种互相都能接受的规则。这个规则就是通信协议。

(2)TCP/IP 协议

各种计算机网络通常都有各自环境下的网络通信协议。在国际互联网中，使用 TCP/ IP 协议。TCP/IP 协议成功地解决了不同网络之间互联的问题，实现了异构网络的互联。

① TCP 协议

TCP 协议是传输控制协议。它是面向连接的协议。在进行数据通信之前，通信双方首先建立连接，连接后才能通信，在通信结束后，要终止连接，以便释放电路和通信资源。

该协议提供了数据包的传输确认、丢失数据包重新请求传输机制，以保证从一台主机发出的字节流无差错地发到另一台主机。TCP 还要处理流量控制，以避免快速发送方向低速接收方发送过多的报文而使接收方无法处理。

TCP 的主要功能是对网络中的计算机和通信设备进行管理，规定了信息应该怎样分层、分组，怎样在收到信息后进行重组，以及以何种方式在线路上传输数据信号。

② IP 协议

IP(Internet Protocol)协议是互联网协议。制定了所有在网络上流通的数据包标准，提供了跨越多个网络的单一数据包传输服务。IP 提供的是无连接数据包传送服务和数据报的路由选择及查错处理等。

(3)IP 地址

Internet 连接着数千万台计算机，无论是发送 E-mail、浏览 WWW 网页、下载文件还是进行远程登录，计算机之间都要交流信息，就是必须有一种方法来识别它们。Internet 上的每一台计算机都有一个唯一的标识，即 Internet Protocol 地址(IP 地址)。

Internet 上的每一台主机均被分配了唯一的一个由 32 位二进制数码组成的地址——IP 地址，它定义了基于 TCP/IP 协议的计算机和网络所使用的网络地址。

在 Internet 的计算机和网络设备内部，IP 地址是由一串 0、1 组成的二进制数字串，但为了便于 Internet 用户和管理者使用，IP 地址采用我们熟悉的十进制数表示。在十进制表示中，IP 地址由四个数组成，每个数可取值 0～255，每组数之间用一个点号“.”分开。例如

192.96.2.27 就是一个有效的 IP 地址，而 286.55.43.126 则是一个无效的 IP 地址，因为 286 大于 255。

我们可以把 IP 地址分为以下几类：

① A 类地址

IP 地址中的第一组数字值为 1～126，表示网络符号，其余三组数字为网络中的主机号。

② B 类地址

IP 地址中的第一组数字值为 128～191，前两组数字为网络地址，第三、四组数字为主机地址。

③ C 类地址

IP 地址中的第一组数字值为 192～223，前三组数字为网络地址，第四组数字为主机地址。

6.1.5 域名、统一资源定位器

1. 域名

以数字串形式表示的 IP 地址，缺乏直观性，难以记忆。为了解决这一问题，引入了英文形式的域名来标识 Internet 中的地址，域名可以看作是 IP 地址的“英文版”。

Internet 通过域名服务器 DNS(Domain Name Server)把用户输入的便于记忆的英文域名地址翻译成难记的 IP 地址。

每一个域名是由圆点分开的几部分构成，每个组成部分称为子域名。域名采用的是层次结构，从右向左看各个子域名范围从大到小，分别说明不同国家或地区的名称、组织类型、组织名称、分组织名称和计算机名称等。

例如：某一域名 computerl. lib. sut. edu. cn。其中顶级域名为 cn. 表示中国，子域名 edu 表

示教育机构，sut 表示沈阳工业大学，lib 表示图书馆，而最后一级 computerl 则表示这是一台用于图书馆的计算机。各种域名及其含义见表 6-1。

表 6-1 各种域名及其含义

国家地区项级域名	通用项级域名	新增项级域名
域名含义域名含义	域名含义	域名含义
cn 中国 jp 日本	com 商业组织	firm 公司、企业
hk 香港 ch 瑞士	edu 教育机构	store 销售公司或企业
mo 澳门 de 德国	gov 政府部门	web 从事与 WWW 相关业务的单位
tw 中国台湾 in 印度	mil 军事机构	art 从事文化娱乐的单位
fr 法国 uk 英国	net 网络服务商	Rec 从事休闲娱乐的单位
au 澳大利亚 us 美国	org 非营利组织	info 从事信息服务业务的单位
ca 加拿大		Nom 个人

2. 统一资源定位器(URL)

访问 Internet 时，使用最多的地址是 URL。在地址栏中键入一个 URL 可以进入一个指定的页面；单击一个 URL 生成的超级链接可以跳转至某个页面；我们还可以将感兴趣的页面的 URL 保存在收藏夹中以后再重新返回。

URL 是 Uniform Resource Locators 的缩写，称为统一资源定位器。它是浏览器用来访问 Internet 信息的地址。为了在 Internet 上访问信息，Web 浏览器必须知道采用何种方式到哪里检索什么资源文件，URL 提供了有关的必要信息。

URL 以协议规范(如“http://”)开头，后跟特定的网络站点名字。URL 的最后部分指明站点类型，例如 com 是商业站点，edu 是教育站点，而 gov 则是政府部门的站点。常用的协议见表 6-2 所列。

表 6-2 Internet 中的常用协议

协议	描述
http	超文本传输协议
ftp	文件传输协议
gopher	Gopher 菜单系统
mailto	电子邮件系统
news	Usenet 新闻组
Telnet，rlogin and tn3270	远程会话系统
wais	广域信息服务器
file	本地文件传输协议

6.2 Internet Explorer 9 浏览器的使用

6.2.1 IE 浏览器简介

Internet Explorer 浏览器(简称 IE 浏览器),是 Microsoft 微软公司设计开发的一个功能强大、很受欢迎的 Web 浏览器。目前广泛使用 IE 浏览器的版本为 IE9.0,与以前版本相比,其功能更加强大,使用更加方便,可以使用户毫无障碍的轻松使用。使用 IE9.0 浏览器,用户可以将计算机连接到 Internet,从 Web 服务器上搜索需要的信息、浏览 Web 网页、收发电子邮件、上传网页等。

6.2.2 如何启动 IE 浏览器

启动 IE 浏览器的方法有三种:

1. 桌面快捷方式

在桌面上双击 Internet Explorer 图标启动 IE 浏览器,如图 6-8 所示。

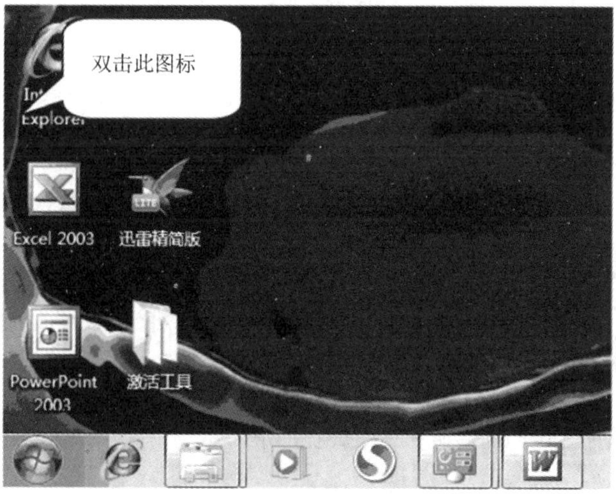

图 6-8　桌面快捷方式启动 IE 浏览器

2. 快速启动栏

通过在桌面底部快速启动栏的 Internet Explorer 图标启动 IE 浏览器,如图 6-9 所示。

图 6-9　快速启动栏启动 IE 浏览器

3. 通过开始菜单

通过在桌面单击开始菜单→选择所有程序→单击 Internet Explorer 图标启动 IE 浏览器,如图 6-10 所示。

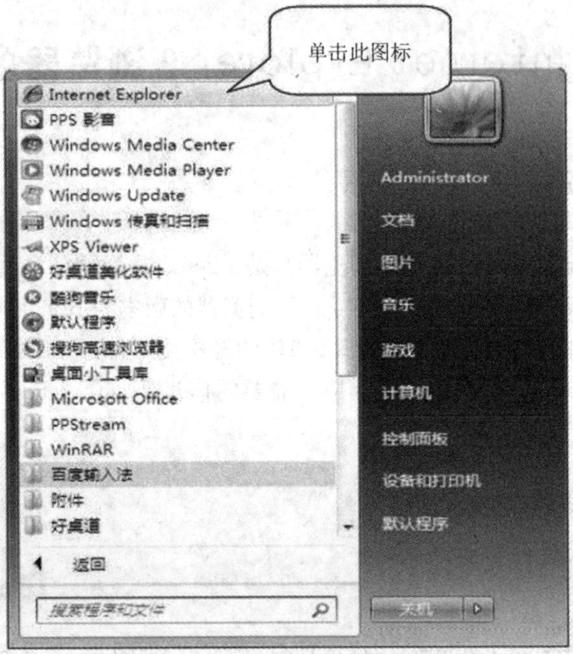

图 6－10 通过开始菜单启动 IE 浏览器

6. 2. 3 Internet Explorer 的窗口界面

1. IE 浏览器的窗口组成

(1)标题栏

显示浏览器当前正在访问网页的标题。

(2)菜单栏

包含了在使用浏览器浏览时,能选择的各项命令。

(3)工具栏

包括一些常用的按钮,如前后翻页键、停止键等。

(4)地址栏

可输入要浏览的网页地址。

(5)网页区

显示当前正在访问网页的内容。

(6)状态栏

显示浏览器下载网页的实际工作状态(图 6－11)。

2. IE 浏览器的几个主要按钮功能

(1)后退

回到浏览器访问过的上一个网页。如果要查看浏览过的网页列表,可单击工具栏上的“后退”或“前进”按钮右侧的小箭头,然后单击要查看的网页。

(2) 前进

回到浏览器访问过的下一个网页，单击此按钮可以方便地前进到任意一个启动浏览器后已访问过的网页。

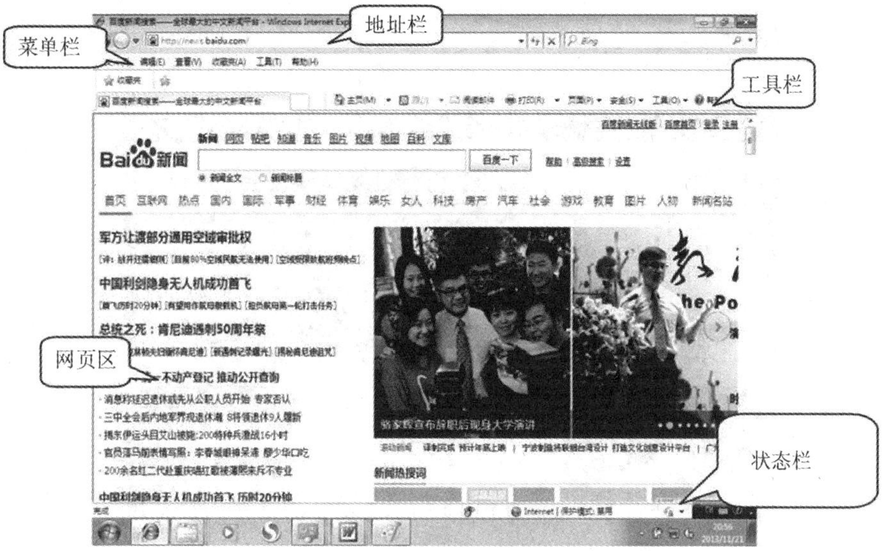

图 6-11　IE 浏览器的窗口组成

(3) 停止

停止下载当前网页，有时发觉网页的下载没完没了或对下载网页不感兴趣，可以单击此按钮停止当前网页的下载。

(4) 刷新

当打开一些更新得很快的页面时，需要单击“刷新”按钮，或者是当打开的站点因为传输问题页面出现残缺时，也可单击“刷新”按钮，重新打开站点。

(5) 主页按钮

可以回到起始页，也就是启动浏览器后显示的第一个页面。浏览器的起始网页可以通过对菜单的选择来改变。

(6) 搜索按钮

可以登录到指定的搜索网站，搜索 WWW 的资源。

(7) 收藏夹按钮

可以打开收藏夹下拉列表。

6.2.4　使用 IE 浏览器浏览网页

1. 启动浏览器

通过上节讲过的双击桌面上的“Internet Explorer(简称 IE)”图标，或是单击快速启动工具栏上的“Internet Explorer”按钮，或是通过单击开始菜单查找“Internet Explorer”图标，三种方法均可启动 IE 浏览器。

2. 输入网址

在“地址”栏中，输入所要浏览的网页，如网易网站的网址“www. 163. com”，然后回车，即可打开网易主页，如图 6 - 12 所示。

图 6 - 12　IE 浏览器窗口打开网易网站主页

如果以前曾经浏览过网易的内容，也可单击“地址”栏右侧的向下箭头，在弹出的下拉式列表框中选择 http://www. 163. com 也可以很方便地打开网易主页，如图 6 - 13 所示。

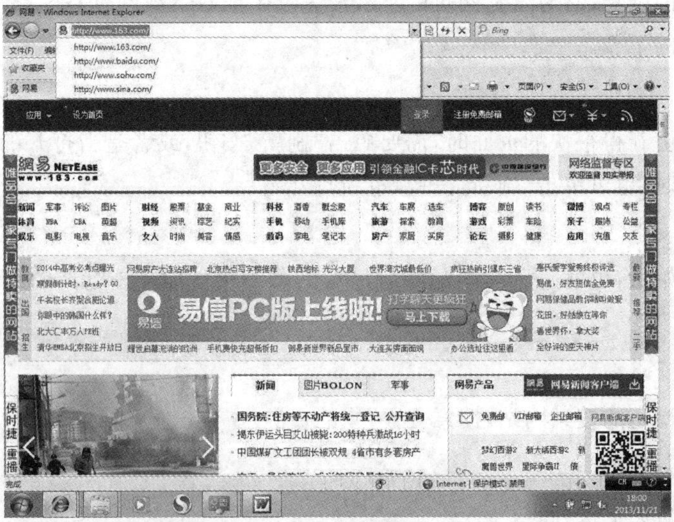

图 6 - 13　通过“地址”栏的下拉式列表框打开网易网站主页

3. 在 IE 浏览器浏览所需内容

在打开的网页上，找到自己感兴趣的文章或话题，移动鼠标，使指针指向该标题，鼠标指针就变成一个“小手”的形状，则表示该标题上带有“超链接”，单击鼠标左键，即可打开关于该新闻的 IE 浏览器窗口。打开并浏览“新闻”栏目内容，如图 6 - 14 所示。

图 6-14　打开含有目标内容的浏览器

如在所示的 IE 窗口中，单击任意的带有超链接的文本或图片，即可打开一个新的关于该超链接的 IE 窗口。

4. 结束浏览

单击窗口右上角的“关闭”按钮，即可关闭目前打开的 IE 窗口。

6. 2. 5　获取网络信息、保存网上资源

1. 保存网页

当找到一个有用的网页时，可以将它加入收藏夹，但这样收藏的仅仅是网址。如果要将网页信息保存到本地计算机中，可以通过“另存为”的方式，将网页保存下来。

(1)打开需要保存的某个网页。

(2)单击浏览器菜单栏中的“文件”→“另存为”选项。

(3)在弹出的“保存网页”对话框中，选择好保存的位置，还可以对要保存的网页进行重命名。

(4)单击“保存”按钮，网页的内容就被保存下来了。

2. 保存网页有四种方式

(1)网页，全部(*.htm；*.html)：保存的网页文件包含文本、超链接、图片等内容，同时，系统会自动把该网页中包含的所有图片以及其他相关文件，保存在一个与网页同名、后缀加“.files”或“- files”的文件夹中。

(2)Web 档案，单个文件(*.mht)：将网页的所有内容，保存在单个文件中。

(3)网页，仅 HTML(*.htm；*.html)：保存的网页文件包含文本、超链接等内容，不包含图片等多媒体素材。

(4)文本文件(*.txt)：只保存网页中的文本内容。

3. 保存网页上的图片素材

如果只需要网页上的某张图片，只要单独将图片保存下来就可以了。保存网页上的图片

的方法如下：

(1)右击网页上的图片→“图片另存为”。

(2)在“保存图片”的对话框中，选择好保存位置和文件名，单击“保存”按钮，即可将图片保存下来。

常用的图片文件格式有三种：BMP 文件，又称“位图文件”，图像信息较丰富，存储容量较大。PNG 文件，是一种无损耗的图像格式，支持透明度设置。JPEC 文件，是一种采用有损压缩方式去除冗余图像数据的常用图片格式。数码相机中的照片存储一般采用 JPEC 格式。

4. 保存网页上的文字素材方法

(1)选中文本。方法：用鼠标左键点拖，选中想要保存的文字。

(2)右键单击选中的文字，点击复制，或点击浏览器“编辑”菜单下的“复制”。

(3)打开一个文字编辑软件。方法：打开一个文字编辑软件，可以是记事本、写字板或 Word。

(4)然后选择这个文字编辑软件“编辑”菜单下的“粘贴”或“选择性粘贴”无格式文本。

(5)先点击“文件”菜单下的“保存”按钮，然后在弹出的“另存为”对话框中按题目要求选择保存的盘符、文件夹、文件名、文件类型，最后然后点击“保存”按钮。

5. 设置 Internet Explorer

(1)打开“Internet 属性”

方法①：右击桌面上“Internet Explorer”(IE)图标，选“属性”，如图 6 - 15 所示。

图 6 - 15　桌面上通过单击 IE 右键打开“Internet 属性”

方法②：在打开的“Internet Explorer”(IE)窗口中，单击“工具”菜单，选“Internet 选项”，如图 6 - 16 所示。

方法③：在“控制面板”窗口中，双击“Internet”图标，打开“Internet 选项”，如图 6 - 17 所示。

图 6-16　通过浏览器工具栏打开"Internet 属性"

图 6-17　通过"控制面板"打开"Internet 属性"

(2)设置"Internet 属性"

对打开的"Internet 属性"窗口，如图 6-18，进行"Internet 属性"设置。

① 设置缺省"主页"

在此窗口中可以设置缺省"主页"地址，如把"http:/www. baidu. com"做主页，也可以使用空白页作为缺省"主页"，如图 6-18 所示。

② 设置"Internet 临时文件"

在此窗口中可以重定义"Internet 临时文件"的存放位置，并可定义"Internet 临时文件"占用的最大磁盘空间，如图 6-19 所示。

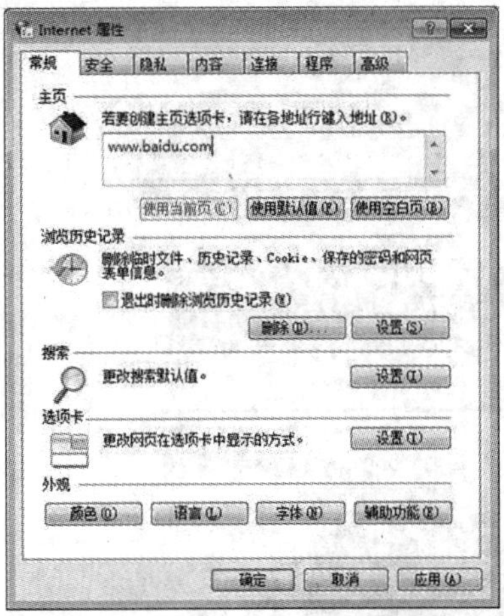

图 6－18 “Internet 属性”设置

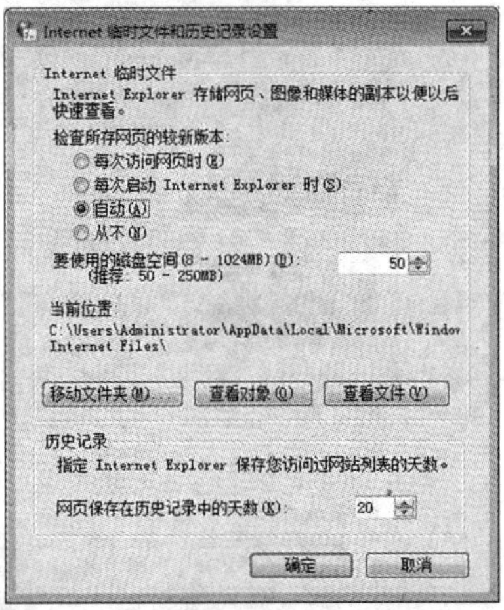

图 6－19 Internet 临时文件和历史记录设置

③ 设置“历史记录”

在此窗口中可以设置保存历史记录的天数。

如果为了节省磁盘空间和加快浏览网页速度，可以设置不使用历史记录，也可以把“Internet 临时文件”所占用的磁盘大小设为最小值(1M)，如图 6－19 所示。

6.3 电子邮件 Internet 基础

6.3.1 E－mail 的工作原理

1. E－mail 的工作原理

电子邮件与普通邮件有类似的地方，发信者注明收件人的姓名与地址(即邮件地址)，发送方服务器把邮件传到收件方服务器，收件方服务器再把邮件发到收件人的邮箱中。如图 6－20 所示：

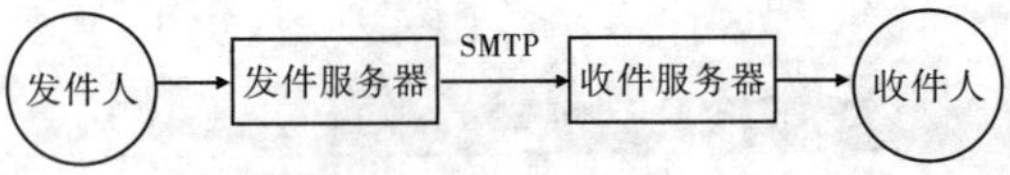

图 6－20 E－mail 的工作原理

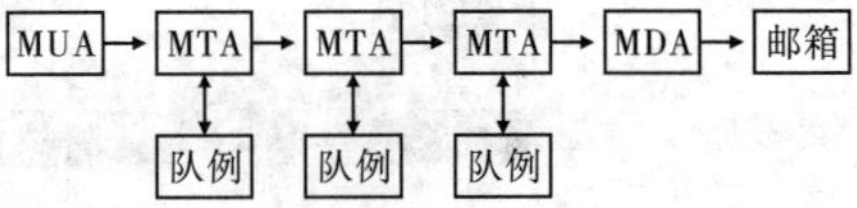

图 6－21 邮件传输过程

更进一步地解释涉及的以下几个概念：

MUA——Mail User Agent

邮件用户代理，帮助用户读写邮件；(IE、Outlook)。

MTA——Mail Transport Agent

邮件传输代理，负责把邮件由一个服务器传到另一个服务器或邮件投递代理。

MDA——Mail Delivery Agent

邮件投递代理，把邮件放到用户的邮箱里。

整个邮件传输过程如下：

目前使用的 SMTP 协议是存储转发协议,意味着它允许邮件通过一系列的服务器发送到最终目的地。服务器在一个队列中存储到达的邮件,等待发送到下一个目的地。下一个目的地可以是本地用户,或者是另一个邮件服务器,如图 6 - 21 所示。

如果下游的服务器暂时不可用,MTA 就暂时在队列中保存信件,并在以后尝试发送。

2. SMTP 服务器 25

SMTP:SMTP 协议是简单邮件传输协议(SimpleMail Transfer Protocol)英文的缩写。"25"SMTP 控制如何传送电子邮件,然后通过 Internet 将其发送到目的服务器。

3. POP 服务器 110

POP 服务器提供一个非常简单的服务。它允许用户访问自己的邮件假脱机文件,然后将内容传送到他们本地的 MUA。POP 服务器通常和端口 110 绑定。要求每个 POP 客户端程序用一个用户名/密码来完成身份验证。大多数先进的 MUA 作用和 POP 客户端程序一样,能够配置成从一个指定的 POP 服务器里检索邮件。

6.3.2 E - mail 地址与电子邮箱的选择

1. E - mail 地址

电子邮件地址如真实生活中人们常用的信件一样,有收信人姓名,收信人地址等等。其结构是:用户名@邮件服务器,用户名就是你在主机上使用的登录名。而@ 后面的是邮局方服务计算机的标识(域名),都是邮局方给定的。

在互联网中,电邮地址的格式是:用户名@ 域名。@ 是英文 at 的意思,所以电子邮件地址是表示在某部主机上的一个使用者账号,电邮地址不是身份。如:abcd @163. com。

电子邮件地址的格式是由三部分组成。第一部分"abcd"代表用户信箱的账号,支持字母和数字和下划线组成的组合,对于同一个邮件接收服务器来说,这个账号必须是唯一的,第二部分"@"是分隔符,第三部分是用户信箱的邮件接收服务器域名,用以标志其所在的位置。

2. 电子邮箱的选择

在选择电子邮件服务商之前我们要明白使用电子邮件的目的是什么,根据自己不同的目的有针对性地去选择。

如果是经常和国外的客户联系,建议使用国外的电子邮箱。比如 Gmail,Hotmail,MSN mail,Yahoomail 等。

如果是想当作网络硬盘使用,经常存放一些图片资料等,那么就应该选择存储量大的邮箱,比如 Gmail,Yahoo mail,网易 163 mail,126 mail,yeah mail,TOM mail,21CN mail 等等都是不错的选择。

如果自己有计算机,那么最好选择支持 POP/SMTP 协议的邮箱,可 http://baike. baidu. com/picview/1524/1524/0/566d0fdf59bcae50632798b1. html 以通过 outlook,foxmail 等邮件客户端软件将邮件下载到自己的硬盘上,这样就不用担心邮箱的大小不够用,同时还能避免别人窃取密码以后偷看你的信件,当然前提是不在服务器上保留副本,这么做主要是从安全角度考虑。

如果经常需要收发一些大的附件,Gmail,Yahoo mail,Hotmail,MSN mail,网易 163 mail,126 mail,Yeah mail 等都能很好地满足要求。

【巩固练习】

Outlook 的使用:

Outlook Express 是 Microsoft(微软)Windows 自带的一种电子邮件工具,简称为 OE,下面就以 OutlookExpress2007 为例,举例说明如何使用电子邮件。

Outlook Express 2007 操作,按下面的操作要求进行操作,并把操作结果存盘。

1. 操作要求

(1)删除 Outlook Express 中已有的邮件账号,新建一个邮件账户,并用此账户接收邮件。

要求:

① 电子邮件地址:my_new_blog@163. com。

② 显示姓名:my_new_blog。

③ 口令(即密码):用户自定义,建议数字与字母组合。

④ POP3 和 SMTP 服务器地址都为:pop. 163. com,smtp. 163. com。

(2)用已经设置好的邮件账户收邮件并给地址:my_new_blog@163. com 作为收件人发送一封邮件。

要求:

① 主题:“第一个邮件”。

② 内容:你好,这是第一个邮件。

③ 设置 Outlook Express 的选项,使得“进行拼写检查时始终忽略 Internet 地址”。

④ 设置 Outlook Express 的选项,使得“进行拼写检查时始终忽略大写的单词”。

⑤ 设置 Outlook Express 的选项,使得“邮件发送格式为‘HTML’格式”。

2. 操作过程

步骤 1:选择“开始”→“程序”→Outlook Express 2007 命令(或双击桌面上的 OutlookExpress 2007 图标,或单击快速启动栏中的按钮),打开 Outlook Express 2007 窗口,如图 6-22 所示。

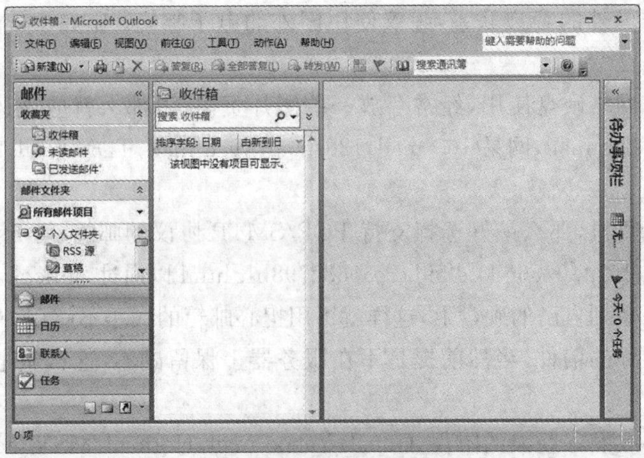

图 6-22 “Outlook Express 2007”窗口

步骤 2:根据操作要求(1),选择菜单"工具"→"账户"命令,打开"Internet 账户"对话框。

步骤 3:在"Internet 账户"对话框中,选择"邮件"选项卡,选中已有的邮件账户(ncf3885@163.com),再单击上面的"删除"按钮,即可删除选中的邮件账户,如图 6-23 所示。若"邮件"选项卡中无邮件账户(即显示空白),则省略删除邮件账户的操作;若有多个邮件账户,则一个一个地删除,直至删除全部邮件账户为止。

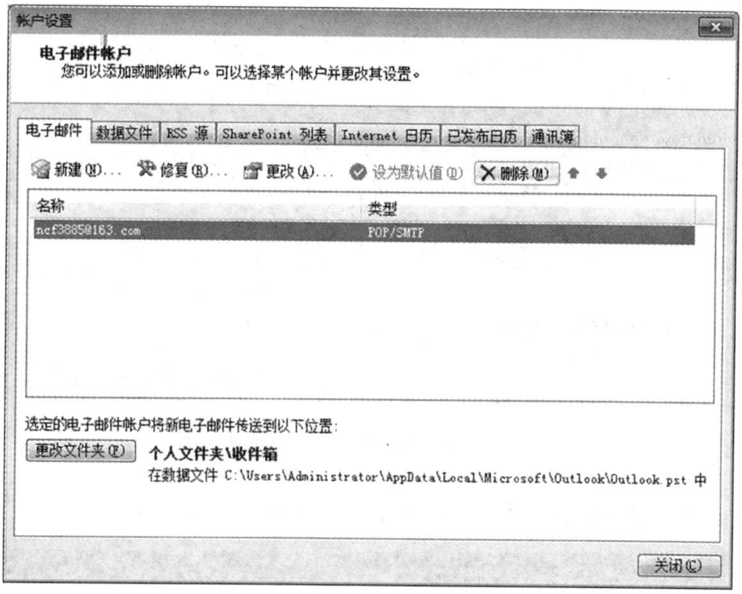

图 6-23　删除邮件账户

步骤 4:在"电子邮件"选项卡中,选择"新建"命令,打开"添加新电子邮件服务"对话框,选择第一项"Microsoft Exchange、POP3、IMAP 或 HTTP(M)",然后点击"下一步",如图 6-24 所示。

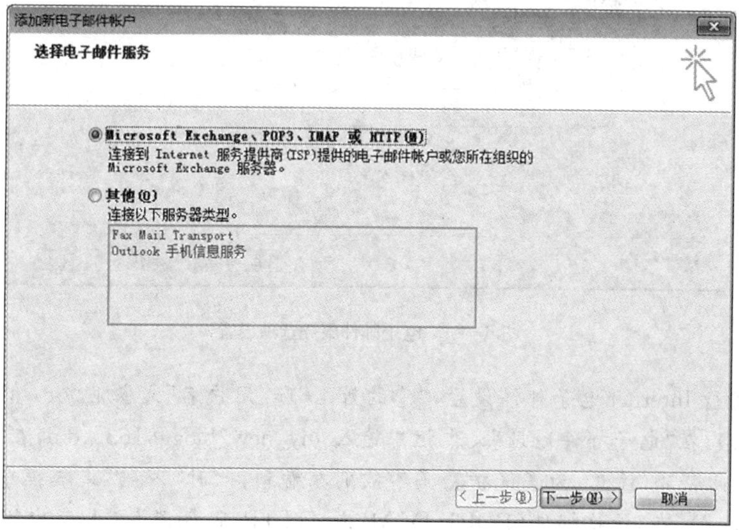

图 6-24　选择电子邮件服务

步骤5:进行手动配置服务器设置或其他服务器类型,接下来点下一步,如图6-25所示。

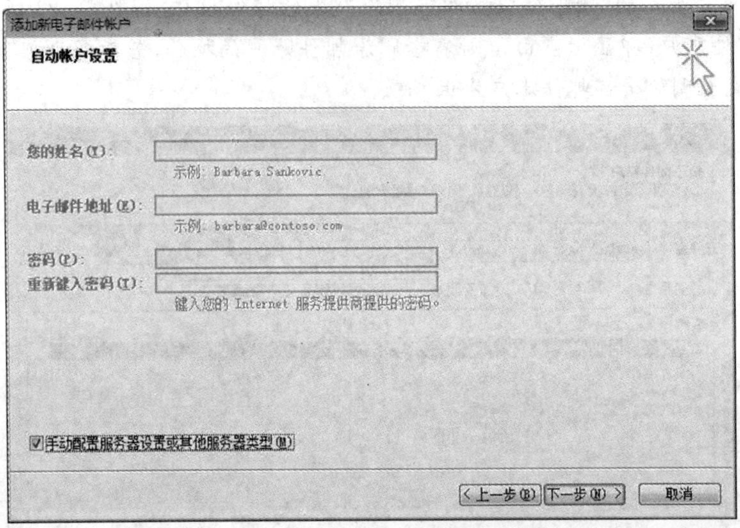

图6-25　服务器设置或其他服务器类型

步骤6:选择电子邮件服务的Internet电子邮件选项,如图6-26所示。

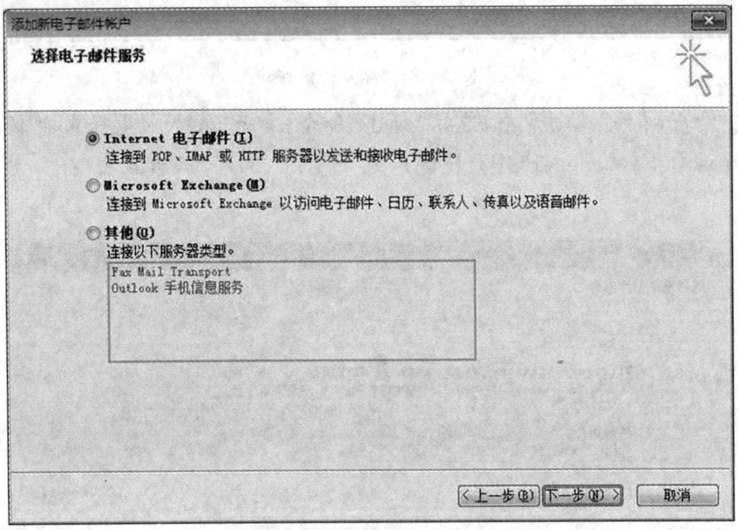

图6-26　电子邮件服务选项设置

步骤7:进行Internet电子邮件设置,“您的姓名”和“用户名”文本框中已填入你的账户名(my_new_blog),在“电子邮件地址”文本框中输入my_new_blog@163.com,在“密码”文本框中输入你准备的密码(注意:为了保护密码不被别人看到,此时“密码”文本框中显示的是“＊＊＊＊＊＊”),在“接收邮件(POP3,IMAP或HTTP)服务器”文本框中输入“pop.163.com”,同理,在“发送邮件服务器(SMTP)”文本框中输入“smtp.163.com”,如图6-27所示。

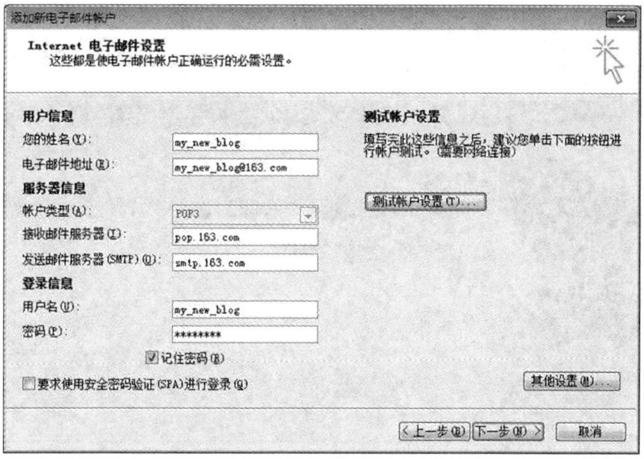

图 6-27　Internet 电子邮件设置

步骤 8:进行其他设置,选择后点击“确定”,如图 6-28 所示。

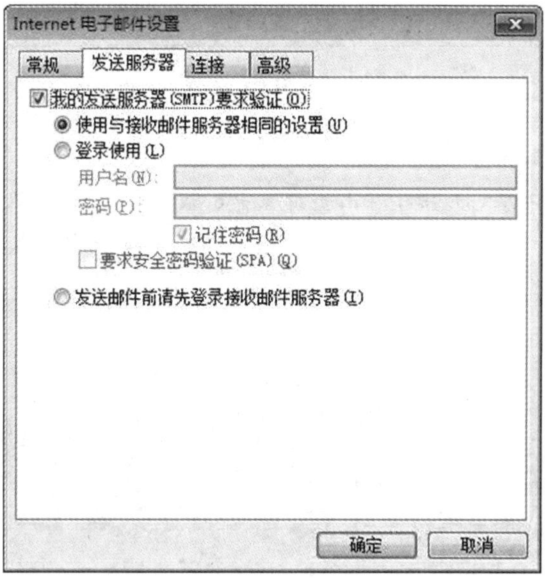

图 6-28　其他设置

步骤 9:进行“测试账户设置”,如图 6-29 所示。

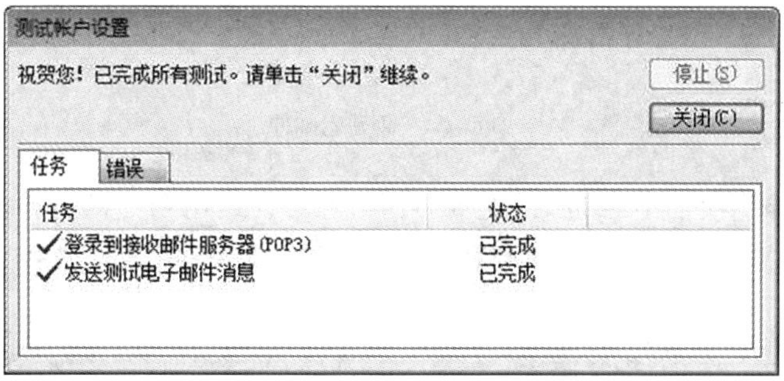

图 6-29　测试账户设置

步骤 10：点击“关闭”，返回上一级，再点击“下一步”，完成整个操作，再单击“完成”按钮，返回到“Internet 账户”对话框，至此，一个新邮件账户已经建立，如图 6－30 所示。

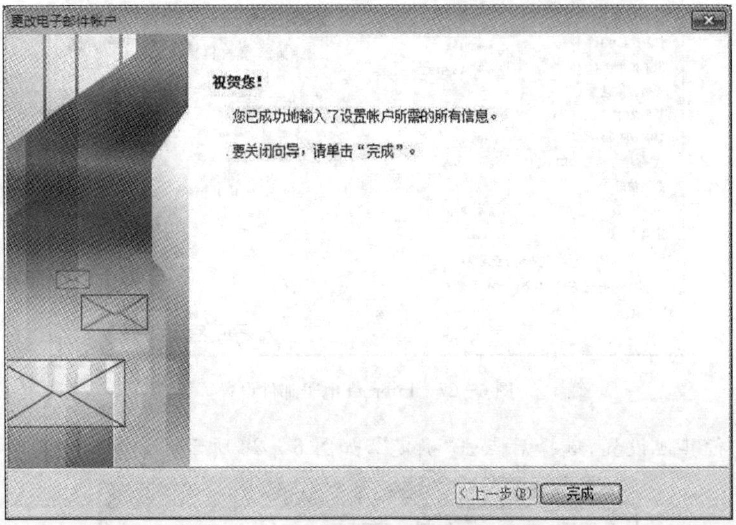

图 6－30　完成电子邮件账户设置

至此，已完成操作要求(1)所要求的所有设置和操作。

步骤 11：根据操作要求(2)，由于在上一步骤中已接收邮件，此时只需单击工具栏中的“新建”按钮，打开“邮件”窗口，准备发送邮件。在“收件人”文本框中输入“my_new_blog@ 163.com”，在“主题”文本框中输入“第一个邮件”，在窗口下部的文档区中填写：你好，这是第一个邮件，如图 6－31 所示。

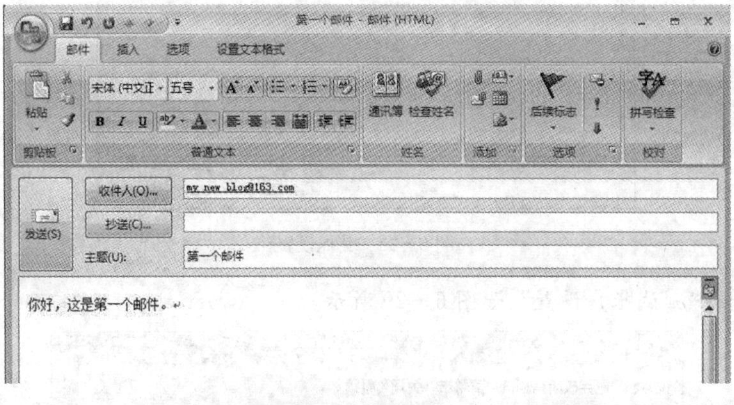

图 6－31　创建新邮件

步骤 12：单击新邮件窗口左边的“发送”按钮，即可发送刚创建的邮件，发送成功后，会在“已发送邮件”列表中看到发送成功的邮件，而“发件箱”列表中的邮件是尚未发送或发送失败的邮件。

步骤 13：根据操作要求，选择菜单“工具”→“选项”命令，打开“选项”对话框，如图 6－32 所示。

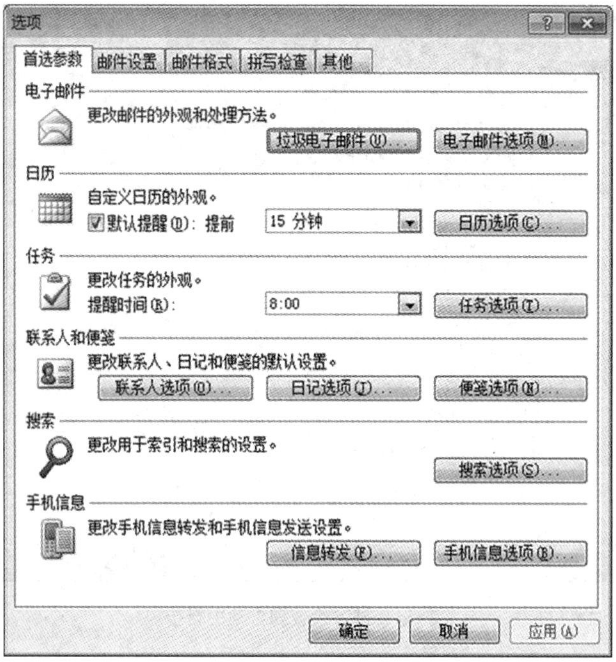

图 6－32　电子邮件选项设置

步骤 14:在"选项"对话框中,选择"拼写检查"选项卡,出现如图 6－33 所示,在"进行拼写检查和自动更新",出现如图 6－34 所示,在"始终忽略"栏下选中"大写的单词"和"Internet 地址"复选框,然后单击"应用"按钮。

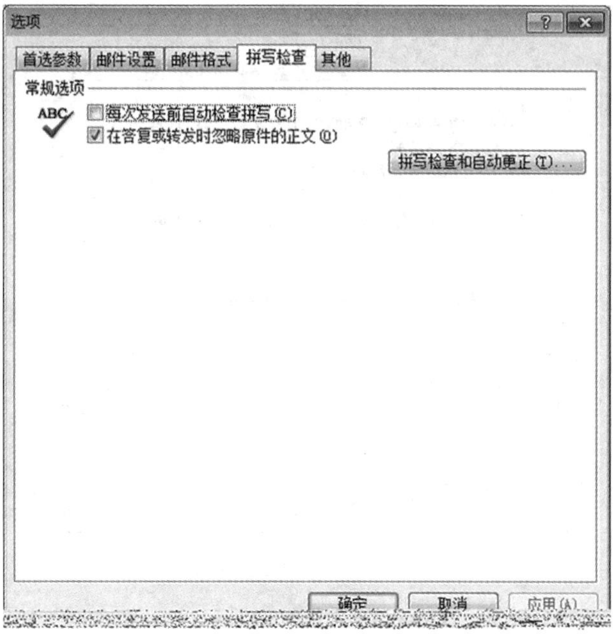

图 6－33　拼写检查选项卡

图 6-34　拼写检查和自动更新选项

步骤 15:根据操作要求,在“选项”对话框中,选择“邮件格式”选项卡,在“以该邮件格式撰写”栏选择“HTML”单选钮,如图 6-35 所示,最后,单击“确定”按钮,完成所有设置。

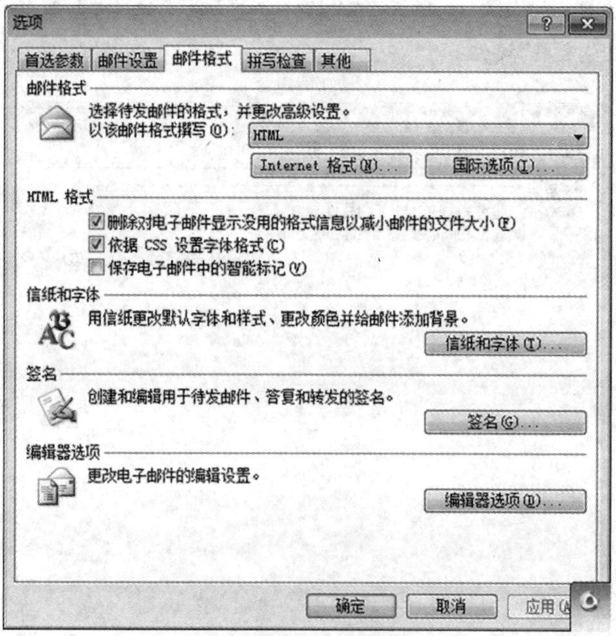

图 6-35　邮件格式选项卡

第7章 常用软件和硬件管理

7.1 安装和卸载软件

我们在使用电脑时，经常要安装很多软件，在安装软件的过程中，总会碰到一些问题，这些问题看上去不大，可是处理不当将会影响软件的使用。

7.1.1 安装方式的选择：自定义安装方式会更好

在安装一些较大的软件时，系统往往会给出多种安装方式供你选择：典型、全部、最小、自定义等。那么你会选择哪一项呢？一般在硬盘容量足够大的前提下，大多数人都会选择"典型"方式，既安全又简单，一路"next"、回车按到底，安装就大功告成了。如果作为新手，这样选择无可非议，当你已经成功地安装几个软件之后，我就要提醒你：下次选择"自定义"安装方式会更好。例如安装 office 时，如果你选择了自定义，就可以根据自己的需要，把"公式编辑器""照片编辑器""组织结构图"等一些实用程序加上，这样可一次安装到位，不必使用时满世界找光盘，省去了很多麻烦。

7.1.2 安装路径的选择：根据软件相应选择

很多软件在安装时，给出的默认路径都是 C:\Program Files*.*。如果你图省事，一路回车确认下去，最后所有的软件都安装在这个目录下。这样做的结果有两个不便：一是 C 盘空间逐渐缩小，导致 windows 的启动和运行速度越来越慢；二是一旦系统发生崩溃、需要重新安装 windows 时，所有已安装的软件都随之化为乌有，增加了重新安装的工作量。

那么怎样做才算比较好呢？我认为除了一些必须安装在 C 盘根目录下的软件（如超级解霸、智能五笔及其他输入法）以外，其他应用软件最好安装在 C 盘以外的目录下，如 D 盘、E 盘等。如果把 office 2007、wps2010、金山词霸等软件安装在 D 盘中，一旦 C 盘需要重新安装 windows，这些软件还可以继续使用，省去了很多麻烦。

7.1.3 安装目录的选择：按类别划分集中管理

对于一些较大的软件，安装时可直接在根目录下建立自己的文件夹，如 D:\Microsoft Office。可是对于一些小软件，如 ACDSee，如果给每个软件都建立一个对应目录的话，恐怕硬盘上会有几百个目录，不便于使用和查找。这种情况下就应采取按类别划分、集中管理的办法，例如可以在 D 盘分别建立 tuxing（图形）、wangluo（网络）、xitong（系统工具）等主要目录，在

tuxing 下面再设 ACDSee、bizhi(壁纸)等文件夹;在网络目录里可以包括网络蚂蚁、中文网址等网络软件,在系统工具中包括注册表修改软件、反安装软件等。这样软件虽然多可是目录并不多,使用起来也比较方便。

软件在安装的过程中不只是往系统上复制文件,还会进行其他操作。比如:

(1)注册表某处建立软件配置信息;

(2)设置自动运行项目;

(3)安装驱动设备信息;

(4)安装服务程序;

(5)修改文件关联;

(6)注册 ActiveX 组件;

(7)修改浏览器启动主页;

(8)释放大量的安装临时文件;

(9)恶意捆绑安装其他软件。

如果要卸载一个软件,只对该软件所在的文件夹进行删除,那么会造成系统存在许多无用的信息(比如上面的 9 条信息),从而影响系统的运行速度和稳定性等。因此就要软件卸载,最好先使用系统提供的默认卸载机制激活对应软件的默认卸载程序进行卸载。

卸载软件就是从硬盘删除程序文件和文件夹以及从注册表删除相关数据的操作,释放原来占用的磁盘空间并使其软件不再存在于系统中或是从硬盘删除对应的设备驱动程序并删除跟设备驱动有关的注册表信息,然后在从计算机物理设备移除设备(一般这里用户更新升级计算机的物理设备用,如果不用移除物理设备,多是指更新设备驱动程序)。

如果想卸载软件,可有时卸载不干净,总留下那以几个文件删不掉,可能的原因是你的软件没有用正当的手法去卸载,或不小心上当了,误装了流氓软件,想卸还卸不掉,真烦人。

以下介绍几种卸载软件的技巧:

1. 巧用 QQ 来卸载顽固程序:将 QQ 安装目录下的 Unins000. exe 文件拷贝到要卸载文件的安装目录,再执行该程序即可!这种办法对于卸载那些反安装程序丢失或者损坏的文件有特效。

2. Winamp 的卸载程序可以安全卸载大部分应用程序:首先在“我的电脑”找到 Winamp 安装目录下的 UninstWp. exe 程序,复制并粘贴到顽固程序所在的文件夹中,双击运行该程序就可以把顽固程序卸载得干干净净了。

3. 运用 WinRAR 卸载顽固程序:通过其地址栏定位到顽固程序所在文件夹,再点工具栏上的“添加”按钮,此时会弹出“档案文件名字和参数”对话框,在“存档选项”中勾选“存档后删除原文件”点击“确定”,等压缩完成后,WinRAR 会自动删除顽固软件文件夹,然后手工将刚生成的压缩包删除,一切搞定。

4. 微软反间谍软件完美卸载 3721 程序:首先下载微软反间谍软 Microsoft AntiSpy - wareInstall. exe,界面是英文的,慢慢看能懂,安装后按提示升级最新数据库,执行 SCAN,发现 100 多个 3721,CNS * 的东西,选择 REMOVE,慢慢地微软反间谍软件清除 3721, CNS * 的东西,再提示重新启动机器;第一次 3721 还没清除完,在/PROGRAM FILES/下还有 3721 目录,先卸载网络实名，右键清除开始——程序菜单中的3721条，再运行微软反间谍软件，扫描后发现多个3721，CNS* 的东西，但数量比第一次少多了选择，选择REMOVE，清除3721，CNS* 的东西，再重新启动机器，这样就彻底清除了3721。

5. 运用Windows XP附带的Msicuu. exe、Msizap. exe来彻底卸载顽固程序：首先要打开Windows XP安装盘，点“Support Tools”，进入硬盘的Support Tools安装目录（X:\Program Files\Support Tools），找到Msicuu. exe并双击，于是就会弹出一个“Windows Instaler Clean Up”窗口，显示当前已安装的所有程序列表。你从中选择顽固程序，然后单击“Rmove”按钮即可卸载。如果以上方法无效，建议你用Msizap. exe来卸载，方法是：打开注册表编辑器，定位到HKEY_LOCAL_ MACHINE\Software\Microsoft\Windows\ Current Version\Uninstal，在左边项中找到顽固程序的标识，然后依次选择“开始→程序→ Windows Support Tools→Command Prompt”命令，命令提示符后，输入以下命令：msizap T，按回车后即可卸载顽固程序。

6. 超级兔子优化王中提供了一个专业卸载功能，可以让你轻松卸载一些常见的顽固软件及IE插件。首先选择优化王下的“卸载软件”功能，然后切换到“专业卸载”选项卡，此处提供了18种软件的卸载功能。超级兔子优化王软件会自动对系统进行检测，若装有该程序的话此处便会显示“已安装”，接着选中要卸载的软件，单击“下一步”就可以把这些程序清理干净，将它们彻底赶出系统。

7.2 ACDSee18.0简体中文版教程

ACDSee18.0是一款集图片管理、浏览、简单编辑于一身的强大图像管理软件，对于一般的个人用户来说，该软件完全能够胜任你管理、浏览数码照片，同时还可以对一些拍的不理想的数码照片进行简单的编辑，下面我们就教大家使用该软件来管理数码照片。

7.2.1 选择图片

课件制作、文稿演示都离不开选择图片，而看图是ACDSee的看家本领。

小技巧：我们可以通过点击“视图→过滤方式→高级过滤”指定想要显示的项目。

7.2.2 图像格式转换

ACDSee可轻松实现JPG、BMP、GIF等图像格式的任意转化。最常用的是将BMP转化为JPG，这样可大大减小课件的体积。

小技巧：该操作支持批量转换文件格式：按住“Ctrl”点选多个文件，然后点击“工具→转换文件格式”，选择转换的相应命令。

7.2.3 数码照片的导入

照片拍摄完成后需导入到电脑中才能浏览，ACDSee提供了完善的导入照片服务。运行

ACDSee,然后依次点击“文件/导入/从手机中”菜单项,在弹出窗口中点击“下一步”按钮,选择导入设备后点击“下一步”按钮,即可看到手机中的所有照片了(图 7-1)。

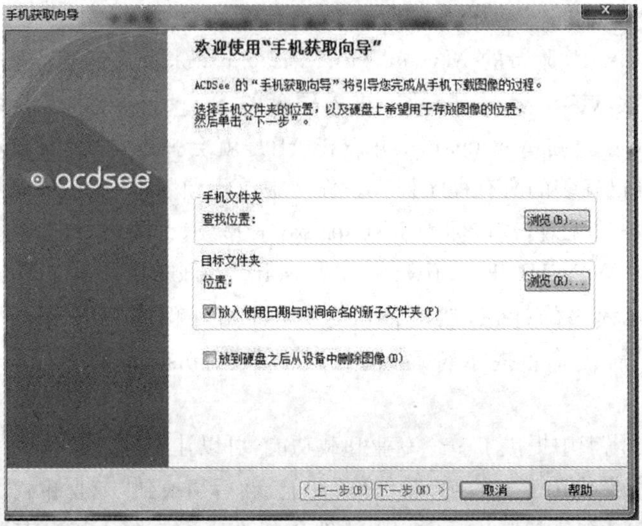

图 7-1　手机获取向导

这样导入的文件就按模板的方式来进行重命名,为你以后管理数码照片提供了方便。

7.2.4　获取图像

截取屏幕图像:ACDSee 显然不像 HyperSnap 那么专业,但截取桌面、窗口或选中的区域还是力所能及的事。点击“工具→屏幕截图”,按需要选择,并点击[开始]按钮,然后按要求操作即可。(图 7-2)

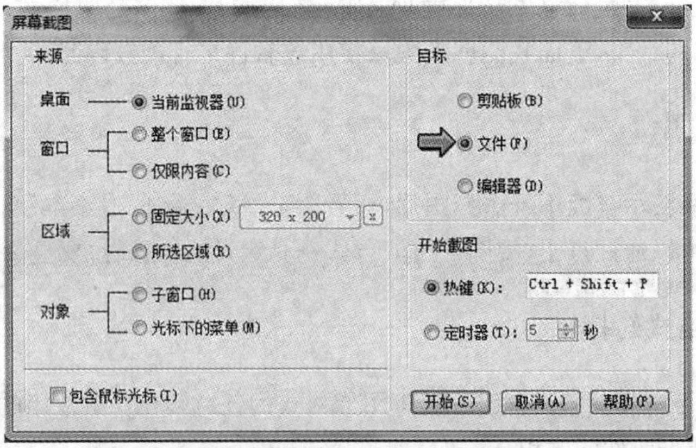

图 7-2　屏幕截图

7.2.5　浏览数码照片

把数码照片导入到电脑后,就可以使用 AcdSee 对其进行浏览了。直接双击照片,即可使用 ACDSee 快速查看器打开照片(图 7-3),在这里只是提供了浏览、翻转、放大缩小及删除等基本功能，所以使用快速查看器可以为你提供前所未有的照片显示速度，让你能够快速浏览所有的数码照片。

图 7－3　ACDSee 界面

在快速查看模式下双击图片，或是点击右上角的“管理”选项，即可切换到 ACDSee 管理文件查看模式(图 7－4)

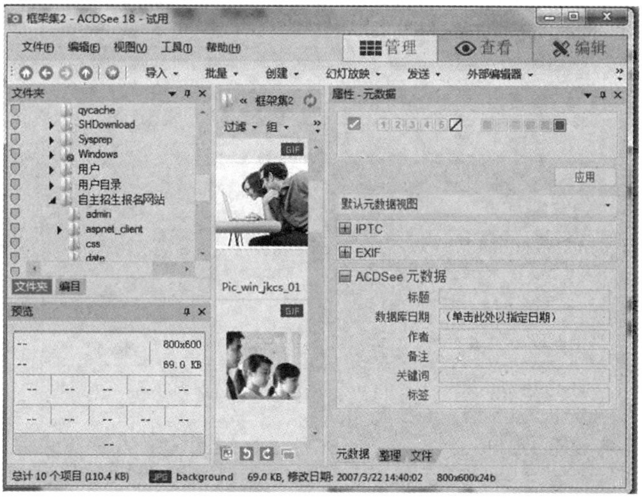

图 7－4　ACDSee 管理文件查看模式

在这里提供了 ACDSee 浏览照片的所有功能，你可以通过右上角的“文件夹”窗口来同时选择多个文件夹，使文件夹内的照片同时在浏览区域显示(图 7－5)，这样就免除了切换目录的麻烦。

可以通过浏览区域顶部的各种不同查看方式，来快速定位你的数码照片，使你更加方便地找到自己需要的照片，快速方便的对其进行浏览。

另外，ACDSee 还提供了“照片陈列室”功能，可以让你的照片在桌面上显示(图 7－6)。

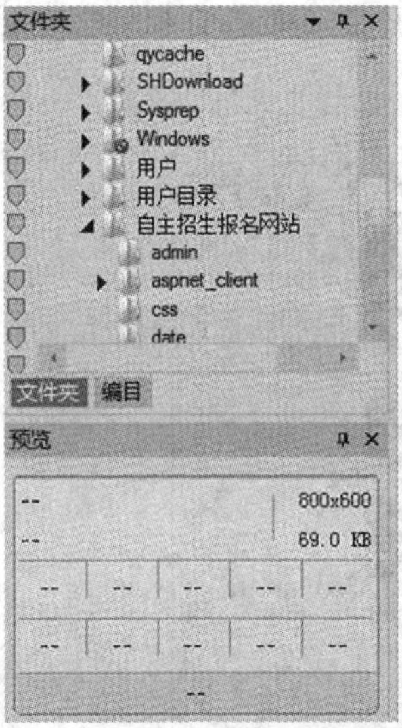

图 7－5　在浏览区显示文件夹中的照片

图 7－6　ACDSee 的“照片陈列室”

通过照片陈列室的选项窗口，可以设置陈列室中照片的播放速度、顺序及转场等，另外还可以设置照片的透明度、大小及边框(图 7－7)。

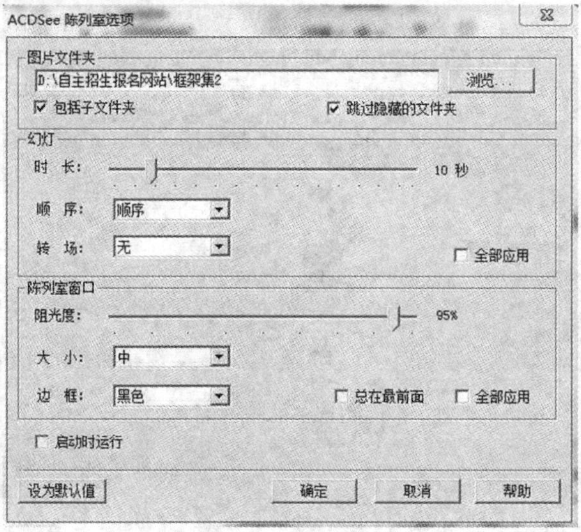

图 7－7　ACDSee 陈列室选项

如果选择了“启动时运行”与“总在最前面”的复选框，那么电脑每次启动时就会自动运行照片陈列室，且在桌面最顶端显示，这样你就可以方便地欣赏自己的数码照片了。

7. 2. 6　批量重命名

我们经常需要图片有序，按住“Ctrl”键的同时点击选择需要重命名的文件，然后点击右键，选择“重命名”，在模板处输入“1＃”，点“开始重命名”即可。

7.2.7 建立文件清单

课件制作好后刻成的光盘，或手中的素材光盘，或图片文件夹，我们都可以用 ACDSee 制作文件清单。运行 ACDSee，从目录树中找到光盘，从菜单的“数据库→ 导出→ 生成文件列表”，便产生一个文本文件，文件名为 Folder - Contents，存放于临时目录 TEMP 下，该文件记录了光盘中的文件夹和文件信息。也可以生成的文件上点“文件→ 另存为”存放到相应的地方。

7.2.8 声音的预听

在制作课件时，用 ACDSee 选择一个恰当的声音显得非常方便：用鼠标选择一个声音文件，在预览区便出现播放进度条和控制按钮，MP3、MID、WAV 等常用的格式它都支持。

7.2.9 影片的预览

ACDSee 能够在媒体窗口中播放视频文件，并且可适当地提取视频帧并将它们保存为独立的图像文件。在文件列表中，双击一个多媒体文件可以打开媒体窗口，播放提取都很简单。

7.2.10 管理数码照片

如果你一次拍摄了大量的数码照片，以后只想浏览其中的一部分而非全部数码照片，怎么样才能够快速定位到自己需要的数码照片呢？提供了强大的数码照片管理功能，可以使你方便、快速地找到自己需要的数码照片。

1. **日历事件 按时间浏览**

ACDSee 提供了日历事件视图，日历事件提供了多种视每次导入图片为一个事件，可以直接拖动图片为事件设置缩略图，还可以为事件添加事件描述，这种查看模式，可以按事件、年份、月份及日期查看，如图 7 - 8 所示是按事件查看视图，ACDsee 以样就可以通过事件视图来快速定位某次的导入图片了。

图 7 - 8　ACDsee 日历事件视图

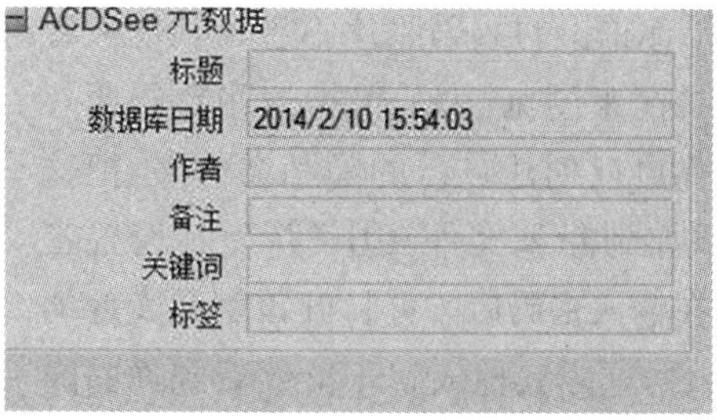

图 7 - 9　ACDsee 添加属性

另外通过年份、月份或日期事件，可以快速定位到某个时间导入的照片，这样就可以通过时间来快速定位自己需要查看的照片。

2. 按照片属性准确定位照片

你还可以为拍摄的数码照片添加属性，为其设置标题、日期、作者、评级、备注、关键词及类别等(图 7 - 9)。

另外你也可以通过顶部的快速搜索功能，只要在搜索框中输入要搜索的关键字，点击“快速搜索”按钮，同样可以快速定位到自己需要的数码照片。

3. 照片收藏夹 省时省力

ACDSee 还提供了强大的收藏夹功能，你可以把自己喜欢的数码照片添加到收藏夹中，也可以把照片直接拖动到收藏夹内(图 7 - 10)。

当你以后想浏览的时候，只需要点击收藏夹中的相应文件夹，就可以在浏览区域快速查看该收藏夹中的照片了。

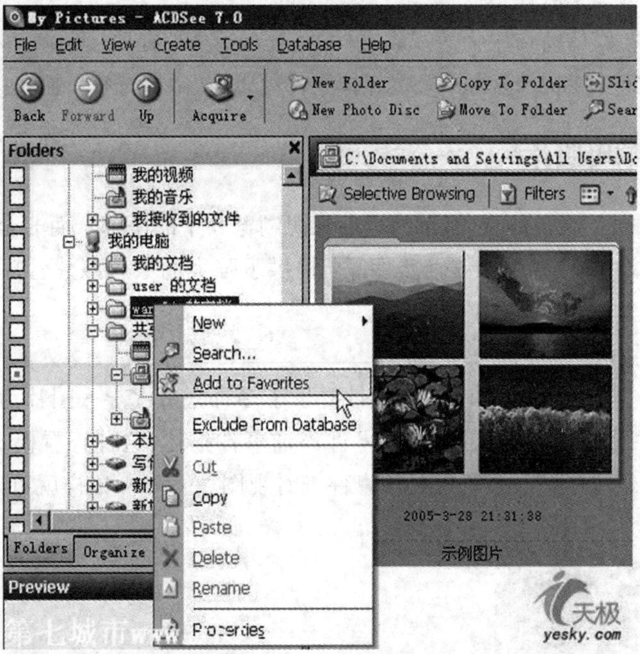

图 7 - 10 ACDSee 照片收藏夹

4. 隐私文件夹保护照片安全

如果你拍摄的数码照片不想让其他人看到，只是自己来浏览，为了保护这些数码照片的安全，你可以创建自己的隐私文件夹，把这些照片添加到隐私文件夹中，并为其设置密码，只有在输入密码后方可打开该隐私文件夹(图 7 - 11)，这样其他人就不能够看到你的隐私照片了。

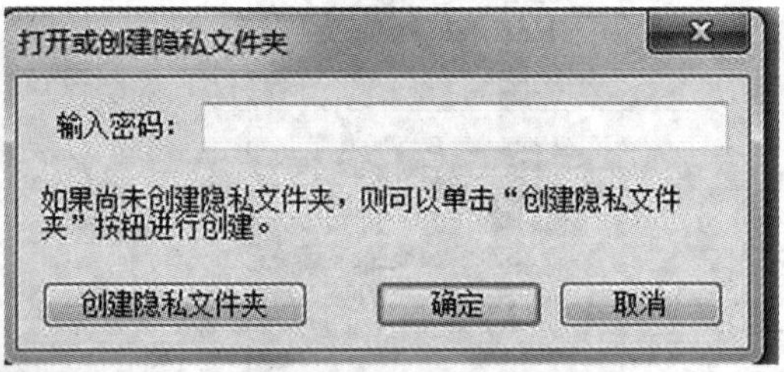

图 7 - 11 打开隐私文件夹

7. 2. 11 用 ACDSee 一网打尽硬盘里重复的图片

上网时看到喜欢的图片一般都会把它保存下来，时间长了，收集的图片多了，难免会出现重复，但是要手工从成千张图片中找出有哪些重复的简直就是不可能。下面就让我们来看一下怎样利用 ACDSee18.0 搜索重复图片。

1. 搜索单个文件夹

(1)打开 ACDSee 运行程序，单击“工具”菜单中的“查找重复项”命令，打开“重复项查找器”设置窗口(图 7－12)。

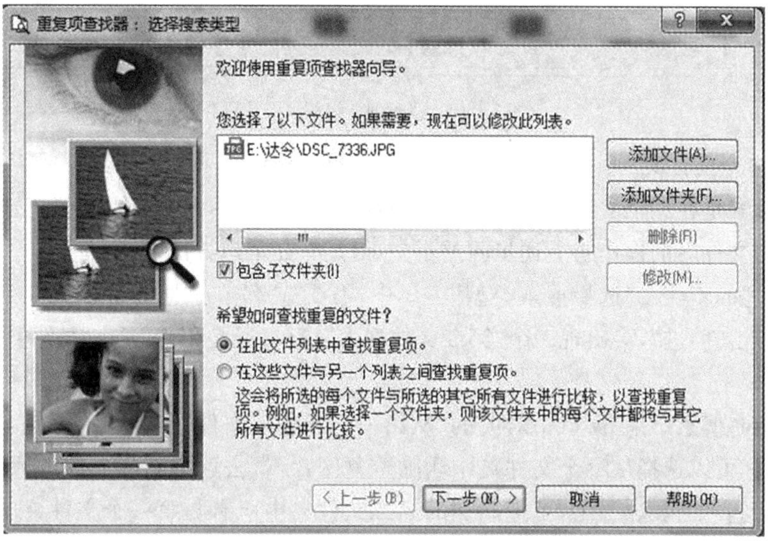

图 7－12　可以选择包含子文件夹

(2)在“选择搜索类型”设置窗口中，单击“添加文件夹”，选择目标文件夹，然后选中“在这些列表中的文件中查找重复”项，如果包含子文件夹，还应该选中“包含子文件夹”，单击“前进”进入“搜索参数”。

(3)在“搜索参数”窗口中，选中“精确重复”选项，然后选中“仅查找图像”复选项，单击“前进”开始搜索。在这里一般不要选择“相同文件名”，因为有很多图片即使文件名称不同，它们的图像内容也是相同的。

(4)经过一段时间的搜索后即可得到搜索结果，从“搜索结果”窗口中的“副本集”后面的数字 0，我们可以看出本次搜索一共查到 0 组重复图片，在“副本集”中列出重复图片的文件名和重复文件数(括号中的数字)，单击其中一项，就可以预览此图片，并且在下方的文件列表中会列出文件的大小和路径，在图片上单击鼠标右键，你可以选择“打开”“打开包含的文件夹”和“重命名”等操作，如果要删除其中的某些文件，单击文件前的小方框把它选中即可(图 7－13)。

(5)单击“前进”按钮，在出现的“确认”对话框中显示了我们已经设置好的操作列表，单击“完成”按钮即可删除重复图片。

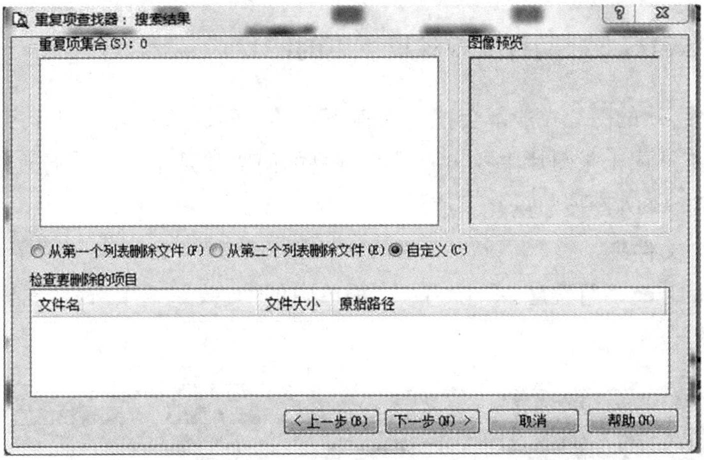

图 7－13　搜索到 0 组重复图片

2. 搜索多个文件夹

以上的搜索是在一个文件夹中进行的，当然这个文件夹中可以包含多个子文件夹，下面所说的搜索多个文件夹的操作与上述步骤差不多，但是有几个地方需要注意：

(1)在上述的步骤二“选择搜索类型”窗口中，需要选择“在这些文件和其他列表中查找重复”项，然后单击“前进”，会出现一个“第二文件列表”窗口，还是单击“添加文件夹”添加第二个文件夹。

(2)同样在“搜索结果”窗口中对应的“从第一列表删除文件”和“从第二列表删除文件”会变成可选项，你可以选择从哪个文件夹中删除重复图片，省去逐个图片文件的删除设置，比如选择“从第二列表中删除文件”，可把添加的第二文件夹中所有与第一个文件夹中重复的图片全部删除。

7. 2. 12　图像照片的简单编辑

在拍摄数码照片的时候，总会有一些照片拍的不尽人意，这时就需要我们使用电脑对其进行处理，但是使用 PhotoShop 操作复杂，对于一般的新手来说不易入手。其实 ACDSee 本身就带有简单的图像编辑功能，可以对图片进行简单的处理，用来弥补你在拍摄时的一些缺憾。

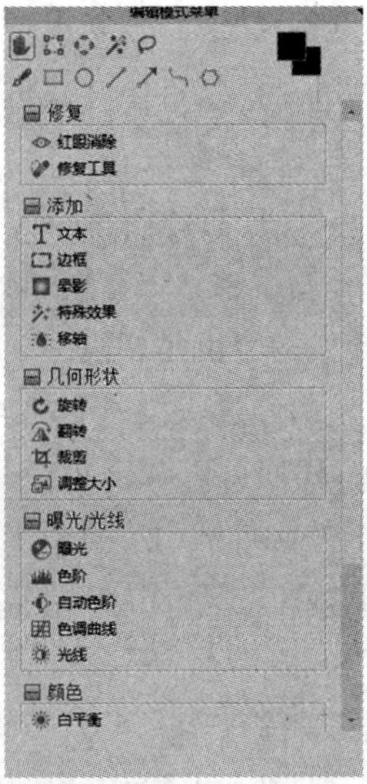

图 7－14　ACDSee 编辑功能

ACDSee 提供了曝光、阴影/高光、色彩、经眼消除、相片修复、清晰度等基本的编辑功能，操作非常的简单，只要打开 ACDSee 的编辑模式，然后选择右铡的编辑功能，即可在新窗口中对照片进行编辑，只要拖动右侧的滑块即可完成对图像的编辑操作。

1. 在这里我们以阴影/高光为例来介绍一下 ACDSee 的编辑功能，选中图片，“右键→编辑→阴影/高光”，打开阴影/高光的编辑窗口，然后在右侧分别拖动调亮与调暗滑块，就可以在左侧的预览窗口看到对应的颜色变化(图 7－14)，当然了，也可以使用鼠标直接在照片上点击，来完成操作。如果你对当前编辑的效果不理想，只要点击"重设"按钮，即可自动回复到照片没有编辑前的状态。

通过简单的鼠标拖拉滑块，即可把你不满意的照片调整好，去除拍摄时的一些瑕疵，使你的照片看起来更加的漂亮。其他几个工具的操作也非常简单，简述如下：

2. 裁剪：在教学中，裁剪是最常用的编辑功能，将扫描后图像的黑边去掉、将扫描图像中的电路图插入试卷等，都要用到裁剪。

选中图片，"右键→ 编辑→ 裁剪"，在裁剪面板中进行相应的操作即可，点击"完成→完成编辑"。

3. 调整大小：虽然在课件制作平台中也可以调整图像的大小，但运行时图像大小和实际大小不相同时，在演示时电脑要先处理后显示，会出现课件运行效率低的问题。在 ACDSee 中调整图像大小非常简单，点击工具栏的相关按钮，在弹出的对话框中输入百分比或重新指定图像的大小即可(别取消保持外观比率，否则会失真)。方法同上。

4. 旋转：从数码相机中拍摄的素材或扫描仪获得的图片会出现角度不合适的情况，此时就需要将图像进行旋转，这在 ACDSee 中易如反掌，右键"编辑→旋转→180 度→完成"。

5. 翻转：在平面镜成像的课件中，若需要对称的两个物体，便可通过翻转去制作。右键"编辑→旋转→翻转→水平翻转→完成"。

6. 调节曝光：图片的亮暗不满足要求或为了某种效果，往往要改变图片的曝光量，在图片编辑器中很容易完成这种操作。

7. 添加文本：选中图片，"右键→ 编辑→ 添加文本"，在编辑面板中输入需要加入的文字，点击"完成→完成编辑"。

8. 水面效果：选中图片，"右键→ 编辑→ 效果→ 选择类别→ 所有效果→ 水面"，然后用鼠标双击"水面"选项，在编辑面板中进行调节，点击"完成→完成→完成编辑"。

9. 雨水效果：选中图片，"右键→ 编辑→ 效果→ 选择类别→ 所有效果→ 雨水"，然后用鼠标双击"雨水"选项，在编辑面板中进行调节，点击"完成→完成→完成编辑"。

后面几个效果的操作也一样，在这里就不再赘述：交织、老化、镜像、晕影、辐射波浪、水滴、百折帘……

7.2.13 快速修护有红眼的照片

ACDSee18.0 中新增了相片的快速修复功能，例如一键消除红眼，你甚至不用直接去点击有问题的地方，只需要在红眼附近点一下，即可轻松去除红眼。(图 7-15)

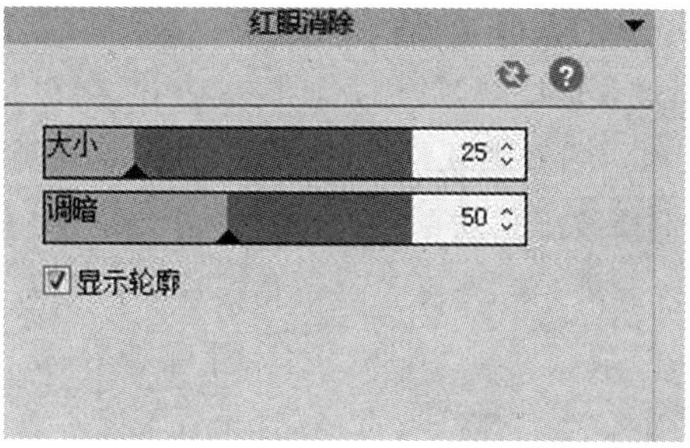

图 7-15 去除红眼

7. 2. 14 比较图像的操作

ACDSee18.0 有一个很有用的功能——比较图像。我们的拍摄工作经常会得到一些相似的照片，在整理的过程中，会将有缺陷的照片（拍模糊的、人物闭眼的等）剔除。运用 ACDSee18.0 的比较图像操作就非常方便。

操作方法：在 ACDSee18.0 的缩略图窗口中选择（左手按住 Ctrl 键同时用鼠标点选）两三张需要比较的照片，选中以后菜单栏下面的按钮栏中的“比较图像”按钮（图 7－16）。这时就打开了比较窗口。在按钮栏按下“移动锁定”按钮（图 7－17）。这样用鼠标按住比较的图可以同步移动。用小键盘区的/键使图放大到 100％显示，或小键盘区的＋、-键放大或缩小显示图像操作。比较好以后可以在本窗口直接删除不保留的图像。

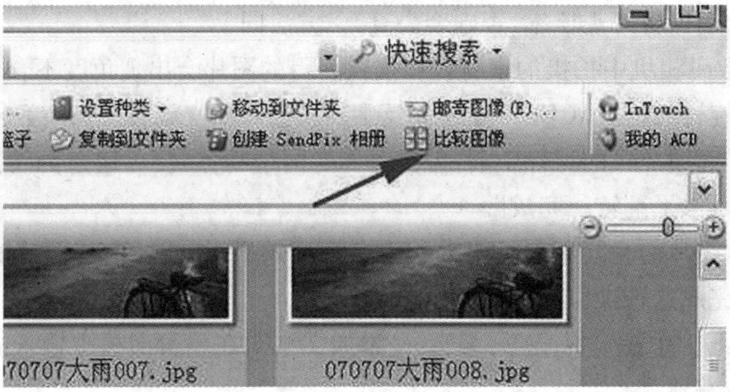

图 7－16 比较图像

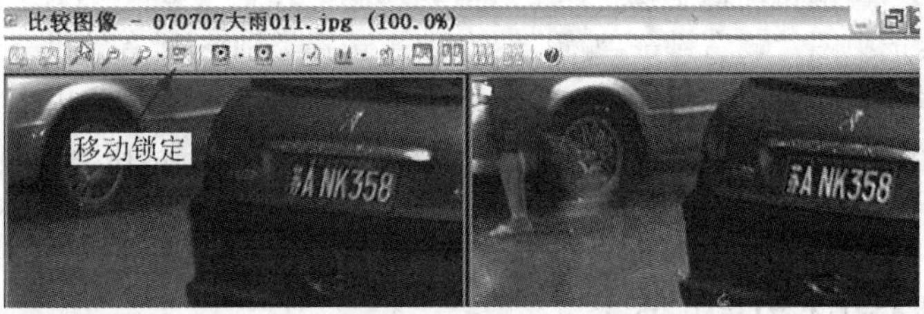

图 7－17 移动锁定

随着 ACDSee 版本的更新，它已经不是单纯的图像浏览软件，而是目前最流行的数字图像处理软件，它能广泛应用于图片的获取、管理、浏览、优化甚至和他人的分享。使用 ACDSee，你可以从数码相机和扫描仪高效获取图片，并进行便捷的查找、组织和预览。超过 50 种常用多媒体格式被一网打尽！作为最重量级看图软件，它能快速、高质量显示您的图片，再配以内置的音频播放器，我们就可以享用它播放出来的精彩幻灯片了。ACDSee 还能处理如之类常用的视频文件，生成图片的电子相册。此外 ACDSee 是您最得心应手的图片编辑工具，轻松处理数码影像，拥有的功能像去除红眼、修杂点、剪切图像、锐化、浮雕特效、曝光调整、色彩调整、旋转、镜像等等，还能进行批量处理图像大小、格式、重命名、改 EXIF 信息等等。ACDSee PowerPack 版本包括：支持 ZIP、RAR、ACE、ARJ、UUE 等多种压缩格式。

7.2.15 数码照片的保存与共享

数码照片保存在电脑上，只能使用电脑才可以欣赏，如果要与其他人一起共享你拍摄的数码照片，你可以把这些数码照片打印出来，或是把其制作成 VCD 光盘，或是制作成的幻灯片，这样就可以更加方便地浏览数码照片，同时可以一边欣赏音乐一边浏览自己喜欢的数码照片了。

1. 多种形式的打印布局

虽然 Windows 也提供了打印功能，可以把你的数码照片打印出来，但是却只能在一张纸上打印一个数码照片，这样既浪费纸张，同时也不美观。ACDSee 提供了多种形式的打印布局，允许用户在一张纸上按多种形式进行打印，使打印结果更满足你的需要。

打开 ACDSee 的打印窗口，在这里我们可以在左上角选择打印布局，如整页、联系页或布局等，接着在下面选择布局的样式，这时可以在中间的预览窗口实时看到最终的打印结果预览图，同时在右侧设置好打印机、纸张大小、方向、打印份数、分辨率及滤镜等，设置完成后点击打印按钮，即可按我们的设置打印输出(图 7－18)。

图 7－18　打印输出的设置

2. 创建幻灯片

我们还可以把自己的数码照片制作成幻灯片，这样就可以一边欣赏音乐一边来自动播放数码照片了。

依次点击“创建/创建幻灯放映文件”菜单，在打开窗口中选择要创建的文件格式，其中包括独立放映的 EXE 格式文件，屏幕保护的 SCR 格式文件及 Flash 格式文件，然后添加要制作幻灯片的数码照片，接着设置好幻灯片的转场、标题及音乐等(图 7－19)，接着对幻灯片选项进行设置，最后设置好保存幻灯片的位置，即可完成幻灯片的创建。

图 7－19　创建 PPT 向导

3．创建视频或 VCD 光盘

我们还可以把拍摄的数码照片制作成 VCD 或 DVD 光盘，这样就可以在电视上欣赏你拍摄的数码照片了。

依次点击“创建/创建视频或 VCD”菜单项，接着在打开的窗口中添加要创建的数码照片，然后设置好数码照片前的转场及播放的背影音乐，最后设置好创建文件的保存位置，点击“创建”按钮，就可以制作出一个非常精美的 VCD 视频了，把其刻录到光盘上就可以在电视上播放了(图 7－20)。

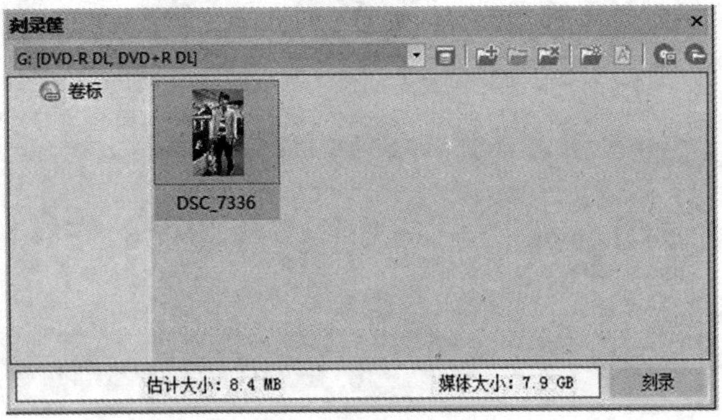

图 7－20　创建视频

另外还可以把数码相片制作成 HTML 相册、PDF 文件及文件联系表等，这样就可以把你的数码照片制作成形式多样、丰富多彩的相册或视频文件，与其他人一起来分享你的喜悦。

7．2．16　总结

通过上面的全面介绍，你就可以使用 ACDSee 来管理、欣赏你的数码照片，能够准确快速地查找自己的数码照片，还可以把你的数码照片通过多种形式输出，与其他人一起分享你的快乐。通过 ACDSee 的一系列功能，完全能够管理、欣赏你的数码照片。

7.3 360 安全卫士

奇虎360科技有限公司(美国纽约交易所NYSE:QIHU,以下简称360)是中国领先的互联网和手机安全产品及服务供应商。

360致力于通过提供高品质的免费安全服务,为中国互联网用户解决上网时遇到的各种安全问题。面对互联网时代木马、病毒、流氓软件、钓鱼欺诈网页等多元化的安全威胁,360以互联网的思路解决网络安全问题。360是免费安全的首倡者,认为互联网安全像搜索、电子邮箱、即时通讯一样,是互联网的基础服务,应该免费。为此,360安全卫士、360杀毒等系列安全产品免费提供给中国互联网用户。同时,360开发了规模最大的、技术领先的云安全体系,能够快速识别并清除新型木马病毒以及钓鱼、挂马恶意网页,全方位保护用户的上网安全。

从2011年开始,360加大了开放力度,先后推出了一系列开放平台,包括360团购开放平台、360浏览器应用扩展平台、360桌面开放平台等。通过建立360开放平台,360希望与合作伙伴建立多方共赢的体系,通过提供细致、完善的平台服务以及网络安全服务,360也能够与合作伙伴一起分享增长的机会。

7.3.1 360安全卫士:杀木马打补丁保护隐私

360安全卫士是当前功能最强、效果最好、最受用户欢迎的上网必备安全软件。由于使用方便,用户口碑好,目前4.2亿中国网民中,首选安装360的已超过3亿。

360安全卫士拥有查杀木马、清理插件、修复漏洞、电脑体检等多种功能,并独创了“木马防火墙”功能,依靠抢先侦测和云端鉴别,可全面、智能地拦截各类木马,保护用户的帐号、隐私等重要信息。目前木马威胁之大已远超病毒,360安全卫士运用云安全技术,在拦截和查杀木马的效果、速度以及专业性上表现出色,能有效防止个人数据和隐私被木马窃取,被誉为“防范木马的第一选择”。360安全卫士自身非常轻巧,同时还具备开机加速、垃圾清理等多种系统优化功能,可大大加快电脑运行速度,内含的360软件管家还可帮助用户轻松下载、升级和强力卸载各种应用软件。

7.3.2 360杀毒:永久免费,性能强的杀毒软件

360杀毒是中国用户量最大的杀毒软件,它无缝整合了国际知名的BitDefender病毒查杀引擎,以及360安全中心领先的云查杀引擎。双引擎智能调度,为电脑提供完善的病毒防护体系,不但查杀能力出色,而且能第一时间防御新出现的病毒木马。360杀毒完全免费,无需激活码,轻巧快速,误杀率远远低于其他杀毒软件。360杀毒独有的技术体系对系统资源占用少,对系统运行速度的影响小。360杀毒还具备“免打扰模式”,在用户玩游戏或打开全屏程序时自动进入“免打扰模式”,拥有更流畅的游戏乐趣。360杀毒和360安全卫士配合使用,是安全上网的黄金组合。

7.4 管理硬件设备

7. 4. 1 从计算机安全删除设备

如果从计算机拔下存储设备或可移动存储设备(当它正在传输或保存信息时),可能有丢失某些信息的危险。Windows 提供了帮助您安全删除此类设备的方法。

大多数 USB 设备可以安全地拔下和删除。拔下存储设备(如 USB 闪存驱动器或外部硬盘驱动器)时,请确保计算机已将所有信息都保存到设备上,然后再将其删除。如果设备的小指示灯显示设备正在使用,请在指示灯闪烁完之后等待几秒,随后再拔下设备。

如果您在任务栏最右侧的通知区域中看到“安全删除硬件”图标,则可以使用这个图标作为设备已完成所有操作且可以移除的指示。如果没有看到“安全删除硬件”图标,请单击“显示隐藏的图标”按钮以显示通知区域的所有图标。

任务栏最右侧的通知区域。

若要安全删除某个设备,请单击“安全删除硬件”图标,然后在设备列表中单击要删除的设备。Windows 将显示通知,告诉您可以安全删除设备。

注意:您还可以从“计算机”文件夹中安全地删除设备。依次单击“开始”按钮和“计算机”,右键单击要删除的设备,然后单击“弹出”。

7. 4. 2 新设备的安装

将新设备连接到计算机时,Windows 会自动尝试为您安装该设备,并且,如果找不到设备的驱动程序会通知您。如果发生这种情况可以尝试以下几种方法:

确保已将计算机连接到 Internet 且自动更新已打开。

必须将计算机连接到 Internet,Windows 才能联机搜索设备驱动程序。若要查看计算机是否已连接到 Internet,请打开 Web 浏览器并尝试访问某个网站。如果临时断开连接,如正在携带笔记本电脑旅行,请等待直到再次联机,然后尝试重新安装设备。

除非自动更新打开,否则 Windows 无法检查最新的驱动程序。大多数人会在第一次使用 Windows 时打开自动更新,但如果您不确定是否已打开,应进行检查以确保自动更新已打开。确保选择包含“推荐更新”的选项,否则 Windows 将只安装“重要更新”。重要更新可以让用户受益匪浅,例如,获得更高的安全性和可靠性,但推荐更新可能包含某些设备的驱动程序。

使用 Windows Update 手动检查驱动程序。

如果将新设备连接到计算机时未打开自动更新,或者未连接到 Internet,应检查 Windows 是否可以立即为设备查找驱动程序。如果某些硬件不能正常工作,即使计算机始终连接到 Internet,也应检查 Windows Update 以便获取可选更新。可选更新通常包含新驱动程序更新。

Windows Update 不会自动安装可选更新，但当找到某些可选更新时会通知您，并让您选择是否安装这些更新。

检查 Windows Update 以查找驱动程序的步骤。

(1)单击打开 Windows Update。

(2)在左窗格中，单击"检查更新"，然后等待 Windows 查找计算机的最新更新。

(3)如果存在任何可用更新，请单击 Windows Update 下面的框中的链接，查看有关每个更新的详细信息。每种类型的更新都可能包括驱动程序。

(4)在"选择要安装的更新"页上，查看硬件设备的更新，选中希望安装的每个驱动程序对应的复选框，然后单击"确定"。可能没有任何可用的驱动程序更新。

(5)在 Windows Update 页上，单击"安装更新"如果系统提示您输入管理员密码或进行确认，请键入该密码或提供确认。

注意：①Windows Update 会告诉您某个更新是重要的、推荐的还是可选的。②某些更新要求您重新启动计算机。③Windows Update 会告诉您更新是否已成功安装。

为设备安装软件。如果 Windows Update 找不到设备的驱动程序，请转到 windows7 兼容中心网站，该网站中列出了数千种设备，可直接通过链接下载驱动程序。另外，还可尝试查看制造商网站，以获取设备的驱动程序或其他软件。如果设备附带光盘，该光盘可能含有使设备正常运行所需的软件，但首先要查看制造商网站以获取最新的软件和驱动程序。

如果在制造商网站上找不到设备的任何新软件或驱动程序，请尝试插入设备附带的光盘，然后按照安装软件的说明操作。

注意：①许多驱动程序附带为您安装驱动程序的软件(通常称为"自安装程序包")，但同时可能必须手动安装某些驱动程序。②手动添加不支持即插即用的较旧的硬件。

如果您拥有的硬件或设备较旧，不支持即插即用，则当您将该硬件或设备连接到计算机时，Windows 不会自动识别它。您可以尝试使用"添加硬件向导"将其手动添加到计算机。

注意：只推荐高级用户使用"添加硬件向导"。

请执行下列步骤：

(1)单击"开始"按钮。在搜索框中，键入 run，然后在结果列表中单击"运行"。

(2)在"运行"对话框中，键入 hdwwiz，然后单击"确定"。

(3)按照向导中的说明进行操作，然后单击"下一步"。

运行硬件和设备疑难解答：

如果您的计算机最近安装的设备或其他硬件出现问题，请尝试使用硬件和设备疑难解答解决该问题。它会检查常见问题，并确保连接到计算机的所有新设备或硬件都正确安装。

单击打开"硬件和设备疑难解答"。如果系统提示您输入管理员密码或进行确认，请键入该密码或提供确认。

注意：①若要确保从 Windows 联机疑难解答服务获得最新的疑难解答，您的计算机应该连接到 Internet。②如果尝试这些建议之后设备仍不能正常工作，则驱动程序可能不可用于您的设备。在这种情况下，请尝试与设备制造商联系。

7.5 常用办公设备

7.5.1 安装打印机

将打印机连接到计算机的方式有好几种。选择哪种方式取决于设备本身，以及您是在家中还是在办公室。始终查阅随您的打印机型号提供的信息，以了解特定的说明。

1. 本地打印机

安装打印机最常见方式是将其直接连接到计算机。这称为“本地打印机”。

如果打印机是通用串行总线(USB)型号，则在其插入电脑时，Windows 应会自动检测到该打印机并开始安装。

如果正在安装的无线打印机通过无线网络(WiFi)连接到电脑，则可以使用添加设备向导安装此打印机。

如果您的打印机为使用串行或并行端口连接的较旧型号，可能需要手动安装。

安装(添加)本地打印机的步骤：

(1)单击打开“设备和打印机”。

(2)单击“添加打印机”。

(3)在“添加打印机向导”中，单击“添加本地打印机”。

(4)在“选择打印机端口”页上，请确保选择“使用现有端口”按钮和建议的打印机端口，然后单击“下一步”。

(5)在“安装打印机驱动程序”页上，选择打印机制造商和型号，然后单击“下一步”。

如果未列出打印机，请单击“Windows Update”，然后等待 Windows 检查其他驱动程序。

如果未提供驱动程序，但您有安装 CD，请单击“从磁盘安装”，然后浏览到打印机驱动程序所在的文件夹。(有关其他帮助，请查看打印机手册)

(6)完成向导中的其余步骤，然后单击“完成”。(图 7-21)

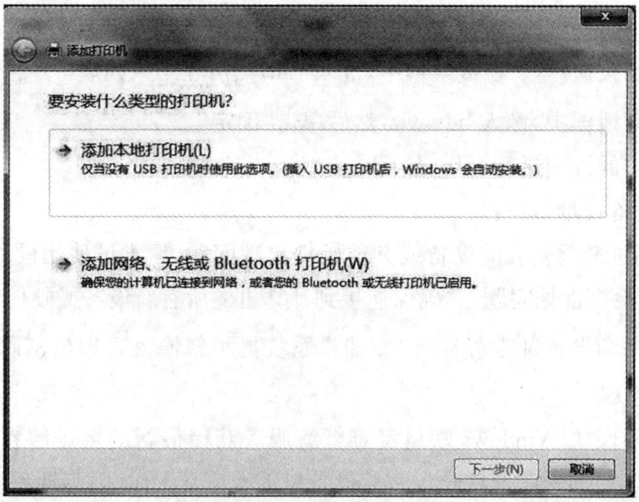

图 7-21 添加打印机

提示:①您可以打印一份测试页以确保打印机工作正常。② 如果安装了打印机,但打印机无法正常工作,请访问制造商的网站,获取疑难解答信息或驱动程序更新。

2. **网络打印机**

工作区中许多打印机都为“网络打印机”。这些打印机作为独立设备直接连接到网络。还有一些家用的廉价网络打印机。

安装网络、无线或 Bluetooth 打印机的步骤。如果您在办公室尝试添加一台网络打印机,通常您需要知道该打印机的名称。如果不知道打印机名称,请联系您的网络管理员。

(1)单击打开“设备和打印机”。

(2)单击“添加打印机”。

(3)在“添加打印机向导”中,单击“添加网络、无线或 Bluetooth 打印机”。

(4)在可用打印机的列表中,选择要使用的打印机,然后单击“下一步”。

(5)如有提示,请单击“安装驱动程序”在计算机中安装打印机驱动程序。如果系统提示您输入管理员密码或进行确认,请键入该密码或提供确认。

(6)完成向导中的其余步骤,然后单击“完成”。(图 7-22)

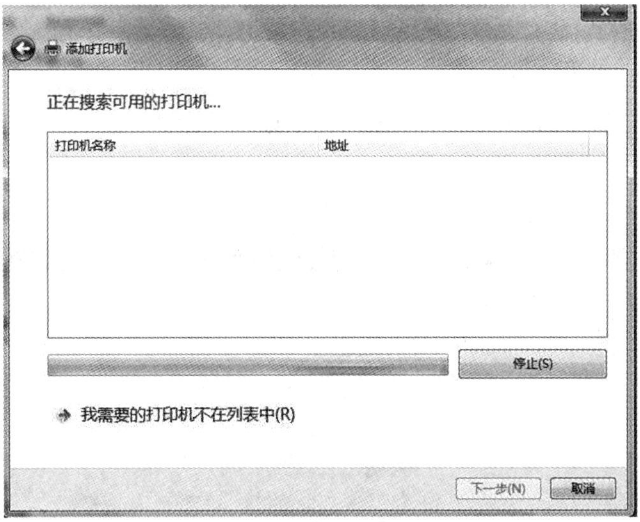

图 7-22　打印机添加进程

提示:①可用的打印机可以包含网络中的所有打印机,如 Bluetooth 打印机和无线打印机或插入到另一台计算机以及在网络中共享的打印机。您可能需要具有权限才能安装某些打印机。②可以通过打印测试页面来确定打印机是否可以工作。

7.5.2　删除打印机

如果您不再使用打印机,可以从“设备和打印机”中删除它。

删除打印机的步骤:

(1)单击打开“设备和打印机”。

(2)右键单击要删除的打印机,单击“删除设备”,然后单击“是”。

如果无法删除打印机,请再次右键单击,依次单击“以管理员身份运行”“删除设备”,然后单击“是”。如果系统提示您输入管理员密码或进行确认，请键入该密码或提供确认。

注意：①如果打印机为多功能或通用打印机，您通常可以从“设备和打印机”中删除打印机，而不会影响其他设备功能。例如，您还可以看见该设备的扫描仪或传真图标。②如果打印队列中有文件，您将无法卸载打印机。要么取消打印，要么等待 Windows 打印完这些文件。打印列队一旦清空，Windows 将删除打印机。

7.5.3 Windows 传真和扫描

Windows 传真和扫描可以扫描文档或照片。需要执行的所有操作就是将扫描仪连接到您的计算机。

1. 使用 Windows 传真和扫描文档的步骤

开始操作之前，请确保扫描仪安装正确且已打开。

(1)依次单击“开始”按钮、“所有程序”和“Windows 传真和扫描”。

(2)单击左窗格底部的“扫描”。

(3)在工具栏上，单击“新建扫描”。

(4)在“新建扫描”对话框中，单击“配置文件”列表，然后选择“文档”。将自动显示扫描文档的默认设置(可使用或更改该设置)。

(5)若要查看扫描时如何显示文档，请单击“预览”。

(6)单击“扫描”。(图 7-23)

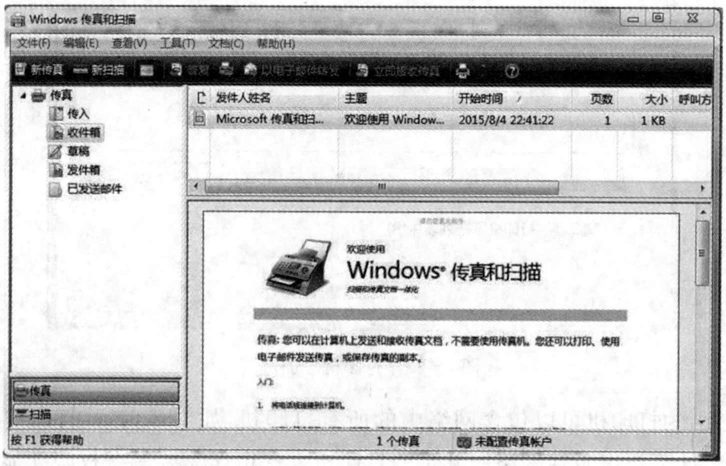

图 7-23 传真和扫描

2. 使用 Windows 传真和扫描扫描图片的步骤

开始操作之前，请确保扫描仪安装正确且已打开。

(1)依次单击“开始”按钮、“所有程序”和“Windows 传真和扫描”。

(2)单击左窗格底部的“扫描”。

(3)在工具栏上，单击“新建扫描”。

(4)在“新建扫描”对话框中单击“配置文件”列表，然后单击“照片”。将自动显示扫描照片的默认设置(可使用或更改该设置)。

(5)若要查看扫描时如何显示照片，请单击“预览”。如果需要，请更改扫描设置，然后再次预览图像。

(6)单击“扫描”。

注意：①通过在“新建扫描”对话框中单击“预览”，可以先裁剪图像，然后对其进行扫描。在预览区域中，拖动剪裁工具的手柄调整图像大小。②某些扫描仪可以将放置在扫描仪板上的单个文档或照片另存为单独的文件。如果您的扫描仪具有此项功能，则可以选中“以单独文件形式预览或扫描图像”复选框。如果您的扫描仪不具有此功能，则此选项不可用。③扫描的文档和照片存储在“扫描的文档”下的“文档”文件夹中。如果在扫描的文档文件夹中新建一个文件夹，则该文件夹不会在“扫描”视图中显示，直至关闭并重新打开 Windows 传真和扫描或折叠然后展开文件夹的列表。④ 若要更改已扫描文档或照片的默认文件名，请在“扫描”视图中右键单击该文件名，然后单击“重命名”。⑤ 若要整理已扫描的文档或照片，请右键单击左窗格中的“扫描”文件夹，然后单击“新建文件夹”。若要将扫描的文档或照片移动到某个文件夹，请右键单击该文档，单击“移动到文件夹”，然后选择目的地。⑥可以自动将扫描的文档转发到电子邮件地址或网络文件夹。若要选择转发选项，请单击“工具”菜单，然后单击“转发扫描”。选择首选项，输入详细信息，然后单击“保存”。

3．照相机

您可以按不同方法将图片和视频剪辑从数字照相机导入到您的计算机。下面是常用的操作方法：

(1)使用照相机的 USB 电缆将照相机连接到计算机。

(2)打开照相机。

(3)在出现的 “自动播放”对话框中，单击 “使用 Windows 导入图片和视频”。

(4)(可选)若要标记图片，请在“标记这些图片(可选)”框中键入标记名称。

默认情况下，文件夹名称包含导入图片和视频时的日期以及标记名称。

(5)单击“导入”。

此时将打开一个新窗口，显示导入的图片和视频。

注意：①通过在“标记这些图片(可选)”框中键入标记导入图片时，可以对这些图片添加描述性标记。还可以在图片导入计算机后对图片进行标记或添加其他标记。② 可以更改导入图片和视频时使用的设置，从而以一种适合您的方式命名和组织图片和视频。③某些设备与 Device Stage 兼容。对于兼容设备，如果将设备连接到计算机并打开该设备，将打开 Device Stage 而不是自动播放。若要导入设备中的图片或视频，请单击 Device Stage 中的导入链接。

若要在 Device Stage 中导入设备中的图片，该设备必须与 Device Stage 兼容。使用这一新功能，可以导入某些设备中的图片和视频，并执行其他设备相关的任务。

4．自动播放

如果将照相机连接到计算机时未出现提示您导入图片和视频的自动播放对话框，则“自动播放”功能可能已关闭。如果发生这种情况，可以使用 Windows 资源管理器将图片和视频导入计算机。操作方法如下：

(1)单击打开“计算机”。

(2)在窗口左侧的导航窗格中，右键单击“计算机”下的数字照相机，然后单击“导入图片和视频”。

(3)(可选)若要标记图片,请在"标记这些图片(可选)"框中键入标记名称。

默认情况下,文件夹名称包含导入图片和视频时的日期以及标记名称。

(4)单击"导入"。

此时将打开一个新窗口,显示导入的图片和视频。

提示:如果愿意,可以启用自动播放,或者将自动播放设置为从数字照相机自动导入图片和视频。

5. 闪存卡

如果照相机使用可移动闪存卡(如安全数字——SD 或 Compact Flash),请考虑将内存卡读卡器插入到计算机中。将内存卡插入读取器后,就可以将图片从内存卡复制到计算机而无须消耗照相机电池、使用连接电缆或安装其他软件。某些计算机和笔记本电脑有内置的内存卡读卡器。请检查计算机文档以确定您的计算机是否有内存卡读取器。

【巩固练习】

1. 在 Windows 中,要删除一个应用程序,正确的操作应该是________。

A. 打开"资源管理器"窗口,对该程序进行"剪切"操作

B. 打开"控制面板"窗口,使用"添加、删除和程序"命令

C. 打开"MS—DOS"窗口,使用 Del 和 Erase 命令

D. 打开"开始"菜单,选中"运行"项,在对话框中使用 Del 和 Erase 命令

2. 关于在 Windows 中安装打印机驱动程序,以下说法中正确的是________。

A. Windows 提供的打印机驱动程序支持任何打印机

B. Windows 现实的可供选择的打印机,列出了所有的打印机

C. 即使要安装的打印机与默认的打印机兼容,安装时也需要插入 Windows 所要求的某张系统盘,并不能直接使用

D. 如果要安装的打印机与默认的打印机兼容,则不必安装

3. 中文 Windows 中包含的汉字库文件是用来解决________问题的。

A. 使用者输入的汉字在机内的存储　　B. 输入时的键盘编码

C. 汉字识别　　D. 输出时转换为显示或打印字模

4. 在 Windows 中,下面不属于"控制面板"的操作的是________。

A. 更改显示器和打印机设置　　B. 定义串行端口的参数

C. 调整鼠标的设置　　D. 创建快捷方式

5. 有关 Windows 屏幕保护程序的说法,不正确的是________。

A. 它可以减少屏幕的损耗　　B. 它可以保障系统安全

C. 它可以节省计算机内存　　D. 它可以设置口令

6. 在 Windows 中,下面的________叙述是正确的。

A. 写字板是字处理软件,不能进行图文处理

B. 画图是绘图工具,不能输入文字

C. 写字板和画图均可以进行文字和图形处理

D. 以上说法都不对

7. 在 Word 中建立的文档文件,不能用 Windows 中的记事本打开,这是因为________。

A. 文件是以.doc为扩展名

B. 文件中含有汉字

C. 文件中含有特殊控制符

D. 文件中的西文有“全角”和“半角”之分

8. 记事本是用于编辑________文件的应用程序。

A. ASCII 文本　　　　B. 批处理

C. 扩展名为 DOC 的　　　　D. 数据库

部分习题参考答案

1～8. BDDDCCCA

参考文献

1.（美）Silberschatz 等. 数据库系统概论. 杨冬青，唐世渭等译，北京：机械工业出版社，2003.

2. 闵东. 计算机选配与维修技术. 北京：清华大学出版社，2004.

3. 全国高校网络教育考试委员会办公室. 计算机应用基础(2007 年修订版). 北京：清华大学出版社，2007.

4. 邢铁申，冯冰. 计算机应用基础（windows xp＋office 2007). 西安：西北工业大学出版社，2009.

5. 王珊，萨师煊. 数据库系统概论(第 5 版). 北京：高等教育出版社，2014.

6. 张伟，卢鸣. SQLServer 数据库原理及应用. 南京：东南大学出版社，2014.

7. 李征. 大学计算机. 北京：高等教育出版社，2014.

8. 黄军. 计算机应用基础. 北京：北京理工大学出版社，2015.

9. 蒋国松. 计算机组装与维护. 北京：清华大学出版社，2015.

10. 刘石丹. 计算机文化基础. 成都：四川大学出版社，2015.